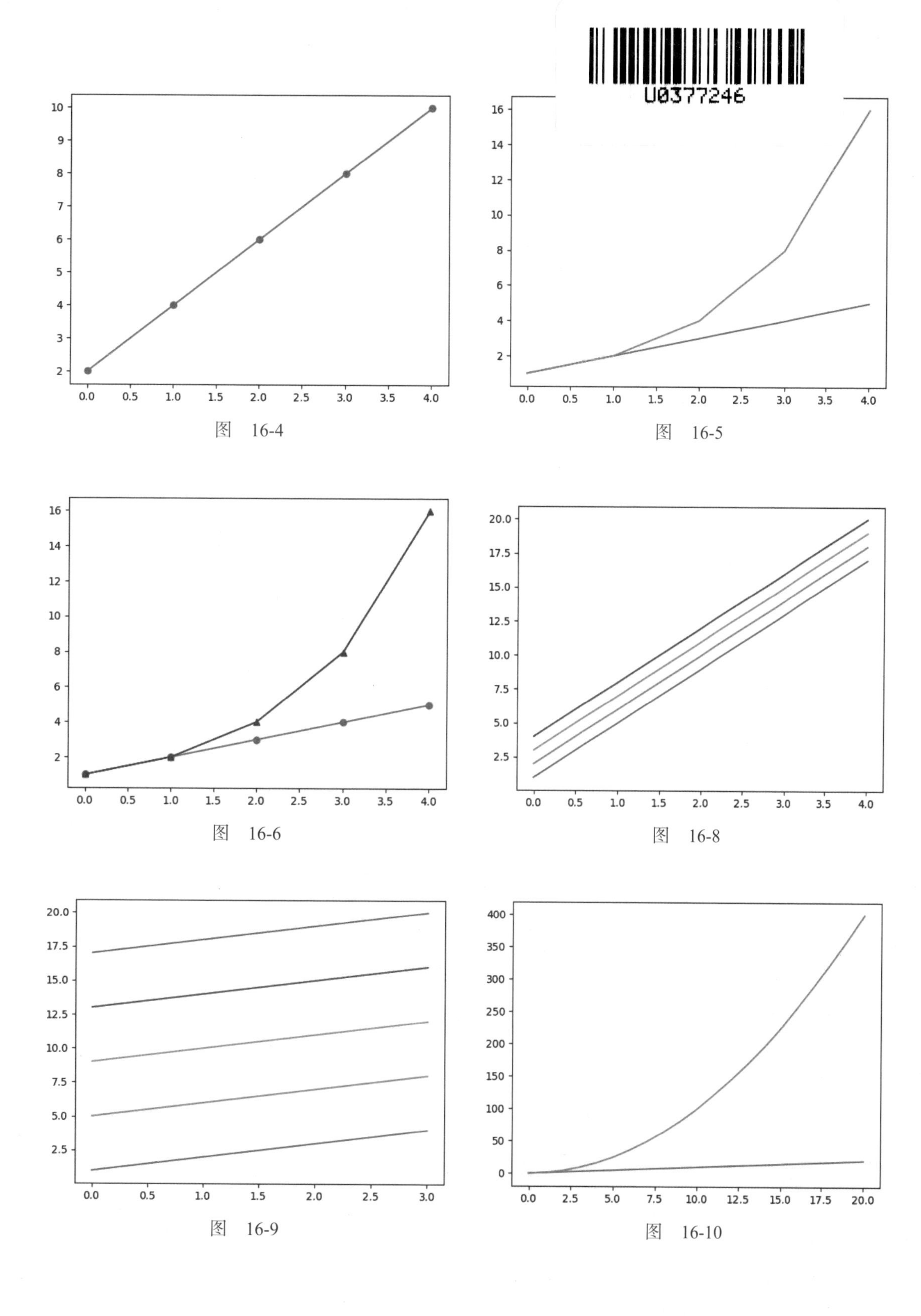

图 16-4

图 16-5

图 16-6

图 16-8

图 16-9

图 16-10

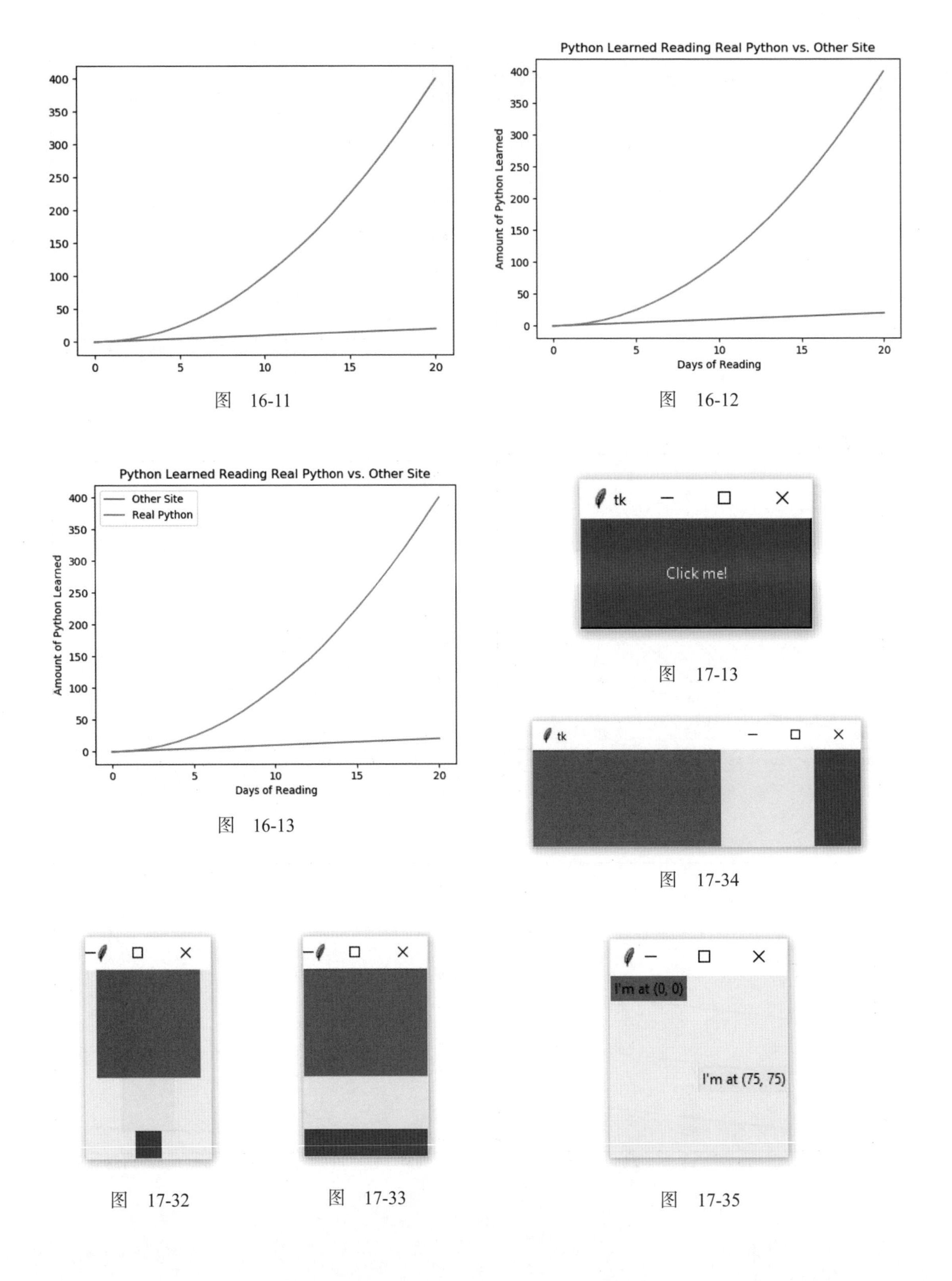

图 16-11

图 16-12

图 16-13

图 17-13

图 17-34

图 17-32

图 17-33

图 17-35

图灵程序设计丛书

Python Basics: A Practical Introduction to Python 3

Python 入门教程

[美] 戴维 · 阿莫斯（David Amos）
[德] 达恩 · 巴德尔（Dan Bader）
[加] 乔安娜 · 雅布隆斯基（Joanna Jablonski）◎著
[美] 弗莱彻 · 海斯勒（Fletcher Heisler）

冯 黎 ◎译

人 民 邮 电 出 版 社
北 京

图书在版编目（CIP）数据

Python入门教程 / (美) 戴维·阿莫斯
(David Amos) 等著 ; 冯黎译. -- 北京 : 人民邮电出版
社, 2023.7
(图灵程序设计丛书)
ISBN 978-7-115-61786-6

Ⅰ. ①P… Ⅱ. ①戴… ②冯… Ⅲ. ①软件工具—程序
设计—教材 Ⅳ. ①TP311.561

中国国家版本馆CIP数据核字(2023)第085564号

内 容 提 要

本书由 Real Python 团队倾力编写，内容兼容 Python 3.9 版本。全书可分为两大部分，共 18 章。前半部分透彻地讲解现代 Python 编程的所有核心知识，后半部分带领你用 Python 构建实际的应用程序和脚本，解决有趣的现实问题。本书按照逻辑顺序介绍每个概念和语言特性，并以简短明了的代码示例进行解释和说明。你还可以通过书中的编码练习和项目巩固基础，通过交互式小测验检验自己的学习效果。本书内容已经过数以万计的 Python 爱好者、数据科学家和开发人员的实战检验，尤其适合零基础新人快速习得编写 Python 程序的实用技巧，培养对编程的热情。

本书面向希望通过一份综合性学习资料系统学习 Python 的初学者。

◆ 著　　[美] 戴维·阿莫斯（David Amos）
[德] 达恩·巴德尔（Dan Bader）
[加] 乔安娜·雅布隆斯基（Joanna Jablonski）
[美] 弗莱彻·海斯勒（Fletcher Heisler）
译　　冯 黎
责任编辑　王军花
责任印制　胡 南
◆ 人民邮电出版社出版发行　　北京市丰台区成寿寺路11号
邮编　100164　　电子邮件　315@ptpress.com.cn
网址　https://www.ptpress.com.cn
北京市艺辉印刷有限公司印刷
◆ 开本：800×1000　1/16　　彩插：1
印张：26.75　　2023年 7 月第 1 版
字数：597千字　　2023年 7 月北京第 1 次印刷
著作权合同登记号　图字：01-2021-5960号

定价：109.80元

读者服务热线：(010)84084456-6009　印装质量热线：(010)81055316

反盗版热线：(010)81055315

广告经营许可证：京东市监广登字 20170147 号

读者评价

“我爱死这本书了！阐述通俗易懂，行文流畅自然，章节安排得当。我从未被它的内容弄得晕头转向，随时可以一遍又一遍地复习前面的内容。

“我学过各种 Python 教程、图书、在线课程，但可能本书才是我最好的老师！”

——Thomas Wong

“看完这本书三年之后，若是我需要快速回顾一下 Python 的常用命令，我还是会回过头来翻它。”

——Rob Fowler

“自学之路困难重重。我翻遍了各种不完整的在线教程，对着时长无数小时的课程录像打了无数次瞌睡，知名出版社出版的各种乱七八糟的书我也看不下去。最终我找到了本书。

“本书用简洁明了的语言、简单易懂的手把手教学将各种复杂概念分解为一个个小块儿。作者始终为读者考虑，解释清晰详尽。尽管已经入门，但我仍旧将书中内容作为参考。”

——Jared Nielsen

“这本书在每一课的结尾都有真实且有趣的挑战，这是我喜欢这本书的原因。我刚刚完成了一个可以反映我的储蓄账户情况的储蓄估算工具——很棒！”

——Drew Prescott

“作为对所学内容的练习，我开始为我的团队成员编写一些简单的脚本来帮助他们完成日常工作。我的经理知道之后把我调到了开发人员岗位。

“我明白自己还有很多东西要学，也会面临很多挑战，但我终于能够做自己真正喜欢的工作了。

“再次表示万分感谢！”

——Kamil

“和其他 Python 课程相比，本书的一大优势就是尽可能用最简单的方式解释各种概念。

“有很多的课程，无论是哪个学科的，都需要你去学习很多专业术语。但实际上它们要教授的内容可以用很简洁的语言快速地讲清楚。本书在保证示例的趣味性方面做得很好。”

——Stephen Grady

“在读完本书之后，我很快编写了一个在工作中可以自动化一项枯燥任务的脚本。过去我需要三到五个小时才能完成这项任务，现在只需要不到十分钟！”

——Brandon Youngdale

“老实说，在整个学习过程中，很难找到本书还有什么可以增加和改进的地方。这个教程实在是太棒了！你们在讲解和教授 Python 相关知识方面做得非常好，即使像我这样的新手也能够掌握。

“本书的编排方式非常完美。一路上的练习十分有效，在读完整本书后也十分有成就感。你们天才般地让 Python 在非编程人员看来更平易近人。

“在此之前我从未想过自己能够学习甚至使用 Python 编程。有了你们的助力，我现在正在学习 Python，并且相信未来我一定能从中受益！”

——Shea Klusewicz

“本书的作者肯定没有忘记（但其他的作者可能会）初学者是什么样的情况，也没有对读者的能力进行任何假设，这些做法造就了这本杰出的教程。本书还配有大量的视频、参考资料、课后习题、示例代码以供拓展学习和实践。

“书中提供了完整的代码示例，并且每一行都有详尽的注释以便读者了解其工作原理。这一点令我欣慰。

“我手中有大量的 Python 图书，但只有 Real Python 系列是我从头到尾读完的。它们无疑是市面上最优秀的。如果你像我一样并非程序员（我从事互联网营销工作），那么看到书中清晰明了的讲解，你就会发现它们真的像是一位导师在手把手教学！非常推荐！”

——Craig Addyman

关于作者

Real Python 是汇聚了世界各地专业 Pythonista 的 Python 社区，你可以向他们学习真正实用的编程技巧。

realpython.com 网站于 2012 年上线，网站上提供各种免费编程教程和深度学习资源，每个月有超过 3000 万名 Python 开发者从中受益。

每一位参与编写本书的作者都是在软件行业有多年专业经验的从业人员。以下是参与了本书编写工作的 Real Python 教程团队成员。

戴维·阿莫斯（David Amos）是 Real Python 的内容技术总监。2015 年离开学术界之后，戴维以程序员和数据科学家的身份担任过多个技术职位。戴维于 2019 年全职加入 Real Python 以实现他在教育领域的追求。他带头重写了本书，并将其中讲解的 Python 版本更新至 Python 3。

达恩·巴德尔（Dan Bader）是 Real Python 的掌门人和主编，同时也是 realpython.com 学习平台的主要开发者。达恩有着超过二十年的编程经验，并且拥有计算机科学硕士学位。他还是面向中级 Python 开发者的畅销书 *Python Tricks*[①]的作者。

乔安娜·雅布隆斯基（Joanna Jablonski）是 Real Python 的执行编辑。自然语言和编程语言皆为她所爱。对谜题和规律的热爱、对细节的执着让她走上了翻译的职业道路。她喜欢上 Python 这门语言只是时间问题！乔安娜于 2018 年加入 Real Python，自那时起她就不断帮助 Pythonista 们提升技能水平。

弗莱彻·海斯勒（Fletcher Heisler）是 Hunter2 的创始人。Hunter2 教开发人员如何保护现代 Web 应用程序。作为 Real Python 的创始人之一，弗莱彻于 2012 年编写了本书的第 1 版。

---

① 其中文版《深入理解 Python 特性》已由人民邮电出版社图灵公司出版，详见 ituring.cn/book/2582。——编者注

序

嗨，欢迎阅读本书。希望你已经准备好了，接下来我们马上就会了解到：为什么这么多专业和非专业的开发者都被 Python 所吸引。你又将如何着手将 Python 用到自己的项目（无论大还是小）中。

本书既面向“有一些编程经验，但不了解 Python 语言及其生态”的初学者，也面向没有任何编程经验的人士。

如果你没有计算机科学学位，也不用担心。戴维、达恩、乔安娜、弗莱彻会在讲授 Python 基础知识的过程中带你了解那些重要的计算机科学概念。同样，他们也会帮你略过那些在初学阶段无须了解的细节。

万能的 Python

学习一门新的编程语言时，你尚未具备评价其长期表现的经验。如果你在考虑学习 Python，那么我可以向你保证这是个不错的选择。一个关键原因就是：Python 是**万能**（full-spectrum）的。

这里的**万能**指的是什么？一些编程语言对初学者非常友好。它们和你握手示好，让编程变得非常简单。我们来看一个极端的例子：可视化编程语言 Scratch。

在 Scratch 中，有各种用来表示编程概念的图块，比如变量、循环、方法调用等。你在一个可视化的界面中拖放它们进行编程。对于一些简单的程序来说，Scratch 是个不错的出发点。但是你不可能用它来开发专业的应用程序。你能说出一个用 Scratch 编写核心业务逻辑的世界五百强公司吗？

说不出来吧？我也说不出来。因为这不太切实际。

其他一些编程语言对于专家级开发者来说异常强大。其中最受欢迎的语言可能要数 C++和它的亲戚 C。任何一个你今天在用的 Web 浏览器都极有可能是用 C/C++编写的。运行这个浏览器的操作系统也很有可能是用 C/C++编写的。至于你最爱的第一人称射击游戏和策略游戏？猜对了，也是用的 C/C++。

你可以用这些语言开发出各种了不起的东西，但是对于渴望细心指导的初学者来说，它们还是太“可怕”了。

如果你没怎么看过 C++代码，那么看一下也足以让你感觉“刺眼”。下面便是一个例子，很真实，也很复杂：

```
template <typename T>
_Defer<void(*(PID<T>, void (T::*)(void)))
    (const PID<T>&, void (T::*)(void))>
defer(const PID<T>& pid, void (T::*method)(void))
{
  void (*dispatch)(const PID<T>&, void (T::*)(void)) =
    &process::template dispatch<T>;
  return std::tr1::bind(dispatch, pid, method);
}
```

别，千万别让我看这个。

我肯定不会把 Scratch 和 C++称作是万能的。Scratch 易于上手，但若是想构建真正的应用程序，你就必须转而学习一门“真正的”编程语言。与之相对，你可以用 C++构建真正的应用程序，但是它学起来并不轻松。你会被 C++的各种复杂概念所淹没，而这些概念正是各种应用程序的支柱。

而 Python 就不一样了，它就是一门万能的语言。我们常常用一门语言的 Hello, World 测试来评判它简单与否。评判的标准就是，为了向用户输出 Hello, World，需要用到该语言的哪些语法和操作。Python 的 Hello, World 可以说是简单得不能再简单了：

```
print("Hello, World")
```

就这么一点儿代码！不过，我发现这个测试并不让人满意。

Hello, World 测试是很有用，但是它并不足以展现一门语言的强大之处和复杂程度。我们再来看另一个例子。你不需要完全看懂它，只需要体会其中的禅意。跟随本书的脚步，你会在后续内容中了解这些概念。在本书接近尾声时，你一定可以写出下面这个例子中的代码。

这是一个全新的测试：要想编写一个程序访问外部网站，把网站内容下载到应用程序的内存中，最后把一部分内容展示给用户，需要写多少代码？我们来看看在 requests 包（需要额外安装，在第 12 章中会详细讲解）的帮助下，用 Python 3 如何完成这样的测试：

```
import requests
resp = requests.get("http://olympus.realpython.org")
html = resp.text
print(html[86:132])
```

难以置信，就这么点儿代码！运行程序时，会输出这样的内容：

```
<h2>Please log in to access Mount Olympus:</h2>
```

这就是 Python 简单、易于上手的一面。寥寥数行代码就能释放出强大的力量。Python 能够接入各种既强大又好用的库（比如 requests），因此人们经常说 Python“内置电池”。

这是一个简单而有力的例子。在真实世界中，很多精彩的应用程序也是用 Python 编写的。

YouTube——全球最受欢迎的视频流媒体网站之一，便是用 Python 编写的。它每秒需要处理百万级的请求。Instagram 也是一个 Python 应用程序的案例。不得不提一句，我们的 realpython.com 和我个人的 Talk Python To Me Podcast 网站也是用 Python 编写的。

Python“万能”的这一面意味着，你可以从基础功能开始，随着应用程序的需求增长，逐步应用更高级的功能。

广受欢迎的 Python

你可能听说过 Python 很流行。如果可以用一门语言来构建你想要的应用程序，那么它受不受欢迎似乎也无关紧要。

然而，编程语言受不受欢迎很大程度上体现在库的质量、招聘职位的数量上。简言之，你应该把重心放在一些相对热门的技术上——在这些领域有更多的选择，也更可能被采用。

说到底，Python 真的有那么火吗？答案是肯定的。你会看到很多人夸大其词，但也有数据表明 Python 确实很火。来看看 Stack Overflow（一家面向程序员的热门问答网站）的一些分析数据。

Stack Overflow 旗下有一个 Stack Overflow Trends 网站。你可以通过各种技术的标签来查看相应的趋势。如果把 Python 和其他编程语言进行对比，你就会发现有一门语言出类拔萃，如下图所示。

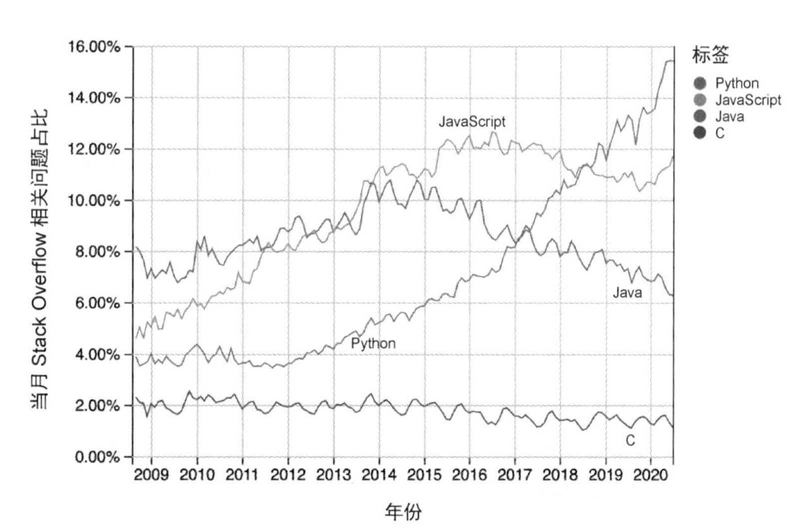

你可以深入研究这张图，还可以选择其他语言来创建类似的图。

和其他语言平坦甚至下滑的趋势曲线相比，Python 的走势可是在不断攀升！如果你要把自己的未来赌在某门语言上，你会从中选择哪个？

这不过是一张图，它究竟告诉了我们什么？好，我们再来看一组数据。Stack Overflow 每年都会进行一项开发者调查（Developer Survey），这项调查很好、很全面。你可以查看近几年的调查结果。

我希望你把注意力放在这篇报告中名为“Most Loved, Dreaded, and Wanted Languages”（最受喜爱、最受排斥、最想学习的语言）的这一段。在“最想学习”这一部分，这里的数据是各门语言在问题“程序员并未使用该语言或技术进行开发，但表现出使用它的兴趣”的答案中的占比。

在下图中你会发现，Python 再次拔得头筹，且远超第二名。

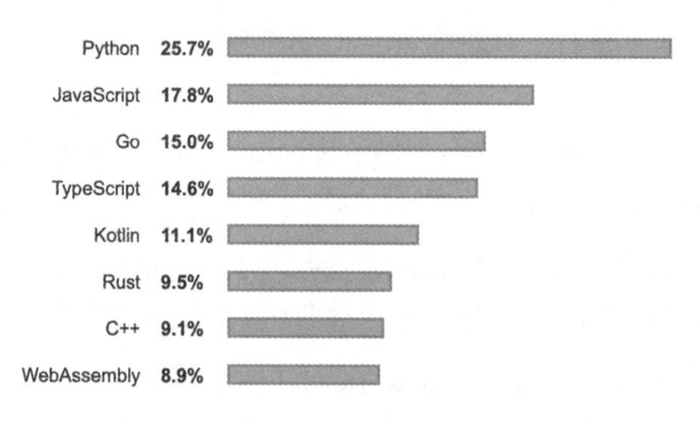

如果你和我一样，认为编程语言的相对受欢迎程度确实重要，那么 Python 显然是一个不错的选择。

我们不需要你成为计算机科学家

在你即将踏上 Python 学习之路时，我还要强调一点：我们并不需要你成为计算机科学家。如果那确实是你的目标，也不错。学习 Python 也是迈向这个目标的坚实的一步。但一般来说，促使你学习编程的信号常常是这样的：“我们的这些职位都是空缺的！我们需要软件开发者！”

他们可能是真的需要，也可能只是打广告。但更重要的是，编程（哪怕只会一点儿）可能会成为你的“超能力”。

为了解释这一点，假设你是一名生物学家。你会离开生物学领域去找一份 Web 前端开发的工作吗？可能不会。但是利用我前面提到的这些技能（比如使用 requests 库）从网上获取数据，对于作为生物学家的你来说也是非常有用的。

你可以使用 Python 从成千上万的数据源或是工作簿中导出、挖掘数据，而不是手动地进行这些工作。手动处理一个数据源所用的时间，Python 可能已经完成了上千份数据的处理。Python 技能能够借助并增强你的“生物学能力”，让你远超同事，使其成为你的“超能力”。

达恩和 Real Python

最后，请允许我谈谈本书的作者。达恩·巴德尔和 Real Python 团队的其他成员日复一日地辛勤工作，通过 realpython.com 为大家带来了清晰明了的 Python 教程。

他们对 Python 的生态有独到的见解，直击初学者学习的痛点。

你们的 Python 学习之旅中有他们带路我非常放心。带上这本书前进吧，去学习这门美妙的语言。最重要的一点是，要玩得开心！

——Michael Kennedy，Talk Python 创始人（@mkennedy）

前　　言

欢迎阅读本书的 Python 3.9 全新升级版！本书将通过各种有趣且有用的示例，让你学到真正的 Python 编程技巧。

无论你是新手程序员，还是想学习一门新语言的老手，都可以在本书中学到实用的 Python 知识。这些知识将帮助你着手完成自己的项目。

无论你的最终目的是什么，只要用计算机工作，你很快就会发现：编写 Python 程序，可以通过不计其数的方法自动化各种任务、解决各种问题，生活也因此变得轻松多了。

不过 Python 究竟好在哪里？Python 的一大优点在于，它是开源的自由软件。也就是说，你可以免费下载它，并将其用于任何用途——哪怕是商用也行。

Python 的社区极为活跃，社区中的开发者开发的大量好用的工具皆可为你所用。需要处理 PDF 文件？当然有这样的工具。想从网页上收集数据？无须重复造轮子！

Python 天生就比其他编程语言更易用。Python 代码无论是读起来还是写起来都要比其他语言更简单。

举例来说，C 语言也是一门很常用的编程语言，下面是一段用 C 语言编写的简单代码：

```
#include <stdio.h>

int main(void)
{
    printf("Hello, World\n");
}
```

这段代码做的唯一一件事就是在屏幕上显示 Hello, World。为了输出这么一句话可写了不少代码！如果用 Python 编写同样的程序，则是这样的：

```
print("Hello, World")
```

很简单吧？Python 的代码写起来更快，读起来更简单，看起来也更友好！

Python 拥有其他语言所具备的各种功能，甚至还有它们没有的功能。你可能会惊讶于 Python 在专业级产品中的应用之广：Instagram、YouTube、Reddit、Spotify——这只是诸多采用 Python 开发的大型商业应用中的一部分。

Python 绝不只是学起来轻松愉快，它还驱动了各种世界级公司的幕后技术，并且为所有掌握 Python 的程序员提供了丰富的就业机会。

为什么要选择本书

我们必须承认，网上有关 Python 的信息铺天盖地。但是很多自学的初学者很难弄明白该学“什么”和“怎么”学。

如果你在思索，在初学之时需要学习哪些东西才能打好坚实的基础，那么这本书便包含你在寻找的答案——无论你是完完全全的新手，还是对 Python 或其他语言略知一二。

本书用最纯朴的语言将你需要了解的概念分解成一个个小块儿。这就意味着你可以在很短的时间内学到足以让自己成为 Python 高手的知识。

我们不会逐一讲解各种枯燥无味的语言特性，而是会让你学会如何将各个部件有机结合，了解在使用 Python 构建真实的应用程序和脚本时涉及哪些工作。

你将会逐步掌握各种基础的 Python 概念，这些知识会帮助你踏上 Python 学习之旅。

很多编程图书试图涵盖每一个命令的每一种变体，这会让读者被各种细节搞得晕头转向。如果你想看的是参考手册，那么这种做法没有问题。但是对于学习一门新的编程语言来说，这实在不是一个好方法。如果像这样学习编程，你会花大量的时间把各种根本用不上的东西塞进脑子里，时间用了不少，还搞得自己不开心。

本书是按照八二原则编写的。八二原则指出，你可以专注于最关键的概念从而学到最多的东西。我们会涵盖在绝大多数情况下会用到的命令和技巧，着重讲解如何编写解决日常问题的实际的解决方案。

因此我们可以保证你能够：

- 快速学习实用的编程技巧
- 无须花大量时间在不重要的难点上纠结
- 发现 Python 在现实生活中的更多用例
- 更加享受学习的过程

一旦掌握了书中内容，你就打好了坚实的基础。有了这些基础知识，依靠自己的能力深入探索更高级的领域不过是小菜一碟。

本书的内容基于 2012 年发布的原版 Real Python Courses。这套课程多年来已经经受了来自大小公司（包括亚马逊、Red Hat、微软）成千上万 Pythonista、数据科学家、开发者的实战检验。

本书的内容经过了彻底扩充、修订、更新，只为让你快速、高效地掌握 Python 技能。

关于 Real Python

Real Python 是汇聚世界各地专业 Pythonista 的社区，你可以向他们学习真正实用的编程技巧。

realpython.com 网站于 2012 年上线，网站上提供了各种免费编程教程和深度学习资源，每个月有超过 3000 万名 Python 开发者从中受益。

每一位参与编写本书的作者都是 Real Python 团队的成员，他们都是在软件行业有多年专业经验的从业人员。

你可以在互联网上的这些地方找到 Real Python：

- realpython.com
- 推特@realpython
- Real Python 邮件周报
- Real Python 播客

如何使用本书

本书的前半部分是对 Python 基础知识的快速而全面的概述，无须任何编程经验即可开始阅读；后半部分则聚焦于为一些有趣且实际的编程问题寻找切实可行的解决方案。

如果你是初学者，那么我们推荐从头到尾阅读前半部分。后半部分涉及的主题相互之间没有太多的重合，你可以按任意顺序阅读，但是各章的难度确实会逐步提升。

如果你是相对有经验的程序员，那么可以直接跳到后半部分。但是一开始也别忘了打好基础，在阅读过程中一定要记得查漏补缺。

一章中的大部分节末设有**巩固练习**以帮助你测验自己是否掌握了所学内容；此外还设有**挑战**，这部分有更高的要求，通常需要你将前面所学的各种内容联系起来。

本书配套的习题文件包含了所有挑战和一些较难练习的答案。但要想充分利用这些内容，你应该在查看答案前尽最大努力自行解决问题。

如果你没有任何编程经验，那么可能需要进行额外的练习来作为前几章的补充学习。我们推荐学习 realpython.com 上的一些入门级教程，以便你打好基础。

如果关于这本书有任何问题或者反馈，请随时联系我们。

在实践中学习

本书始终贯彻在实践中学习的理念。所以每当你遇到书中的一段段代码时，一定要“手动输入”。为了获得最好的学习效果，我们建议尽量不要复制粘贴代码。

如果你亲自动手输入一行行代码，便能更好地理解各种概念，也能更快地熟悉语法。另外，如果你搞砸了（这很正常，这种事每天都会发生在各位开发者身上），简单地修正一下拼写错误也是学习如何调试代码的一个过程。

在向外界寻求帮助之前，请尽力完成巩固练习和挑战。只要经过足够的练习，你一定会掌握本书中的内容，并且会非常享受这个过程！

读完本书需要多久

如果你已经熟悉了一门编程语言，那么只需要 35 至 40 小时即可完成本书的学习。如果你是编程新手，那么可能需要 100 多个小时。

不要着急，慢慢来。编程技能的学习回报很高，但难度也大。祝愿你的 Python 学习之旅一路顺风。我们是你坚强的后盾！

免费内容和学习资源

本书配有大量的免费内容和可下载资源，你可以通过下面的链接获取。本书的勘误也放在了上面[①]：

realpython.com/python-basics/resources

交互式小测验

本书的大部分章节配有一个免费的在线小测验来检查你的学习进度。你可以通过每章末的链接来进行测验。这些测验托管在 Real Python 网站上，可以通过手机和电脑随时查看。

每一个测验都会让你回答有关书中某一章内容的一系列问题。有多选题，也有需要输入答案的题，还有一些需要你输入 Python 代码作答。在答题过程中，正确的回答会积累一定的分数。

① 也可访问图灵社区查看或提交勘误。——编者注

当测验结束时，你会获得和得分相应的评价。如果你第一次答题没得到 100 分，别灰心！这些题目本身就具有一定的挑战性，我们希望你能够一次次地参与挑战，不断提高自己的分数。

习题代码库

本书的在线配套代码库包含了示例的源代码以及练习和挑战的答案[①]。这个代码库是按照章节组织的，你可以在完成每一章之后对答案。链接如下：

realpython.com/python-basics/exercises

> **注意**
>
> 本书的所有代码已经在 Windows、macOS、Linux 上用 Python 3.9 测试完毕。

示例代码的许可协议

书中的示例 Python 脚本按照 Creative Commons Public Domain（CC0）许可证分发。这就意味着你可以在自己的程序中出于任何目的使用任何一部分代码。

排版约定

代码块将用于展示示例代码：

```
# 这是 Python 代码:
print("Hello, World")
```

终端命令的格式依照 Unix 格式：

```
$ # 这是一条终端命令:
$ python hello-world.py
```

（美元符号不是命令的一部分。）

等宽字体将用于表示文件名：`hello-world.py`。

黑体将用于表示新出现的或者重要的术语。

键盘快捷键的格式是这样：Ctrl + S。

菜单操作的格式是这样：文件→新建文件。

注意事项和重要信息会像这样突出显示：

① 也可访问图灵社区本书主页下载。——编者注

注意

这是一条填入占位文本的注意事项。敏捷的棕色狐狸从懒狗身上跳了过去。[①]敏捷的棕色蟒蛇从懒狗身下溜了过去。

反馈和勘误

我们乐意接受各类意见、建议、反馈，以及偶尔的斥责。发现某个主题的内容读不懂？发现文本和代码中有错误？没有读到你想进一步了解的内容？

我们想不断地提升教学内容的质量。无论出于什么原因，你都可以通过下面的链接向我们发送反馈：

realpython.com/python-basics/feedback

① 即 The quick brown fox jumps over the lazy dog，这个句子包含了英文中的所有字母，常用于打字练习和字体示例。下一句是结合 Python 改编的一个变体。——译者注

目　录

第1章

配置 Python 环境

本书的主要内容是讲解如何通过 Python 为计算机编程。你可以在完全不碰键盘的情况下读完本书，不过那样就会错过最精彩的部分——编写代码！

为了充分利用本书，你需要在电脑上安装 Python，并能够创建、编辑、保存 Python 代码。

在本章中，你将会学习如何：

- 在你的电脑上安装最新版本的 Python 3
- 打开 IDLE——Python 自带的集成开发/学习环境（Integrated Development and Learning Environment）

我们开始吧！

1.1 有关 Python 版本的注意事项

包括 macOS 和 Linux 在内的很多操作系统预装了 Python。我们把操作系统自带的 Python 称为**系统 Python**。

系统 Python 供操作系统使用，但其版本一般比较旧。你需要安装较新版本的 Python 才能成功地跟上书中的示例。

重点

不要试图卸载系统 Python！

你可以在电脑上安装多个版本的 Python。在本章中，你将会安装最新版本的 Python，它会和你的电脑上可能已经预装的 Python 共存。

注意

即使你已经安装了 Python，也建议浏览一下本章内容。可以仔细检查你的开发环境是否正确配置，以便跟进本书内容。

本章分为三个部分：Windows、macOS、Ubuntu Linux。找到和你的操作系统对应的那一部分，按照步骤进行配置，然后直接跳到下一章。

如果你的电脑运行的是其他操作系统，那么看看 Real Python 的“Python 3 Installation & Setup Guide”（Python 3 安装与配置指南）中有没有对应的操作系统。使用平板电脑和其他移动设备的读者可以参照“Online Python Interpreters”（在线 Python 解释器）这部分在一些浏览器中进行操作。

1.2 Windows

按照以下步骤在 Windows 上安装 Python 3 并打开 IDLE。

重点

书中的代码只针对按照本节内容安装的 Python 进行过测试。

请注意，如果你的 Python 是通过其他方式安装的（如 Anaconda），那么在运行一些示例代码时可能会遇到一些问题。

1.2.1 安装 Python

Windows 系统没有预装 Python。幸运的是，只需要从 Python 官方网站下载并安装即可。

1. 第一步：下载 Python 3 安装程序

打开浏览器，转至下面的 URL：

https://www.python.org/downloads/windows/

接近页面顶部有一个写有“Python Release for Windows”（供 Windows 使用的 Python 发行版）的标题，点击其下方的“Latest Python 3 Release - Python 3.*x*.*x*”（最新的 Python 3 发行版 – Python 3.*x*.*x*）。如你所见，最新版本是 Python 3.9[①]。

滚动到页面底部，点击“Windows installer (64-bit)”开始下载。

注意

如果你的电脑是 32 位处理器，那么就要选择 32 位的安装程序；如果是 64 位的，就选择上面提到的 64 位安装程序。

① 翻译本书时，最新版本为 3.11。——译者注

2. 第二步：运行安装程序

在 Windows 文件资源管理器中打开下载文件夹，双击刚才下载的文件运行安装程序。你会看到一个如图 1-1 所示的对话框。

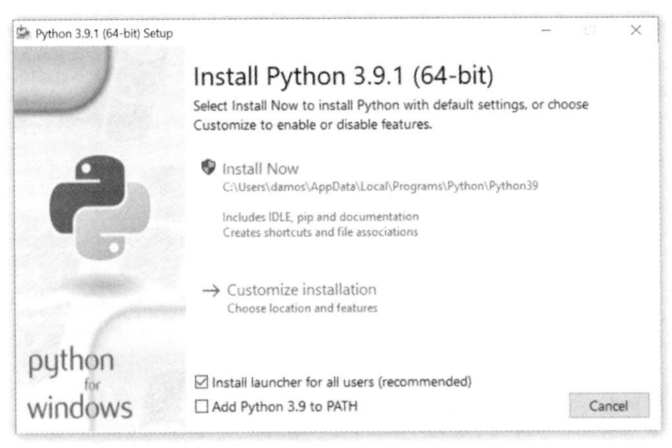

图 1-1

如果你看到的 Python 版本比 3.9.1 高也没关系，只要不低于 3。

重点

一定要勾选“Add Python 3.*x* to PATH”（将 Python 3.*x* 添加到 PATH）。如果在没有勾选该选项的情况下安装了 Python，你可以再次运行安装程序，勾选该选项。

点击“Install Now”（立即安装）按钮安装 Python 3。等待安装完成，然后打开 IDLE。

1.2.2 打开 IDLE

打开 IDLE 分两个步骤：

(1) 打开开始菜单，找到 Python 3.9 文件夹；

(2) 打开该文件夹，选择 IDLE (Python 3.9)。

IDLE 会在一个新窗口中打开 Python shell。Python shell 是一个交互式的环境，你可以在里面输入 Python 代码并立即执行。从这里开始学习 Python 是个好主意！

注意

虽然你可以随意使用自己喜欢的编辑器代替 IDLE，但要注意在某些章节（特别是第 6 章）会有一些针对 IDLE 的内容。

Python shell 窗口如图 1-2 所示。

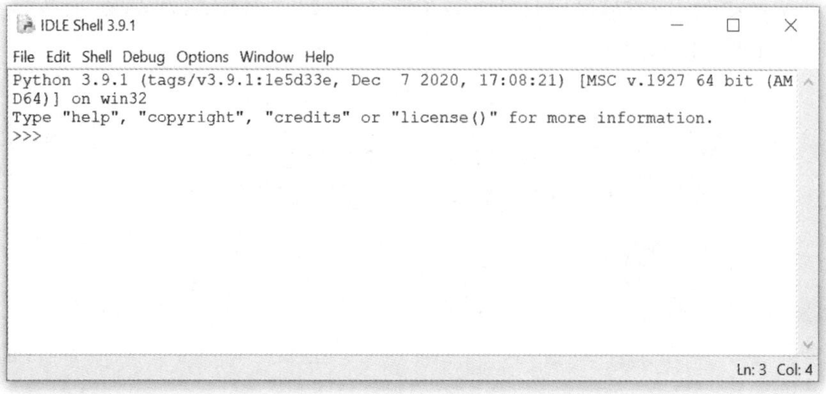

```
IDLE Shell 3.9.1
File  Edit  Shell  Debug  Options  Window  Help
Python 3.9.1 (tags/v3.9.1:1e5d33e, Dec  7 2020, 17:08:21) [MSC v.1927 64 bit (AM
D64)] on win32
Type "help", "copyright", "credits" or "license()" for more information.
>>>
                                                                    Ln: 3  Col: 4
```

图　1-2

在窗口顶部能够看到运行中的 Python 的版本，以及一些操作系统相关的信息。如果上面显示的 Python 版本低于 3.9，那么你可能需要再看看前面的安装步骤。

>>>符号叫作**提示符**（prompt）。只要看到这个符号，就表明 Python 正在等待你向它发出指令。

> **交互式小测验**
>
> 本章配有免费在线小测验，以便你检查学习进度。你可以在手机或电脑上通过下面的网址访问小测验：
>
> realpython.com/quizzes/pybasics-setup/

现在 Python 已经安装好了，我们直接开始编写第一个 Python 程序吧！接下来请直接跳至第 2 章。

1.3　macOS

按照以下步骤在 macOS 上安装 Python 3 并打开 IDLE。

> **重点**
>
> 书中的代码只针对按照本节内容安装的 Python 进行过测试。
>
> 请注意，如果你的 Python 是通过其他方式安装的（如 Anaconda），那么在运行一些示例代码时可能会遇到一些问题。

1.3.1 安装 Python

要在 macOS 上安装最新版本的 Python 3，需在 Python 官方网站上下载并运行官方安装程序。

1. 第一步：下载 Python 3 安装程序

打开浏览器，转至下面的 URL：

https://www.python.org/downloads/mac-osx/

接近页面顶部有一个写有“Python Release for Mac OS X”（供 Mac OS X 使用的 Python 发行版）的标题，点击其下方的“Latest Python 3 Release - Python 3.*x*.*x*”（最新的 Python 3 发行版 – Python 3.*x*.*x*）。如你所见，最新版本是 Python 3.9[①]。

滑到底部，点击“macOS 64-bit universal2 installer”开始下载。

2. 第二步：运行安装程序

打开访达，双击刚才下载的文件运行安装程序。你会看到如图 1-3 所示的对话框。

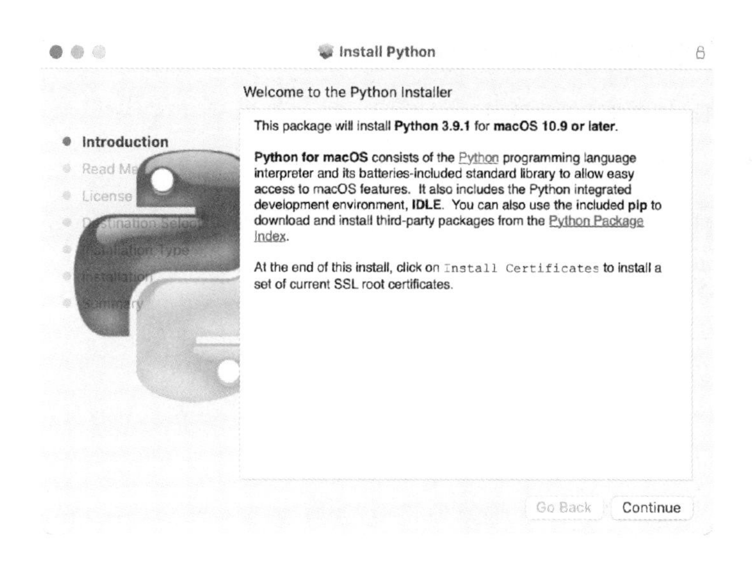

图 1-3

连续按几次“Continue”（继续），直到安装程序让你同意软件许可协议。然后点击“Agree”（同意）。

---

① 翻译本书时，最新版本为 3.11。——译者注

接着你会在一个窗口中看到 Python 的安装位置，以及它会占用多少存储空间。一般来说，你不需要更改默认位置，所以直接点击“Install”（安装）开始安装过程。

当安装程序复制完所有文件后，点击“Close”（关闭）关闭安装程序窗口。

1.3.2 打开 IDLE

分三步打开 IDLE。

(1) 打开访达，点击“应用程序”[1]。
(2) 双击 Python 3.9 文件夹。
(3) 双击 IDLE 图标。

IDLE 会在一个新窗口中打开 Python shell。Python shell 是一个交互式的环境，你可以在里面输入 Python 代码并立即执行。从这里开始学习 Python 是个好主意！

> **注意**
>
> 虽然你可以随意使用自己喜欢的编辑器而不是 IDLE，但要注意在某些章节（特别是第 6 章）会有一些针对 IDLE 的内容。

Python shell 窗口如图 1-4 所示。

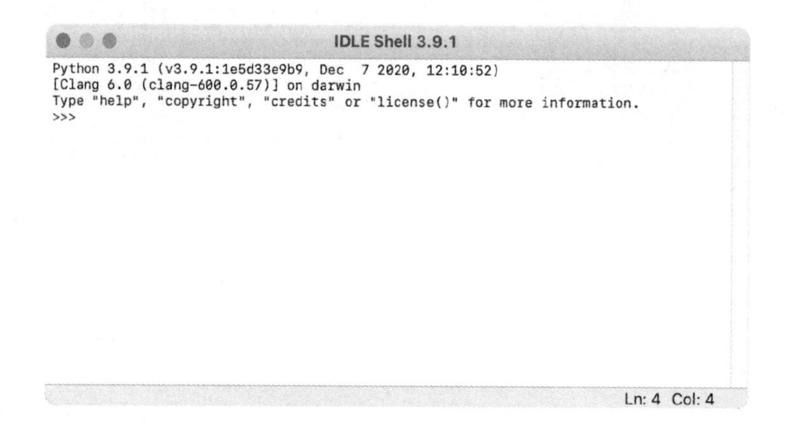

图 1-4

① 指的是访达窗口左侧侧边栏“个人收藏”中的应用程序文件夹。启动台中的内容其实就是这个文件夹中的内容，也可以通过启动台找到 Python 文件夹。——译者注

在窗口顶部，能够看到运行中的 Python 的版本，以及一些操作系统相关的信息。如果上面显示的 Python 版本低于 3.9，那么你可能需要再看看前面的安装步骤。

>>>符号叫作**提示符**（prompt）。只要看到这个符号，就表明 Python 正在等待你向它发出指令。

交互式小测验

本章配有免费在线小测验，以便你检查学习进度。你可以在手机或电脑上通过下面的网址访问小测验：

realpython.com/quizzes/pybasics-setup

现在 Python 已经安装好了，我们直接开始编写第一个 Python 程序吧！接下来请直接跳至第 2 章。

1.4 Ubuntu Linux

按照以下步骤在 Ubuntu Linux 上安装 Python 3 并打开 IDLE。

重点

书中的代码只针对按照本节内容安装的 Python 进行过测试。

请注意，如果你的 Python 是通过其他方式安装的（如 Anaconda），那么在运行一些示例代码时可能会遇到一些问题。

1.4.1 安装 Python

很有可能你的 Ubuntu 发行版已经预装了 Python，不过可能不是最新版，甚至有可能是 Python 2 而不是 Python 3。

为了知道你的系统中安装的是哪一个（或是哪一些）版本，打开终端窗口测试如下的命令：

```
$ python --version
$ python3 --version
```

两条命令可能至少有一条会得到响应并输出版本号，就像下面这样：

```
$ python3 --version
Python 3.9.1
```

你看到的 Python 版本号可能不同。如果显示版本低于 3.9，那么你就需要安装最新的版本。在 Ubuntu 上安装 Python 的方法取决于你的 Ubuntu 版本。你可以通过下面的命令来确定本地 Ubuntu 的版本：

```
$ lsb_release -a
No LSB modules are available.
Distributor ID: Ubuntu
Description:    Ubuntu 18.04.1 LTS
Release:        18.04
Codename:       bionic
```

根据控制台中输出的 Release 旁边的版本号，然后参照对应的步骤操作。

1. Ubuntu 18.04 或更高版本

Ubuntu 18.04 版本没有默认安装 Python 3.9，但是它包含在 Universe 仓库中。你可以在终端中运行下面的命令安装：

```
$ sudo apt-get update
$ sudo apt-get install python3.9 idle-python3.9 python3-pip
```

注意，Universe 仓库通常落后于 Python 的发布安排。你可能无法安装到最新版本的 Python 3.9。不过任何版本的 Python 3.9 都适用于本书。

2. Ubuntu 17 或更低版本

对于 Ubuntu 17 或更低版本，Universe 仓库中并未包含 Python 3.9。你需要从 Personal Package Archive（PPA）中获取。在终端中执行下面的命令以从 deadsnakes PPA 上安装 Python：

```
$ sudo add-apt-repository ppa:deadsnakes/ppa
$ sudo apt-get update
$ sudo apt-get install python3.9 idle-python3.9 python3-pip
```

运行 python3 --version 命令可以检查是否安装了正确的 Python 版本。如果你看到的版本低于 3.9，那么可能需要输入 python3.9 --version。现在你可以打开 IDLE 准备编写第一个 Python 程序了。

1.4.2　打开 IDLE

你可以在命令行中输入下面的命令打开 IDLE：

```
$ idle-python3.9
```

在其他 Linux 发行版上，你可以用以下简短的命令打开 IDLE：

```
$ idle3
```

IDLE 会在新窗口中打开 Python shell。Python shell 是一个交互式的环境，你可以在里面输入 Python 代码并立即执行。从这里开始学习 Python 是个好主意！

> **注意**
>
> 虽然你可以随意使用自己喜欢的编辑器而不是 IDLE，但要注意在某些章节（特别是第 6 章）会有一些针对 IDLE 的内容。

Python shell 窗口如图 1-5 所示。

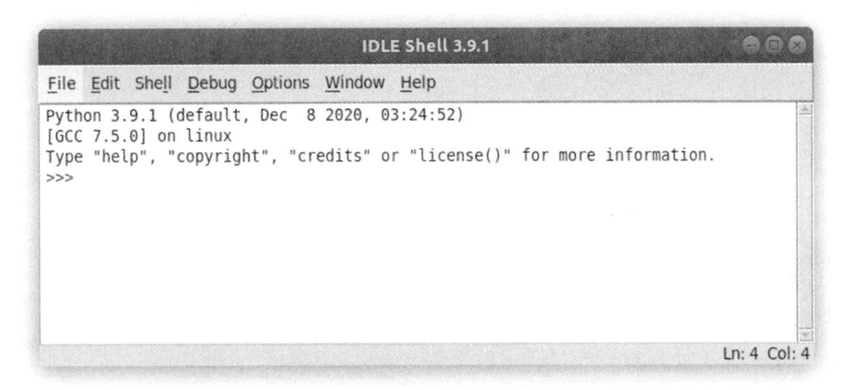

图 1-5

在窗口顶部，能够看到运行中的 Python 的版本，以及一些操作系统相关的信息。如果上面显示的 Python 版本低于 3.9，那么你可能需要再看看前面的安装步骤。

> **重点**
>
> 如果你用 `idle3` 命令打开 IDLE，看到 Python shell 窗口中显示的版本低于 3.9 时，你需要用 `idle-python3.9` 命令打开 IDLE。

>>>符号叫作**提示符**（prompt）。只要看到这个符号，就表明 Python 正在等待你向它发出指令。

> **交互式小测验**
>
> 本章配有免费在线小测验，以便你检查学习进度。你可以在手机或电脑上通过下面的网址访问小测验：
>
> realpython.com/quizzes/pybasics-setup

现在 Python 已经安装好了，我们直接开始编写第一个 Python 程序吧！接下来请直接进入第 2 章。

第 2 章

你的第一个 Python 程序

现在你已经在电脑上安装好了最新版本的 Python，是时候开始写代码了！

在本章中，你将会：

- 编写你的第一个 Python 程序
- 了解在运行一个有问题的程序时会发生什么
- 学习如何声明变量并检查它的值
- 学习如何添加注释

准备好踏上 Python 之旅了吗？出发！

2.1 编写 Python 程序

如果你还没有打开 IDLE，那么先打开它。使用 IDLE 时，主要会在两个窗口中进行操作：一个是在启动 IDLE 时打开的**交互式窗口**，另一个是**编辑器窗口**。

在交互式窗口和编辑器窗口中都可以输入代码，它们的区别在于执行代码的方式。本节将会介绍如何在这两个窗口中执行 Python 代码。

2.1.1 交互式窗口

IDLE 的交互式窗口包含一个 Python shell，它是我们用来和 Python 语言交互的文本用户界面。你在交互式窗口中输入一些 Python 代码并按下回车键，代码的运行结果随即会显示出来。这就是所谓的“交互式”窗口。

启动 IDLE 时交互式窗口会自动打开。你会看到下面这样的文字（不同的安装方式可能会有一些细微的差别）显示在窗口顶部：

```
Python 3.9.1 (tags/v3.9.1:1b293b6)
[MSC v.1916 32 bit (Intel)] on win32
```

```
Type "help", "copyright", "credits" or "license" for more information.
>>>
```

这些文字显示了 IDLE 中正在运行的 Python 版本。你还可以看到操作系统的相关信息，以及一些可以用来获取帮助和查看 Python 相关信息的命令提示。

最后一行中的`>>>`符号叫作**提示符**（prompt），你会在这里输入代码。

现在在提示符处输入 `1 + 1` 然后按下回车键：

```
>>> 1 + 1
2
>>>
```

Python 会对表达式进行求值，然后显示结果（`2`），紧接着显示出又一个提示符。每当你在交互式窗口中运行一些代码之后，新的提示符都会在结果的下方显示出来。

在交互式窗口中执行 Python 代码可以说是这三个步骤循环往复的过程：

(1) Python 从提示符处**读取**（read）输入的代码；

(2) Python 对代码进行**求值**（evaluate）；

(3) Python **输出**（print）结果，等待后续输入。

这个循环常被称为“读取-求值-输出”循环（read-evaluate-print loop，REPL）。Python 程序员有时也把 Python shell 称为 Python REPL，或者简单说成“REPL”。

我们来做点儿比做加法更有趣的事情。编写一个输出“Hello, World”的程序——这是每个程序员都会经历的通过仪式[①]。

在交互式窗口的提示符处输入 `print`，紧接着输入一对圆括号，然后在括号中输入文字 `"Hello, World"`：

```
>>> print("Hello, World")
Hello, World
```

函数（function）是一段执行某种任务的代码，并且我们可以通过一个名字来调用它。上面的代码以`"Hello, World"`为输入，唤起（invoke），或者说**调用**（call）[②]了 `print()`函数。

这对括号让 Python 调用 `print()`函数。括号中的所有内容都会作为输入数据交给函数。引号表明`"Hello, World"`代表引号中的文本数据本身，而不是其他的什么东西。

---

① rite of passage，指从人生一个阶段到另一个阶段的仪式。——译者注

② invoke 和 call 通常都翻译为“调用”，但是两者的含义有一些微妙的区别。call 通常是直接使某个函数开始执行（比如通过函数名称），而被 invoke 的函数可能是被间接调用的（比如在另一个函数中被间接调用）。——译者注

> **注意**
>
> IDLE 会在输入代码时用不同的颜色**高亮显示**（highlight）代码中的不同部分，使得它们更容易区分。
>
> 默认情况下，函数以紫色高亮显示，文本则是绿色的。

交互式窗口一次执行一行代码。这在测试一些简短的示例代码或是研究 Python 语言本身时显得比较方便。但是它有一大限制：你一次只能输入一行代码！

除此之外，你也可以将 Python 代码保存在文本文件中，然后一次性执行文件中的所有代码，运行一个完整的程序。

2.1.2　编辑器窗口

可以在 IDLE 的编辑器窗口中编写 Python 文件。你可以从交互式窗口顶部菜单中选择 File→New File 打开编辑器。

打开编辑器窗口后，交互式窗口依然保持打开状态。编辑器窗口中的代码运行结果会在交互式窗口中输出。你可以调整一下两个窗口的位置，以便同时看到它们。

在编辑器窗口中，输入刚才在交互式窗口中用来输出`"Hello, World"`的代码：

```
print("Hello, World")
```

和交互式窗口一样，IDLE 也会高亮显示编辑器窗口中的代码。

> **重点**
>
> 在一个 Python 文件中编写代码时，不需要把`>>>`提示符也输入进去。

在运行程序前，你需要先保存一下 Python 文件。选择菜单中的 File→Save，将文件保存为 `hello_world.py`。

> **注意**
>
> 在一些操作系统上，IDLE 的默认文件保存目录是 Python 的安装目录。**不要**把你的文件保存到这里。你可以把它们保存到桌面或者 home 目录中。

扩展名`.py`表示这个文件保存的是 Python 代码。事实上，如果你以其他扩展名保存文件，IDLE 就不会将其高亮显示——它只会对`.py`文件进行高亮显示。

1. 在编辑器窗口中运行 Python 程序

要运行程序，从编辑器窗口中的菜单中选择 Run→Run Module。

> **注意**
>
> 在编辑器窗口中按 F5 键也可以运行程序。

程序的输出会出现在交互式窗口中。

每当通过文件运行代码时，你会在交互式窗口中看到类似下面这样的输出：

```
>>> =================== RESTART ===================
```

这是 IDLE 在重启解释器。在你每次运行一个文件时，解释器才是真正执行代码的计算机程序。这样的重启操作可以保证程序每次都是在同样的环境下执行。

2. 在编辑器窗口中打开 Python 文件

要在 IDLE 中打开一个现有的文件，从菜单中选择 File→Open，然后选择想要打开的文件。你可以一次性打开多个文件，IDLE 会在一个个新窗口中逐一将它们打开。

也可以从文件管理器（如 Windows 的文件资源管理器、macOS 的访达）中打开文件。在文件图标上单击鼠标右键，然后选择“Edit with IDLE”（使用 IDLE 编辑）在编辑器窗口中打开文件。

在文件管理器中双击某个`.py`文件也可以执行其中的程序。不过这样的操作通常会使用系统 Python 来运行文件，并且程序终止后程序窗口会立即消失不见——此时你可能都还没来得及看清输出内容。

就目前来说，运行 Python 程序的最佳方案还是在 IDLE 编辑器窗口中打开并运行。

2.2 搞点儿破坏

任何人都会犯错——特别是在编程的时候！如果到目前为止你还没犯过错，我们故意搞点儿破坏，看看会发生什么。

程序中出现的问题被称作**错误**（error）。你主要会遇到两类错误：语法错误和运行时错误。

2.2.1 语法错误

如果你编写的代码不允许在 Python 语言中出现，此时便会产生**语法错误**（syntax error）。

删去上一节中`hello_world.py`中的后一个双引号，便会产生一个语法错误：

```
print("Hello, Wolrd)
```

保存文件，然后按 F5 键运行。代码并没有运行！IDLE 会在警告对话框中显示如下消息：

```
EOL while scanning string literal.
(扫描字符串字面量时发现 EOL。)
```

这条消息中可能有两个术语比较陌生。

(1) **字符串字面量**（string literal）指的是被引号包裹的文本。`"Hello, World"`就是字符串字面量。

(2) **EOL** 代表“行尾”（end of line）。

这条消息想说的是在读取字符串字面量时 Python 碰到了一行的行尾。字符串字面量必须在一行代码结束之前用引号来表示内容已经结束。

IDLE 将包含 `print("Hello, World")`的一行高亮显示，以帮助你快速找到有语法错误的那行代码。如果没有第二个引号，第一个引号之后的所有内容——包括最后的圆括号——都是字符串字面量的一部分。

2.2.2 运行时错误

IDLE 会在程序开始运行之前捕捉到语法错误。与之相对，**运行时错误**（runtime error）则只会在程序运行时发生。

把 `hello_world.py` 中的两个引号都删掉，就会产生一个运行时错误：

```
print(Hello, World)
```

注意到了吗？移除引号之后，文字的颜色变成了黑色。IDLE 不再将 `Hello, World` 识别为文本。你认为运行程序时会发生什么？按下 F5 键试试看！

交互式窗口中会显示这样一段红色的文字：

```
Traceback (most recent call last):
  File "/home/hello_world.py", line 1, in <module>
    print(Hello, World)
NameError: name 'Hello' is not defined
```

每当错误发生时，Python 就会停止执行程序并显示几行文字。这样的文字被称为**回溯信息**（traceback）。回溯信息会显示和错误有关的一些有用的信息。

最好从下往上阅读回溯信息。

- 回溯信息的最后一行会告诉你错误的名称和错误消息。在本例中，由于名称 `Hello` 从未被定义，因此发生了 `NameError`。

- 倒数第二行的内容表明了是哪一部分代码产生了错误。由于 `hello_world.py` 只有一行代码，所以不难猜到问题出在哪儿。这一信息对于大一点儿的文件来说更加有用。
- 倒数第三行的内容给出了文件名和行号，这样你就可以直接找到代码中发生错误的对应位置。

2.3 节会介绍如何在代码中为值取名字。不过在那之前，我们先做一下巩固练习，复习一下和语法错误、运行时错误有关的知识。

2.2.3 巩固练习

你可以在 realpython.com/python-basics/resources/上找到练习的答案以及其他各种资源。

(1) 编写一个因语法错误使得 IDLE 无法运行的程序。

(2) 编写一个因运行时错误而只在运行时崩溃的程序。

2.3 创建变量

在 Python 中，**变量**（variable）是给值取的名字。一旦将值赋予变量，在之后的代码中就可以通过这个变量引用对应的值。

变量对于编程来说非常关键，原因有二。

(1) **变量保持值的可用性**：举例来说，你可以将某些耗时操作的结果分配给一个变量，这样程序就不需要在每次需要用到这个结果的时候一次次地重复运算。

(2) **变量体现值的上下文**：数字 `28` 可以代表很多不同的东西，它可以是课堂上学生的学号、用户访问某网站的次数，等等。为 `28` 这个值取一个 `num_students` 这样的名字，其含义就不言自明了。

本节将会介绍如何在代码中使用变量，以及 Python 程序员在为变量选择名字时遵循的一些约定。

2.3.1 赋值运算符

运算符是一个符号（比如`+`），它可以对一个或多个值执行某种操作。比如，`+`运算符会用到两个数字，左边一个，右边一个，然后它会将两者相加。

我们通过一个叫作**赋值运算符**（assignment operator）（`=`）的特殊符号为变量赋值。`=`运算符将右边的值赋给左边的名字。

我们修改一下上一节中的 `hello_world.py` 文件，用一些文字为一个变量赋值，然后再输出它：

```
>>> greeting = "Hello, World"
>>> print(greeting)
Hello, world
```

在第一行中，我们创建了一个叫作 greeting 的变量，然后用=运算符将"Hello, World"这个值赋给了它。

print(greeting)成功输出了 Hello, World。这是因为 Python 会试图查找 greeting 这个名字，然后发现它被赋予了"Hello, World"这个值。在调用函数之前，Python 将变量名替换为它对应的值。

如果你没有在执行 print(greeting)之前执行 greeting = "Hello, World"，那么就会像上一节中试图执行 print(Hello, World)那样发生 NameError。

> **注意**
>
> 虽然=看起来像是数学里的等号，但是它在 Python 中的含义并非如此。这种区别值得注意，新手程序员可能会被它弄得焦头烂额。
>
> 要记住，每当你看到=运算符时，无论右边是什么东西，它都是在向左边的变量赋值。

变量名是区分大小写的，因此名为 greeting 的变量和 Greeting 不是同一个变量。举个例子，下面的代码就会产生 NameError：

```
>>> greeting = "Hello, World"
>>> print(Greeting)
Traceback (most recent call last):
  File "<stdin>", line 1, in <module>
NameError: name 'Greeting' is not defined
```

如果你在运行本书代码时出现问题，应该反复检查代码中的每一个字符（包括空格）是否和示例代码完全一致。计算机没有常识，光是你觉得“差不多没问题”可不行！

2.3.2 变量命名的法则

变量名不限长度，但有一些规则必须遵守。变量名可以包含大小写字母（A~Z，a~z）、数字（0~9）、下划线（_），但不能以数字开头。

举例来说，这些都是合法的 Python 变量名：

- string1
- _a1p4a
- list_of_names

而这些就不合法，因为它们以数字开头：

- 9lives
- 99_balloons
- 2beOrNot2Be

除了英文字母和数字，Python 变量名也可以包含各种合法的 Unicode 字符。

Unicode 是一种数字化字符表示标准，它可以表示世界上大部分书写系统中的字符。也就是说，Python 的变量名可以包含非英文字符，比如带重音符号的 é 和 ü，甚至中文、日文、阿拉伯文的字符也没有问题。

不过，并非每种系统都能显示那些带重音符号的字符，因此如果你要把自己的代码分享给世界各地，还是应该尽量避免使用这类字符。

> **注意**
>
> 第 11 章会详细介绍 Unicode。
>
> 你也可以在 Python 官方文档中了解 Python 对 Unicode 的支持。

变量名合法并不意味着它就是一个好名字。

为变量取一个好名字其实并不简单。幸运的是，有一些指导方针可以帮助你选择更好的名字。

2.3.3 直白的名字胜过简短的名字

对于复杂的程序来说，直白的变量名至关重要。为了让变量名更加直白，我们通常需要用到好几个单词，使用这些长长的变量名不需要畏手畏脚。

在下面的例子中，3600 这个值被赋给了变量 s：

```
s = 3600
```

变量名 s 实在让人摸不着头脑。用一个完整的单词会让代码更容易理解一些：

```
seconds = 3600
```

seconds 比 s 要好，好就好在它表达出了一定的上下文。不过 seconds 仍旧没有传达出这行代码的完整含义。3600 是完成某个过程所需要的秒数，还是一部电影的长度？这可不好说。

而下面的变量名就让代码的含义不言自明：

```
seconds_per_hour = 3600
```

阅读上面的代码时，毫无疑问 3600 指的是一小时有多少秒。比起 s 和 seconds，seconds_per_hour 确实需要多敲几下键盘，但是更明了的代码带来的回报是巨大的。

尽管直白的变量命名意味着要使用更长的变量名，但还是要避免使用过长的名字，最好不要超过 3 个或者 4 个单词。

2.3.4　Python 变量命名约定

在很多编程语言中通常会以 mixedCase（混合大小写）的形式来书写变量名。在这种写法中，除第一个单词外的每个单词首字母大写，其余字母全部小写。比如 `numStudents` 和 `listOfNames` 都是按照 mixedCase 写法书写的。

不过在 Python 中，更常见的变量名写法是 lower_case_with_underscores（以下划线分隔小写单词）。在这种写法中，每个字母都是小写，用下划线将各个单词分隔开来。举例来说，`num_students` 和 `list_of_names` 就是用 lower_case_with_underscores 写法书写的。

没有规定要求你必须以 lower_case_with_underscores 的形式书写变量名。不过这些实践经验确实被编入了一个叫 PEP 8 的文档，大家普遍视其为编写 Python 代码的官方风格指南。

> **注意**
>
> PEP 代表 Python Enhancement Proposal（Python 改进提议）。每个 PEP 都是 Python 社区用于提出新的语言特性的设计文档。

遵循 PEP 8 中阐述的标准可以确保你的 Python 代码能够被大多数 Python 程序员读懂，进而让分享代码和相互协作更加容易。

2.3.5　巩固练习

你可以在 realpython.com/python-basics/resources/上找到练习的答案以及其他各种资源。

(1) 在交互式窗口中，使用 `print()`输出一些文字。

(2) 在交互式窗口中，将一个字符串字面量赋值给一个变量。然后用 `print()`函数输出该变量内容。

(3) 在编辑器窗口中重做前面两个练习。

2.4　在交互式窗口中检查值

在 IDLE 的交互式窗口中输入下面的代码：

```
>>> greeting = "Hello, World"
>>> greeting
'Hello, World'
```

在第一次输入 greeting 并按下回车键后，尽管你没有使用 print()函数，Python 还是会输出赋值给 greeting 的字符串字面量。这种操作被称为**变量检查**（variable inspection）。

现在用 print()函数输出赋值给 greeting 的字符串：

```
>>> print(greeting)
Hello, World
```

用 print()输出的内容，和直接输入变量名并按下回车键输出的内容不一样。你能发现其中的区别吗？

直接输入变量名 greeting 并按下回车键时，Python 会按照代码所写原样输出赋予变量的值。你把"Hello, World"赋给了 greeting，因此'Hello, World'也带有引号。

注意

Python 中的字符串字面量既可以用单引号表示，也可以用双引号表示。我们在 Real Python 会尽可能地使用双引号，而 IDLE 的输出内容默认采用单引号。

"Hello, World" 和'Hello, World'在 Python 中是一个意思，关键在于要一以贯之。第 3 章会详细介绍字符串。

而 print()会以更方便人类阅读的显示方式输出内容。对于字符串字面量来说，它就不会输出引号。

有时候 print()和检查变量都会输出相同的内容：

```
>>> x = 2
>>> x
2
>>> print(x)
2
```

在这个例子中，数字 2 赋值给了 x。由于 2 是数字而非文本，因此 print(x)和检查 x 在输出时都没有引号。但在大多数情况下，变量检查都会比 print()提供更多有用的信息。

假设你有这样两个变量：x，被赋值数字 2；y，被赋值字符串字面量"2"。在这种情况下，print(x)和 print(y)会输出相同的内容：

```
>>> x = 2
>>> y = "2"
>>> print(x)
2
>>> print(y)
2
```

然而在检查这两个变量时，x 和 y 的区别就体现出来了：

```
>>> x
2
>>> y
'2'
```

这里的关键点在于，print()会以易于人类阅读的形式输出变量的值，而变量检查展示的是值在代码中的表现形式。

要记住的一点是，变量检查只在交互式窗口中可用。举例来说，如果你在编辑器窗口中尝试运行如下代码：

```
greeting = "Hello, World"
greeting
```

程序不会发生任何错误，但是它也不会输出任何内容。

2.5 给自己留下有用的笔记

程序员有时在阅读一段时间之前写的代码时会发出疑问："这一段代码是在干吗？"如果你有一段时间没看自己写的代码，那么很有可能会想不起当初为什么要写这一段。

为了尽量避免这种问题，你可以在代码中留下注释。**注释**（comment）是一些不会影响程序运行的文字。注释会说明某段代码做了些什么，程序员为什么要这么做。

2.5.1 如何添加注释

添加注释最常用的方式是以 # 开头另起一行。在执行代码时，Python 会忽略所有以 # 开头的行。

单独占一行的注释被称作**块注释**（block comment）。也可以添加**行内注释**（inline comment），即注释和其提及的代码放在同一行。要添加行内注释，只需要在代码的末尾加上#，然后写出注释内容。

下面是一个含有两种注释的程序示例：

```
# 这是块注释。
greeting = "Hello, World"
print(greeting) # 这是行内注释。
```

当然，你依然可以在字符串中使用 # 符号。比如 Python 不会把下面的代码误认作注释：

```
>>> print("#1")
#1
```

一般来说，注释应该尽可能地简短。但有时候需要写的内容实在太多，挤在一行也不合适。

在这种情况下，你可以以 # 开头另起一行接着写：

```
# 这是我的第一个程序。
# 它会输出"Hello, World"。
# 这段注释比有的代码还长!
greeting = "Hello, World"
print(greeting)
```

在测试程序时，也可以用注释把代码**注释掉**（comment out）。在一行代码前加上一个#之后，程序运行时这行代码就像根本不存在一样。不过代码本身并没有被删掉。

要在 IDLE 中注释掉某些代码，选中一行或多行代码，然后按下如下快捷键。

- Windows：Alt + 3
- macOS：Cmd + 3
- Ubuntu Linux：Ctrl + D

要移除注释，选中被注释的行，然后按下如下快捷键。

- Windows：Alt + 4
- macOS：Cmd + 4
- Ubuntu Linux：Ctrl + Shift + D

下面我们来了解一些有关代码注释的常见约定。

2.5.2 约定与抱怨

根据 PEP 8 的要求，注释应当是一个个完整的句子，在#和第一个词之间有一个空格：

```
# 这条注释遵循 PEP 8 建议的格式。

#但这条没有。
```

对于行内注释，PEP 8 建议在代码和#之间至少有两个空格：

```
phrase = "Hello, World"  # 这条注释遵循 PEP 8 建议的格式。
print(phrase)# 但这条没有。
```

PEP 8 建议谨慎使用注释。程序员经常抱怨有些注释表达的东西根本就是显而易见的。

比如下面的注释就是多余的：

```
# 输出"Hello, World"
print("Hello, World")
```

之所以这里的注释是多余的，是因为代码本身明确表达了正在发生的事情。注释最好用来解释一些难以理解的代码，或者解释为什么要这样写。

2.6　总结和更多学习资源

在本章中，我们编写并执行了第一个 Python 程序！利用 `print()`函数，编写了一个显示文字`"Hello, World"`的小程序。

随后我们了解到程序中会发生两类主要错误：**语法错误**会在 IDLE 执行一个包含非法 Python 代码的程序**之前**发生；**运行时错误**则只会在程序**运行时**发生。

我们看到了如何使用**赋值运算符**（`=`）为**变量**赋值，并学习了如何在交互式窗口中检查变量。

最后我们学习了如何在代码中留下有用的**注释**，以便自己和其他阅读代码的人能够更好地理解代码。

> **交互式小测验**
>
> 本章配有免费在线小测验，以便你检查学习进度。你可以在手机或电脑上通过下面的网址访问小测验：
>
> realpython.com/quizzes/pybasics-first-program/

更多学习资源

若想进一步学习，可以访问这些学习资源：

- "11 Beginner Tips for Learning Python Programming"（写给 Python 初学者的 11 条建议）
- "Writing Comments in Python (Guide)"（在 Python 中编写注释（指南））

可以访问 realpython.com/python-basics/resources/获得更多进一步提升 Python 技能的学习资源。

第 3 章

字符串与字符串方法

负责各类业务的程序员每天都会和字符串打交道。以 Web 开发者为例，他们需要处理 Web 表单中的文本。而数据科学家则需要先从文本中提取数据，再进行进一步分析。举例来说，他们可以借助文本情感分析对文本主体中的观点进行识别和分类。

Python 中的文本集合被称为**字符串**（string）。**字符串方法**（string method）是一些用于操作字符串的特殊函数。Python 中有各式各样的字符串方法，它们可以把字符串从小写转换成大写、删掉字符串开头或结尾的空白、替换字符串的部分内容，等等。

在本章中，你将会学习如何：

- 使用字符串方法操作字符串
- 处理用户输入
- 处理数字
- 格式化字符串以便输出

我们开始吧！

3.1 什么是字符串

在第 2 章中，我们在 IDLE 的交互式窗口中创建了字符串`"Hello, World"`并使用`print()`进行了输出。在本节中，我们会进一步了解字符串究竟是什么，以及使用 Python 创建字符串的各种方法。

3.1.1 字符串类型

字符串是 Python 的基本数据类型之一。**数据类型**（data type）指的是一个值表示的是什么类型的数据。字符串就是用来表示文本的数据类型。

> **注意**
>
> Python 中还有其他一些内置数据类型。比如我们会在第 4 章中学到的数值数据类型，以及第 7 章中的布尔类型。

之所以说字符串是一种**基本数据类型**（fundamental data type），是因为它们不能进一步拆分为其他类型的值。并非所有数据类型都是基本类型。我们会在第 8 章中了解复合数据类型，这些类型也称**数据结构**（data structure）。

Python 中的字符串数据类型有一个特殊的缩写名称：`str`。你可以通过 `type()`看到这个名称，这个函数可以用来确定给定值的数据类型。

在 IDLE 的交互式窗口中输入下面的代码：

```
>>> type("Hello, World")
<class 'str'>
```

输出内容中的`<class 'str'>`表明`"Hello, World"`这个值是 `str` 类型的实例。也就是说，`"Hello, World"`是一个字符串。

> **注意**
>
> 现阶段你暂时可以把“类”（class）和“数据类型”画等号，类实际上指的是一些更加具体的东西。我们会在第 9 章中了解什么是类。

`type()`也可以作用于赋给某个变量的值：

```
>>> phrase = "Hello, World"
>>> type(phrase)
<class 'str'>
```

字符串有 3 个重要的属性：

(1) 字符串由一个个字母或符号组成，它们被称为**字符**（character）；

(2) 字符串有**长度**，由字符串中的字符数量决定；

(3) 字符串中的字符以**序列**（sequence）的形式出现，即字符串中的每个字符都有一个带编号的位置。

下面我们来进一步学习如何创建字符串。

3.1.2　字符串字面量

我们在前面已经看到，可以用引号将文本包裹起来以创建字符串：

```
string1 = 'Hello, World'
string2 = "1234"
```

单引号（string1）和双引号（string2）都可以，只要字符串首尾的引号保持一致即可。

用引号包裹文本创建的字符串叫作**字符串字面量**（string literal）。顾名思义，这种字符串是我们直接在代码中写出来的。迄今为止我们见到的字符串都是字面量。

> **注意**
>
> 并非所有字符串都是字符串字面量。有时候字符串也会通过用户输入或者读取文件创建。这些字符串并非用引号在代码中写出来的，所以它们不是字面量。

字符串周围的引号叫作**分隔符**（delimiter），因为它们会告诉 Python 这个字符串从哪里开始、到哪里为止。当某一种引号用作分隔符时，另一种引号就可以出现在字符串内部：

```
string3 = "We're #1!"
string4 = 'I said, "Put it over by the llama."'
```

Python 读到第一个分隔符时，它就会将后面所有的字符视作字符串的一部分，直到遇到另一个与之匹配的分隔符。这就是为什么可以在双引号创建的字符串中使用单引号，反之亦然。

如果在用双引号分隔的字符串中使用双引号，就会发生错误：

```
>>> text = "She said, "What time is it?""
  File "<stdin>", line 1
    text = "She said, "What time is it?""
                          ^
SyntaxError: invalid syntax
```

Python 抛出了 SyntaxError，因为它认为字符串到第二个"就结束了，因此不知道如何解释剩下的内容。如果你需要在字符串中使用和分隔符一样的引号，可以用反斜杠对字符进行**转义**（escape）：

```
>>> text = "She said, \"What time is it?\""
>>> print(text)
She said, "What time is it?"
```

> **注意**
>
> 在一个项目的整个开发过程中，应当只选择双引号或单引号中的一种来分隔所有的字符串。要记住选择哪种引号没有对错之分！这样做的目的在于保持一致性，进而使代码更加易读、易于理解。

字符串可以包含任何合法的 Unicode 字符。比如字符串"We're #1!"中有#，"1234"中有数字，而"×Pýŧħøŋ×"也是合法的 Python 字符串！

3.1.3　确定字符串的长度

字符串中字符的个数（包括空白）即为字符串的**长度**（length）。比如字符串"abc"的长度为 3，而"Don't Panic"的长度为 11。

Python 中内置的 `len()`函数可以用来确定字符串的长度。为了了解如何使用它，我们在 IDLE 的交互式窗口中输入下面的代码：

```
>>> len("abc")
3
```

也可以在被字符串赋值的变量上使用 `len()`：

```
>>> letters = "abc"
>>> len(letters)
3
```

首先把字符串"abc"赋值给变量 `letters`，然后用 `len()`获取 `letters` 的长度，得到 3。

3.1.4　多行字符串

PEP 8 风格指南建议每行 Python 代码不超过 79 个字符（包括空白）。

> **注意**
>
> PEP 8 对每行 79 个字符的要求只是建议，而非规定。一些 Python 程序员喜欢稍微写长一点儿。
>
> 在本书中，我们严格遵循 PEP 8 对每行长度的建议。

无论是选择遵循 PEP 8 的建议，还是选择稍微把 79 个字符的限制放宽，有时候你的字符串字面量的长度还是会超过你选择的上限。

为了处理较长的字符串，可以使用**多行字符串**（multiline string）将它们分割成几行。比如，假设你需要把下面的文字放到一个字符串字面量中：

> This planet has—or rather had—a problem, which was this: most of the people living on it were unhappy for pretty much of the time. Many solutions were suggested for this problem, but most of these were largely concerned with the movements of small green pieces of paper, which is odd because on the whole it wasn't the small green pieces of paper that were unhappy.
>
> ——道格拉斯 · 亚当斯，《银河系搭车客指南》[①]

① 这是道格拉斯 · 亚当斯的《银河系搭车客指南》引言中的一段话："这颗星球面临一个问题——或者应该说曾经面临一个问题，那就是地球上大多数人在大部分时间里不开心。关于这个问题人们提出了很多建议，但它们大部分是在关心一些绿色小纸片的流通。这很奇怪，因为说到底不是这些小纸片不开心。"——译者注

这一段话里显然不止 79 个字符，所以任何以这段话为内容的字符串字面量都会违背 PEP 8。那么你该怎么办？

有几个办法可以解决这个问题。其中一种就是把它分成几行，在除最后一行之外的每一行末尾加上一个反斜杠（\）。为了遵守 PEP 8，每一行的长度必须限制在 79 个字符（包括空白）以下。

像这样使用反斜杠将这段话写成多行字符串：

```
paragraph = "This planet has—or rather had—a problem, which was \
this: most of the people living on it were unhappy for pretty much \
of the time. Many solutions were suggested for this problem, but \
most of these were largely concerned with the movements of small \
green pieces of paper, which is odd because on the whole it wasn't \
the small green pieces of paper that were unhappy."
```

注意，你不需要在每一行最后用引号结尾。如果这样做，Python 一般会指出你在第一行的末尾没有用对应的引号结束字符串。只要在每行末尾加上反斜杠，就可以在下一行接着写同一个字符串的内容。

用 print()输出以反斜杠分割的多行字符串时，输出内容依然在同一行中显示：

```
>>> long_string = "This multiline string is \
displayed on one line"
>>> print(long_string)
This multiline string is displayed on one line
```

你也可以使用三引号（"""或'''）作为分隔符。此时可以像这样写出一大段字符串：

```
paragraph = """This planet has—or rather had—a problem, which was
this: most of the people living on it were unhappy for pretty much
of the time. Many solutions were suggested for this problem, but
most of these were largely concerned with the movements of small
green pieces of paper, which is odd because on the whole it wasn't
the small green pieces of paper that were unhappy."""
```

三引号字符串会保留包括换行符在内的空白字符。这就意味着执行 print(paragraph)会以多行形式原样输出字符串。这种效果不一定是你想要的，所以在选择创建多行字符串的方法时要考虑到期望的输出形式。

在 IDLE 的交互式窗口中输入如下代码，我们会看到三引号字符串中的空白字符是如何被保留的：

```
>>> print("""An example of a
...     string that spans across multiple lines
...         and also preserves whitespace.""")
An example of a
    string that spans across multiple lines
        and also preserves whitespace.
```

注意第 2 行和第 3 行都完全按照字符串字面量的形式进行了缩进。

3.1.5 巩固练习

你可以在 realpython.com/python-basics/resources/上找到练习的答案以及其他各种资源。

(1) 输出包含双引号的字符串。
(2) 输出包含撇号（'）的字符串。
(3) 输出保留空白字符的多行字符串。
(4) 输出单行显示的多行字符串。

3.2 拼接、索引、切片

现在我们已经知道了什么是字符串，也明白了如何在代码中声明字符串字面量，接下来我们了解一下可以在字符串上进行的操作。

在本节中，你将会学习三种基本的字符串操作。

(1) **拼接**（concatenation）：连接两个字符串
(2) **索引**（indexing）：从字符串中取得单个字符
(3) **切片**（slicing）：从字符串中一次性取得多个字符

我们开始吧！

3.2.1 拼接字符串

你可以用+运算符将两个字符串组合起来，或者说**拼接**（concatenate）在一起：

```
>>> string1 = "abra"
>>> string2 = "cadabra"
>>> magic_string = string1 + string2
>>> magic_string
'abracadabra'
```

在这个例子中，字符串的拼接发生在第 3 行代码中。我们用+将 `string1` 和 `string2` 拼接在一起，然后将操作结果赋给变量 `magic_string`。注意，拼接两个字符串时，两者之间并没有任何空格。

你可以用字符串拼接将两个相关联的字符串连接到一起，比如把姓和名连接成全名：

```
>>> first_name = "Arthur"
>>> last_name = "Dent"
>>> full_name = first_name + " " + last_name
>>> full_name
'Arthur Dent'
```

在上面的例子中，我们一次性进行了两次字符串拼接。我们首先将 first_name 和" "连接在一起，使得名字后面有一个空格，这就得到了"Arthur "。然后我们又把 last_name 拼接在它后面，最后就得到了"Arthur Dent"。

3.2.2 索引字符串

字符串中的每一个字符都对应一个带编号的位置，这个编号就是**索引**（index）。我们可以在字符串后面写上一对方括号（[]），然后在方括号中填入数字 *n*，这样就可以得到第 *n* 个位置上的字符：

```
>>> flavor = "fig pie"
>>> flavor[1]
'i'
```

flavor[1]返回的是"fig pie"1 号位置上的字符串，即 i。

等会儿，"fig pie"的第 1 个字符不是 f 吗?

在 Python 和大部分其他编程语言中，索引是从 0 开始的。要取得字符串中的第 1 个字符，需要访问 0 号位置上的字符：

```
>>> flavor[0]
'f'
```

重点

忘记索引是从 0 开始的，而用索引 1 访问字符串的第 1 个字符，这很容易引起**差一错误**（off-by-one error）。

无论是新手还是老手，差一错误都会让他们叫苦连天。

字符串"fig pie"中的字符及其索引的对应关系如下所示：

f	i	g		p	i	e
0	1	2	3	4	5	6

如果试图使用一个超过字符串长度的索引，Python 会报出 IndexError 错误：

```
>>> flavor[9]
Traceback (most recent call last):
  File "<pyshell#4>", line 1, in <module>
    flavor[9]
IndexError: string index out of range
```

字符串中最大的索引始终是字符串长度减去 1。"fig pie"的长度为 7，因此允许的最大索引为 6。

字符串也支持负值索引：

```
>>> floavor[-1]
'e'
```

字符串最后一个字符的索引为–1，对于"fig pie"来说就是字母 e。倒数第二个字符 i 的索引为–2，以此类推。

字符串"fig pie"中字符及其负值索引的对应关系如下所示：

```
|   f   |   i   |   g   |       |   p   |   i   |   e   |
   -7      -6      -5      -4      -3      -2      -1
```

和正值索引一样，试图用超出范围的负值索引访问字符串时 Python 也会报出 IndexError：

```
>>> flavor[-10]
Traceback (most recent call last):
  File "<pyshell#5>", line 1, in <module>
    flavor[-10]
IndexError: string index out of range
```

乍一看负值索引并不是很有用，但在某些时候它们比正值索引更好用。

比如，假设用户的输入赋给了变量 user_input。如果你要取得字符串的最后一个字符，你怎样才能知道这个索引是多少？

一种方法是通过 len()算出它的索引：

```
final_index = len(user_input) - 1
last_character = user_input[final_index]
```

直接用–1 索引出最后一个字符可以少打很多字，并且不需要计算索引这个中间步骤：

```
last_character = user_input[-1]
```

3.2.3　字符串切片

假设你需要构造一个由"fig pie"前 3 个字符组成的字符串，可以像这样通过索引获得前 3 个字符，然后把它们拼接起来：

```
>>> first_three_letters = flavor[0] + flavor[1] + flavor[2]
>>> first_three_letters
'fig'
```

如果你要的不只是前面几个字符，那么一个个地索引、拼接就会让代码显得别扭且冗长。不过好在 Python 给出了一种不需要写那么多代码的做法。

要从字符串中提取一部分——**子串**（substring），我们可以在方括号中填入以冒号分隔的两个索引：

```
>>> flavor = "fig pie"
>>> flavor[0:3]
'fig'
```

flavor[0:3]返回赋给 flavor 的字符串的前 3 个字符。这 3 个字符从索引 0 处开始，到索引 3 处为止（不包括 3）。flavor[0:3]中的[0:3]被称为**切片**（slice）。在本例中，它会返回一片"fig pie"。味道不错！[①]

字符串切片有时候会让人搞不清楚，因为它包含第 1 个索引对应的字符，但不包含第 2 个索引对应的字符。

为了记住切片的工作方式，你可以把字符串想象成一系列正方形的小格子。格子的边界从左到右依次是 0 到字符串长度，每个格子都填入了字符串的一个字符。

对于字符串"fig pie"来说，这些格子看起来就像这样：

```
| f | i | g |   | p | i | e |
0   1   2   3   4   5   6   7
```

因此"fig pie"的切片[0:3]返回的是字符串"fig"，而切片[3:7]返回的是字符串 " pie"。

如果把切片的第 1 个索引省略，Python 就会假定你想从索引 0 处开始切片：

```
>>> flavor[:3]
'fig'
```

切片[:3]等同于切片[0:3]，所以 flavor[:3]返回字符串 "fig pie"的前 3 个字符。

类似地，如果把第 2 个索引省略，Python 则会假定你需要一个从第 1 个索引开始一直到字符串最后一个字符的字符串切片：

```
>>> flavor[3:]
' pie'
```

对于"fig pie"来说，[3:]和[3:7]是等效的。索引 3 处的字符是空格，所以 flavor[3:7]返回的就是包含空格及其后所有字符的子串：" pie"。

如果把两个索引都省略了，就会得到一个从索引 0 处开始，一直到最后一个字符的字符串。也就是说，省略两个索引的切片返回的就是整个字符串：

```
>>> flavor[:]
'fig pie'
```

① fig pie 是一种无花果制成的馅饼。“a slice of "fig pie"”一语双关。——译者注

值得注意的是，切片和字符串索引不同，Python在切片索引超出字符串的开始和结束边界时不会抛出IndexError错误：

```
>>> flavor[:14]
'fig pie'
>>> flavor[13:15]
''
```

在上面的例子中，第1行代码从字符串开头开始切片，一直到第14个字符结束（不包含第14个）。赋给flavor的字符串的长度仅有7，所以你可能认为Python会抛出错误。事实上并不会，它会忽略任何不存在的切片并返回整个字符串"fig pie"。

第3行代码展示了整个切片的范围都超过了字符串边界的情况。flavor[13:15]试图取得第13个到第15个字符之间的内容，但它们根本不存在。Python并没有抛出错误，只是返回了**空字符串**（""）。

注意

空字符串之所以是空的，就是因为它不包含任何字符。在引号之间什么也不写就会得到一个空字符串：

```
empty_string = ""
```

只要字符串里有任何的字符——哪怕是空白字符，它就不是空的。下面所有的字符串都不是空字符串：

```
non_empty_string1 = " "
non_empty_string2 = "     "
non_empty_string3 = "          "
```

即使这些字符串中没有任何“看得见的”字符，它们也不是空字符串，因为它们包含空格。

在切片中也可以使用负值索引。切片中负值的使用方法和正值是一样的。用负值索引标注的小方格的边界如下所示：

```
|   f   |   i   |   g   |       |   p   |   i   |   e   |
-7      -6      -5      -4      -3      -2      -1
```

和前面讲的一样，[x:y]表示从索引x开始切片，到y结束（不包括y）。比如切片[-7:-4]会返回字符串"fig pie"的前3个字母：

```
>>> flavor[-7:-4]
'fig'
```

不过要注意的是，字符串最右侧的边界没有对应的负值索引。从逻辑上来说这里似乎应该是 0，但实际上不是这样的。

[-7:0]会返回空字符串而不是整个字符串：

```
>>> flavor[-7:0]
''
```

这是因为切片中第 2 个索引对应的位置必须在第 1 个索引对应的位置右边，而–7 和 0 对应的位置都是在字符串最左边。

如果需要切片切到最后一个字符串为止，那么可以直接省略第 2 个索引：

```
>>> flavor[-7:]
'fig pie'
```

当然，用 flavor[-7:0]来获得整个字符串显得有点奇怪，毕竟你可以直接用变量 flavor 获得同样的结果，切片就显得多余了。

在获取字符串的最后几个字符时负值索引切片非常有用。比如 flavor[-3:]就得到了"pie"。

3.2.4 字符串是不可变的

本节讨论字符串对象的一个重要性质：字符串是**不可变的**（immutable），也就是说字符串一旦创建就不能修改。举例来说，你可以看看如果试图将一个新的字母赋给字符串的某个字符会发生什么：

```
>>> word = "goal"
>>> word[0] = "f"
Traceback (most recent call last):
  File "<pyshell#16>", line 1, in <module>
    word[0] = "f"
TypeError: 'str' object does not support item assignment
```

Python 会抛出 TypeError 并告诉你 str 对象不支持为其元素赋值。

如果想改变一个字符串，那么你就必须创建一个新的字符串。要把字符串"goal"改成"foal"，你可以对"goal"进行切片，获得除首字母以外的所有字符，然后在前面拼接字母"f"：

```
>>> word = "goal"
>>> word = "f" + word[1:]
>>> word
'foal'
```

首先，将字符串"goal"赋给变量 word。然后，用 word[1:]切片，得到字符串"oal"。最后，在前面加上字母"f"得到"foal"。如果你得到的是不一样的结果，那么要检查一下是否在字符串切片中加上了冒号（:）。

3.2.5　巩固练习

你可以在 realpython.com/python-basics/resources/上找到练习的答案以及其他各种资源。

(1) 创建一个字符串并用 `len()`输出其长度。

(2) 创建两个字符串，将它们拼接在一起，输出结果。

(3) 创建两个字符串，用空格将它们拼接在一起，输出结果。

(4) 对字符串`"bazinga"`进行切片，指定正确的字符区间以输出`"zing"`。

3.3　利用字符串方法操作字符串

字符串有各种被称为**字符串方法**（string method）的特殊函数，你可以利用它们来处理和操作字符串。字符串方法数不胜数，我们着重学习一些最常用的。

在本节中，你将会学习如何：

- 将字符串转换为大写或小写
- 移除字符串中的空白
- 确定字符串是否以某个字符开头或结尾

我们开始吧！

3.3.1　大小写转换

要将字符串中的字符全部转换为小写，可以使用字符串的`.lower()`方法。只需要在字符串的末尾加上`.lower()`即可：

```
>>> "Jean-Luc Picard".lower()
'jean-luc picard'
```

句点（`.`）会告诉 Python 紧随其后的是一个方法的名称——在本例中即为 `lower()`方法。

注意

我们在方法名称前面加上了点（`.`）来表明这是一个方法。比如`.lower()`在最前面加上了一个点，而不是只写了 `lower()`。

这样更容易将字符串方法和 `print()`、`type()`一类的内置函数区分开来。

字符串方法除了用在字符串字面量上，也可以在字符串变量上使用：

```
>>> name = "Jean-Luc Picard"
>>> name.lower()
'jean-luc picard'
```

.upper()和.lower()相反，它会把每个字符转换成大写：

```
>>> name.upper()
'JEAN-LUC PICARD'
```

我们把.upper()、.lower()这两个字符串方法和 3.1.3 节中的 len()函数进行对比。除了它们会产生不同的结果之外，最重要的区别在于用法。

len()是一个独立的函数。如果你想确定字符串 name 的长度，只需要调用 len()函数：

```
>>> len(name)
15
```

而.upper()和.lower()必须搭配一个字符串才能使用——它们无法独立存在。

3.3.2 移除字符串中的空白字符

空白字符指的是会以空白形式输出的字符，其中包括空格和用于表示换行的特殊字符**换行符**（line feed）[①]。

有时候——特别是在处理用户输入的字符串时，你可能需要移除字符串开头或末尾的空白，因为这些多余的空白可能是不小心输入的。

有三个可以移除空白的字符串方法：

(1) .rstrip()

(2) .lstrip()

(3) .strip()

.rstrip()会移除字符串右端的空白：

```
>>> name = "Jean-Luc Picard     "
>>> name
'Jean-Luc Picard     '
>>> name.rstrip()
'Jean-Luc Picard'
```

在本例中，字符串"Jean-Luc Picard   "末尾有 5 个空格。利用.rstrip()可以移除字符串末尾的空格，返回的"Jean-Luc Picard"其末尾就没有空格了。

① 即 LF。不同操作系统的换行用不同的字符表示。Unix 系系统（包括 Linux、macOS）使用 LF，Windows 使用 CR+LF。我们常说的回车其实指的是 CR（carriage return），这个术语最早是用在打字机上的，carriage 指的是打印机纸筒机架，回车就是在说机架归位准备从最左边开始打印，而 LF 表示的是纸筒向上滚动一行，也就是说 CR 和 LF 两个操作共同构成了打字机（以及打印机）的换行操作。随着计算机的发展，在各种虚拟的媒介上（比如控制台界面）换行并不需要这样物理的机械结构运作，换行符也就不一定需要 CR 和 LF 共同构成，“回车”也逐渐演用来指代“换行”或者键盘的 Enter 键。——译者注

.lstrip()和.rstrip()一样，只不过它移除的是字符串左端的空白：

```
>>> name = "     Jean-Luc Picard"
>>> name
'     Jean-Luc Picard'
>>> name.lstrip()
'Jean-Luc Picard'
```

要同时移除字符串左右两端的空白，就该.strip()派上用场了：

```
>>> name = "     Jean-Luc Picard      "
>>> name
'     Jean-Luc Picard      '
>>> name.strip()
'Jean-Luc Picard'
```

要注意的一点是，.rstrip()、.lstrip()、.strip()都不会移除字符串中间的空格。前面的三个例子中，"Jean-Luc"和Picard之间的空格都得以保留。

3.3.3 判断字符串是否以某个字符串开头或结尾

在处理文本时，有时可能需要判断一个字符串是否以某个字符开始或结尾。你可以使用.startswith()和.endswith()来解决这个问题。

我们来看一个例子。假设有字符串"Enterprise"，我们可以用.startswith()来判断该字符串是否以e和n开头：

```
>>> starship = "Enterprise"
>>> starship.startswith("en")
False
```

为.startswith()提供一个字符串以告诉它我们想要搜索的字符。因此为了判断"Enterprise"是否以e和n开头，我们调用了".startswith("en")，然后返回了False（假）。你认为这是为什么？

如果你觉得".startswith("en")之所以返回False是因为"Enterprise"是以大写的E开头的，那么恭喜你回答正确！.startswith()方法的确是**区分大小写**（case sensitive）的。为了让它返回True（真），你需要把字符串"En"交给它：

```
>>> starship.startswith("En")
True
```

你可以使用.endswith()来确定一个字符串是否由某些字符结尾：

```
>>> starship.endswith("rise")
True
```

.endswith()方法和.startswith()方法一样，也是区分大小写的：

```
>>> starship.endswith("risE")
False
```

注意

True 和 False 并非字符串。它们是一种叫作**布尔值**（Boolean value）的特殊数据类型。第 7 章会介绍有关布尔值的更多内容。

3.3.4 字符串方法与不可变性

回忆一下，在 3.2.4 节中我们讲到字符串是不可变的——它们一旦被创建就无法修改。大部分修改字符串的方法（如.upper()和.lower()）实际上操作的是原字符串的副本，返回的是进行了相应修改后的副本。

不细心的话，可能会因此给你的程序引入一些微妙的 bug。在 IDLE 的交互式窗口中测试一下下面的代码：

```
>>> name = "Picard"
>>> name.upper()
'PICARD'
>>> name
'Picard'
```

调用 name.upper()时，name 其实没有发生任何变化。如果想保留函数返回的结果，就需要把它赋值给一个变量：

```
>>> name = "Picard"
>>> name = name.upper()
>>> name
'PICARD'
```

name.upper()会返回一个新的字符串"PICARD"，然后我们将它赋给了变量 name。原本赋给 name 的"Picard"现在就被**覆盖**（override）了。

3.3.5 利用 IDLE 探索其他的字符串方法

字符串有大量与之相关的方法，这里提到的方法不过是冰山一角。IDLE 可以帮助你发掘这里没有讲到的方法。下面我们来看具体怎么做。首先在交互式窗口中用一个字符串为变量赋值：

```
>>> starship = "Enterprise"
```

接下来在 starship 后面打一个句点，但不要急着按下回车键。此时你的交互式窗口应该是这样的：

```
>>> starship.
```

等待几秒，IDLE 会显示字符串所有方法的列表，你可以用方向键来回滚动。

IDLE 中有一个在这里值得一提的快捷键。你可以按下 Tab 键自动补全文本，而不需要逐字打出长长的名字。比如只需要输入 `starship.u`，然后按下 Tab 键。由于 `starship` 只有一个以 `u` 开头的方法，因此 IDLE 会自动补全 `starship.upper`。

自动补全对变量名也有用，你可以试着只输入 `starship` 的前几个字母然后按下 Tab 键。只要你没有定义其他开头和 `starship` 一样的变量名，IDLE 就会为你自动补全 `starship`。

3.3.6　巩固练习

你可以在 realpython.com/python-basics/resources/上找到练习的答案以及其他各种资源。

(1) 编写程序将下列字符串全部转换为小写："Animals"、"Badger"、"Honey Bee"、"Honey Badger"，并将转换后的字符串逐行输出。

(2) 重做练习(1)，将小写转换为大写。

(3) 编写程序移除下列字符串中的空白，然后输出修改后的字符串：

```
string1 = "    Filet Mignon"
string2 = "Brisket    "
string3 = "  Cheeseburger   "
```

(4) 编写程序输出下列字符串执行方法`.startswith("be")`的结果：

```
string1 = "Becomes"
string2 = "becomes"
string3 = "BEAR"
string4 = "  bEautiful"
```

(5) 使用练习(4)中的字符串，利用字符串方法编写程序，使得每一个字符串执行`.startswith("be")`都返回 `True`。

3.4　与用户输入交互

现在我们已经知道了如何使用字符串方法，接下来要让程序变得更具交互性！

本节将介绍如何使用 `input()`从用户那里获得输入。我们会编写一个程序要求用户输入一些文字，然后将它转换为大写并输出。

在 IDLE 的交互式窗口中输入如下代码：

```
>>> input()
```

按下回车键时，似乎什么都没发生。光标移到了下一行，但是>>>并没有出现。这是因为

Python 在等待你的输入！

输入一些内容再次按下回车键：

```
>>> input()
Hello there!
'Hello there!'
>>>
```

你输入的内容在新的一行中再次显示，并且被加上了单引号。这是因为 input()会以字符串形式返回用户输入的任何内容。

为了让 input()对用户友好一点，你可以让它为用户显示一条**提示信息**（prompt）。提示信息就是一个放在 input()的括号里的一个字符串。什么内容都可以：一个单词、一个符号、一个短语——只要是合法的 Python 字符串就行。

input()会显示提示信息并等待用户的输入。用户按下回车键后，input()会以字符串形式返回用户的输入，你可以把它赋值给变量，然后在程序中进行进一步处理。

为了体会 input()的工作方式，在编辑器窗口中输入如下代码：

```
prompt = "Hey, what's up? "
user_input = input(prompt)
print("You said: " + user_input)
```

按下 F5 键运行程序。Hey, what's up?会显示在交互式窗口中，末尾的光标不停闪烁。

"Hey, what's up? "末尾的空格可以保证用户在开始输入时，其输入的内容和提示信息之间留有一个空格。用户输入回复并按下回车键后，输入的内容就被赋给了变量 user_input。

程序运行起来就像这样：

```
Hey, what's up? Mind your own business.

You said: Mind your own business.
```

一旦获得了用户的输入，你就可以对它进行进一步处理。比如在下面的程序中，我们首先获得了用户的输入，然后用.upper()将其转换为了大写，最后输出结果：

```
response = input("What should I shout? ")
shouted_response = response.upper()
print("Well, if you insist..." + shouted_response)
```

尝试在 IDLE 的编辑器中输入并运行这个程序。思考一下还可以对用户输入的内容进行哪些处理。

巩固练习

你可以在 realpython.com/python-basics/resources/上找到练习的答案以及其他各种资源。

(1) 编写程序取得用户的输入并显示输入的内容。
(2) 编写程序取得用户的输入并将其转换为小写后输出。
(3) 编写程序取得用户输入并输出其长度。

3.5　挑战：分析用户输入

编写一个名为 first_letter.py 的程序。它会提示用户"Tell me your password: "。在取得用户的输入后，程序会确定输入内容的第一个字母，然后将它转换为大写，最后把这个字母输出。

如果用户输入的是"no"，那么程序应该输出如下内容：

```
The first letter you entered was: N
```

对于现阶段来说，如果在用户什么都没有输入的情况下（用户没有输入内容就按下了回车键）程序崩溃了也无所谓。在后面的章节中我们会学习应对这种情况的各种方法。

你可以在 realpython.com/python-basics/resources/上找到这个挑战的答案以及其他各种资源。

3.6　处理字符串和数字

使用 input()获取用户输入时，结果始终是字符串。很多情况下传递给程序的输入是字符串形式的，然而有时这些字符串包含了需要参与运算的数字。

在本节中，我们会学习如何处理表示数字的字符串。你将会看到算术运算符在字符串上的工作方式——它们总是会产生意想不到的结果。此外，我们还会学习如何在字符串和数值类型之间相互转换。

3.6.1　在字符串上使用算术运算符

我们已经看到字符串对象可以保存各种类型的字符，其中也包括数字。但是不要把字符串中的数字和真正的数字混淆。举例来说，在 IDLE 的交互式窗口中测试一下如下代码：

```
>>> num = "2"
>>> num + num
'22'
```

+运算符会将两个字符串连接在一起，因此"2" + "2"的结果是"22"而非"4"。

你也可以把字符串和一个数字相乘，这个数字必须是整型——或者说整数。在交互式窗口中输入以下代码：

```
>>> num = "12"
>>> num * 3
'121212'
```

num * 3 将 3 个字符串"12"拼接起来，最后返回字符串"121212"。

我们来和数字的算术运算做一个对比。12 乘 3 实际上就是把 3 个 12 相加，字符串的乘法也是一样。"12" * 3 的意思就相当于"12" + "12" + "12"。总之，字符串乘上一个整数 *n* 就是把它的 *n* 个副本拼接到一起。

你也可以把表达式 num * 3 中的数字放到左边，结果是一样的：

```
>>> 3 * num
'121212'
```

如果把*运算符放到两个字符串中间，你认为会发生什么？

在交互式窗口中输入"12" * "3"，按下回车键：

```
>>> "12" * "3"
Traceback (most recent call last):
  File "<stdin>", line 1, in <module>
TypeError: can't multiply sequence by non-int of type 'str'
```

Python 抛出了 TypeError 错误并告诉你不能把一个序列和一个不是整数的东西相乘。

注意

序列（sequence）指的是任何支持索引访问的 Python 对象。字符串是序列的一种。我们会在第 8 章中了解其他的序列类型。

在字符串上使用*运算符时，Python 总是会期望运算符的另一边是一个整数。

如果把一个字符串和一个数字相加，你认为会发生什么？

```
>>> "3" + 3
Traceback (most recent call last):
  File "<stdin>", line 1, in <module>
TypeError: can only concatenate str (not "int") to str
```

Python 抛出了 TypeError 错误，因为它希望+运算符两边的对象属于同一类型。

如果+的两边都是字符串，那么 Python 就会试图执行字符串拼接操作。只有两边都是数字时它才会进行加法运算。所以为了让"3" + 3 得 6，你必须把字符串"3"转换成数字。

3.6.2 将字符串转换为数字

上一节中 TypeError 的例子点出了一个处理用户输入时的常见问题。我们在对用户输入进行运算时，这些运算可能需要的是数字而非字符串。此时便会出现类型不匹配的问题。

我们先来看一个例子。将下面的代码写到文件中并运行程序：

```
num = input("Enter a number to be doubled: ")
doubled_num = num * 2
print(doubled_num)
```

如果你在提示信息后面输入了数字 2，那么你会期望结果是 4。但在这种情况下，结果是 22。要记得 input()的返回值永远是字符串，因此如果输入了 2，那么 num 会被赋值字符串"2"——而非整数 2。所以表达式 num * 2 返回的是字符串"2"和自己拼接后的结果，即"22"。

为了对字符串中的数字进行算术运算，你必须把它从字符串类型转换为数字类型。我们有两个函数可以做到这一点：int()和 float()。

int()代表**整数**（integer），它会将对象转换为整数；而 float()代表**浮点数**（floating-point number），它会将对象转换为小数。下面在交互式窗口中展示它们的用法：

```
>>> int("12")
12

>>> float("12")
12.0
```

值得注意的是，float()给数字 12 加上了一个小数点。浮点数至少会有一位小数的精度。基于这个原因，你不能把一个看起来像小数的字符串转换为整数——因为小数点后面的所有内容都会被丢掉。

试着把字符串"12.0"转换为整数：

```
>>> int("12.0")
Traceback (most recent call last):
  File "<stdin>", line 1, in <module>
ValueError: invalid literal for int() with base 10: '12.0'
```

即使小数点后面的 0 并没有改变数字的大小，为了避免精度损失，Python 也不会把 12.0 转换成 12。

我们回过头来看一下本节开头的例子应该如何修改。这里放上之前的代码：

```
num = input("Enter a number to be doubled: ")
doubled_num = num * 2
print(doubled_num)
```

问题出在 doubled_num = num * 2 这一行，因为 num 是字符串而 2 是数字。

你可以把 num 传递给 int()或 float()来解决这个问题。由于提示信息要求用户输入“数字”，并没有说是“整数”，那我们就把 num 转换为浮点数：

```
num = input("Enter a number to be doubled: ")
doubled_num = float(num) * 2
print(doubled_num)
```

现在运行程序输入 2，你会得到想要的 4.0。试一下！

3.6.3 将数字转换为字符串

有时候我们可能需要把数字转换为字符串。比如我们需要利用一个现有的变量来构造字符串，而这个变量的值是数字。

我们已经看到，字符串和数字拼接会发生 TypeError 错误：

```
>>> num_pancakes = 10
>>> "I am going to eat " + num_pancakes + " pancakes."
Traceback (most recent call last):
  File "<stdin>", line 1, in <module>
TypeError: can only concatenate str (not "int") to str
```

由于 num_pancakes 是一个数字，Python 不能把它和字符串"I'm going to eat"拼接在一起。为了构造这个字符串，你需要用 str()将 num_pancakes 转换为字符串：

```
>>> num_pancakes = 10
>>> "I am going to eat " + str(num_pancakes) + " pancakes."
'I am going to eat 10 pancakes.'
```

也可以在数字字面量上使用 str()：

```
>>> "I am going to eat " + str(10) + " pancakes."
'I am going to eat 10 pancakes.'
```

str()还可以处理算术表达式：

```
>>> total_pancakes = 10
>>> pancakes_eaten = 5
>>> "Only " + str(total_pancakes - pancakes_eaten) + " pancakes left."
'Only 5 pancakes left.'
```

3.7 节将会介绍如何以一种更简洁的方式来格式化字符串，让它以一种规整、易读的方式显示值。不过在学习 3.7 节之前，我们先来做些巩固练习检查一下知识的消化程度。

3.6.4 巩固练习

你可以在 realpython.com/python-basics/resources/上找到练习的答案以及其他各种资源。

(1) 创建一个内容为整数的字符串，然后使用 int()将它转换为真正的整数对象。把它和另一个整数对象相乘并输出结果，我们可以用这种方式检查是否转换成功。

(2) 重做上面的练习，在字符串中写上一个小数，使用 float()来转换。

(3) 创建一个字符串对象和一个整数对象，使用 str()将整数转换为字符串，最后用 print()一次性并排输出两个对象。

(4) 编写程序，使用两次 input()从用户输入中取得两个数字，将两个数字相乘并输出结果。如果用户输入了 2 和 4，那么你的程序应该输出如下内容：

```
The product of 2 and 4 is 8.0.
```

3.7　让输出语句更流畅

假设有一个字符串 name = "Zaphod"和两个整数 heads = 2、arms = 3，你想让它们以字符串"Zaphod has 2 heads and 3 arms"的形式显示。这种操作被称为**字符串插值**。这是一种比较高大上的说法，实际上它的意思就是把一些变量放到字符串的某些位置上。

进行字符串插值的方法之一是利用字符串拼接：

```
>>> name + " has " + str(heads) + " heads and " + str(arms) + " arms"
'Zaphod has 2 heads and 3 arms'
```

这段代码显然不是最简洁的做法，要处理好引号内外的内容也很麻烦。好在还有一种插值字符串的方法：格式化字符串字面量，俗称 **f 字符串**（f-string）。

理解 f 字符串最简单的办法就是实际操作一下。把上面的字符串写成 f 字符串是这样的：

```
>>> f"{name} has {heads} heads and {arms} arms"
'Zaphod has 2 heads and 3 arms'
```

上面的例子中有两点值得注意：

(1) 字符串字面量的第一个引号前面有一个字母 f；

(2) 放在花括号（{}）里面的变量名会被替换成对应的值且无须使用 str()转换。

你也可以在花括号里放入 Python 表达式。在产生的字符串中，这些表达式会被替换为其对应的结果：

```
>>> n = 3
>>> m = 4
>>> f"{n} times {m} is {n*m}"
'3 times 4 is 12'
```

我们应当尽可能地让 f 字符串中的表达式保持简单。如果在字符串字面量中放入太复杂的表达式，可能会让代码难以阅读和维护。

f字符串只在Python 3.6及以上的版本中可用。在3.6版本之前的Python中，你可以用.format()达到同样的效果。就刚才Zaphod的例子来说，你可以用.format()来格式化字符串，如下所示：

```
>>> "{} has {} heads and {} arms".format(name, heads, arms)
'Zaphod has 2 heads and 3 arms'
```

f字符串写起来更简短，并且有时候比.format()更易读。我们会在本书中一直使用f字符串。

有关f字符串的深入介绍以及和其他字符串格式化技巧的对比，可以参考Real Python上的“Python 3’s f-Strings: An Improved String Formatting Syntax (Guide)”（Python 3 f字符串：改进的字符串格式化语法（指南））一文。

巩固练习

你可以在realpython.com/python-basics/resources/上找到练习的答案以及其他各种资源。

(1) 创建一个叫作weight的float对象，为其赋值0.2。再创建一个值为"newt"的字符串对象animal。然后仅使用字符串拼接并输出如下内容：

```
0.2 kg is the weight of the newt.
```

(2) 使用.format()和{}占位符输出上题中同样的字符串。

(3) 使用f字符串输出上题中的字符串。

3.8 在字符串中查找字符串

.find()是最有用的字符串方法之一。顾名思义，这个方法可以在一个字符串中查找另一个字符串所在的位置。我们通常把要找的这个字符串称为**子串**（substring）。

要使用.find()，需要把它放在变量或者字符串字面量的后面，然后在括号中放入想要查找的字符串：

```
>>> phrase = "the surprise is in here somewhere"
>>> phrase.find("surprise")
4
```

.find()返回的是待查找字符串首次出现的位置。在本例中，"surprise"出现在字符串"the surprise is in here somewhere"的第5个字符处，也就是索引4（索引从0开始）的位置。

如果.find()没有找到要找的子串，那么它会返回–1：

```
>>> phrase = "the surprise is in here somewhere"
>>> phrase.find("eyjafjallajökull")
-1
```

记住，这种匹配是精确地逐个字符进行的，而且区分大小写。如果你试图查找"SURPRISE"，那么.find()会返回-1：

```
>>> "the surprise is in here somewhere".find("SURPRISE")
-1
```

如果子串在字符串中多次出现，.find()则只会返回首次出现的索引（从字符串开头算起）：

```
>>> "I put a string in your string".find("string")
8
```

"I put a string in your string"中"string"出现了两次。首次出现的索引是8，第二次是23，但是.find()只返回了8。

.find()只接收字符串作为输入。如果你想在字符串中查找一个整数，就需要以字符串的形式传递这个整数。否则Python就会抛出TypeError：

```
>>> "My number is 555-555-5555".find(5)
Traceback (most recent call last):
  File "<stdin>", line 1, in <module>
TypeError: must be str, not int

>>> "My number is 555-555-5555".find("5")
13
```

有时候你可能需要找到某个子串在字符串中出现的所有位置，然后用另一个字符串将其替换。而.find()只返回子串首次出现的索引，所以用它来完成这种操作并不方便。不过，字符串正好有一个.replace()方法可以将每个子串的实例替换为另一个字符串。

和.find()一样，我们把.replace()放在变量或字面量的后面。不过在使用.replace()时，我们需要在括号中放入两个字符串并用逗号分隔。第一个字符串代表要查找的子串，第二个字符串则是用来替换每一处子串的字符串。

比如，下面的代码会将字符串"I'm telling you the truth; nothing but the truth"中所有的"the truth"替换为"lies"：

```
>>> my_story = "I'm telling you the truth; nothing but the truth!"
>>> my_story.replace("the truth", "lies")
"I'm telling you lies; nothing but lies!"
```

由于字符串是不可变对象，因此.replace()不会修改my_story。如果在运行上面的例子之后立即在交互式窗口中输入my_story，你会看到未经修改的原字符串：

```
>>> my_story
"I'm telling you the truth; nothing but the truth!"
```

若想修改my_story的值，需要把.replace()返回的值重新赋给它：

```
>>> my_story = my_story.replace("the truth", "lies")
>>> my_story
"I'm telling you lies; nothing but lies!"
```

.replace()会将每个子串实例用替代字符串替换。如果要替换字符串中的多个子串，可以多次调用.replace()：

```
>>> text = "some of the stuff"
>>> new_text = text.replace("some of", "all")
>>> new_text = new_text.replace("stuff", "things")
>>> new_text
'all the things'
```

我们会在 3.9 节的挑战中好好和.replace()玩玩儿。

巩固练习

你可以在 realpython.com/python-basics/resources/上找到练习的答案以及其他各种资源。

(1) 仅用一行代码，输出在"AAA"中用.find()查找"a"的结果（应当为-1）。
(2) 将字符串"Somebody said something to Samantha."中的每一个字符"s"替换为"x"。
(3) 编写一个程序，通过 input()接收用户输入，并输出在用户输入内容中用.find()查找某个字母的结果。

3.9 挑战：把你的用户变成菁瑛骇氪①

编写一个 translate.py 程序。它会输出如下提示信息请求用户输入：

```
Enter some text:
```

用.replace()按照以下规则把用户输入的文本转换为 Leet 语：

- a 变成 4
- b 变成 8
- e 变成 3
- l 变成 1
- o 变成 0
- t 变成 7

你的程序最后应该输出转换结果。下面展示了程序的运行效果：

① 原文为 L33t H4xor，即 leet hacker，精英黑客。这种写法被称为 Leet 语，发源于西方的一些网络社区中。通常会把一些字母换成相近的符号和数字，有的还会按照音节来替换。Leet 语也被称为黑客语，会让人想到中文里的火星文。时至今日我们依然会在互联网上很多地方看到人们使用这种写法以达到各种效果。——译者注

```
Enter some text: I like to eat eggs and spam.
I 1ik3 70 347 3gg5 4nd 5p4m.
```

你可以在 realpython.com/python-basics/resources/上找到这个挑战的答案以及其他各种资源。

3.10 总结和更多学习资源

在本章中，我们了解到了 Python 字符串对象的各种特性，学习了如何使用索引和切片来访问字符串中的各个字符，以及如何用 `len()`确定字符串的长度。

字符串有大量的方法。`.upper()`和`.lower()`分别把字符串中的所有字符转换为大写和小写。`.rstrip()`、`.lstrip()`、`strip()`方法会移除字符串中的空格。`.startswith()`和`.endswith()`方法会告诉你字符串是否以给定的子串开头或结尾。

我们也学习了使用 `input()`函数从用户处获取字符串形式的输入内容，然后可以用 `int()`和 `float()`将输入内容转换为数字。要把数字和其他对象转换成字符串，则需要使用 `str()`。

最后我们学习了使用`.find()`查找子串的位置，通过`.replace()`用新的字符串替换子串。

交互式小测验

本章配有免费在线小测验，以便你检查学习进度。你可以在手机或电脑上通过下面的网址访问小测验：

realpython.com/quizzes/pybasics-strings/

更多学习资源

若想进一步学习，可以看一下下面这些内容：

- "Python String Formatting Best Practices"（Python 字符串格式化最佳实践）
- "Splitting, Concatenating, and Joining Strings in Python"（在 Python 中分割、拼接、连接字符串）

可以访问 realpython.com/python-basics/resources/获得更多进一步提升 Python 技能的学习资源。

第 4 章

数字与数学

想学好编程，并不一定要是数学天才，实际上大部分程序员只需要懂一点儿基本的代数知识即可。

当然，你需要具备的数学知识量取决于你开发的是什么应用程序。但总的来说，成为程序员所需要的数学知识水平比你想象的要低。

尽管数学和计算机编程之间的关系并没有像很多人认为那样密切，但是数字确实是各种编程语言必不可少的一部分——Python 自然也不例外。

在本章中，你将会学习如何：

- 创建整数和浮点数对象
- 将浮点数保留到指定位数的小数
- 在字符串中格式化和输出数字

我们开始吧！

4.1 整数与浮点数

Python 有 3 种内置的数值数据类型：整数、浮点数和复数。在本节中，我们会学习最常用的整数和浮点数。复数会在 4.7 节中讲解。

4.1.1 整数

整数（integer）是没有小数部分的数。比如 1 就是整数，而 1.0 则不是。整数的数据类型是 `int`，你可以通过 `type()`进行验证：

```
>>> type(1)
<class 'int'>
```

只需直接输入想要的数字，即可创建整数对象。比如下面的代码将整数 25 赋给了变量 `num`：

```
>>> num = 25
```

以这种直接输入数字的方式创建整数对象时，我们把值 25 称为**整数字面量**（integer literal）。

在第 3 章中，我们学过如何利用 `int()`函数将包含整数的字符串转换为数字。下面的例子中，字符串`"25"`被转换成了整数 25：

```
>>> int("25")
25
```

`int("25")`并不是整数字面量，因为这样得到的整数值是通过字符串创建的（而非直接在代码中输入的）。

在用笔书写特别大的数字时，我们通常会用逗号等千分位分隔符把它按 3 位一组的形式分隔开。1,000,000 要比 1000000 好认多了[①]。

在 Python 中不能使用逗号来给数字分组，但是可以用下划线（_）[②]。下面的两种方法都是表示数字 100 万的合法整数字面量：

```
>>> 1000000
1000000

>>> 1_000_000
1000000
```

Python 中对整数的大小没有作出限制。不过考虑到计算机的内存是有限的，这一点还是令人意外。你可以试着在 IDLE 的交互式窗口中输入能够想到的最大数字，Python 处理起来没有任何问题！

4.1.2 浮点数

浮点数（floating-point number，简称 float）是有小数部分的数。`1.0` 就是一个浮点数，`-2.75` 也是。浮点数的数据类型为 `float`：

```
>>> type(1.0)
<class 'float'>
```

和整数类似，浮点数对象也可以用**浮点数字面量**（floating-point literal）创建，还可以用 `float()` 从字符串转换得到：

```
>>> float("1.25")
1.25
```

---

① 这是因为英文的数词超过 100 之后是每 3 位对应一个数量级，千（thousand）、百万（million）、十亿（billion）。而对于中文来说，很多时候可能 4 位数一组更容易辨认。——译者注

② 下划线可以随便放，不一定要每 3 位数放一个，但是整数字面量中不能连续出现两个或者更多下划线。——译者注

浮点数字面量有三种写法。下面的每一种写法都表示值为 100 万的浮点数：

```
>>> 1000000.0
1000000.0

>>> 1_000_000.0
1000000.0

>>> 1e6
1000000.0
```

前两种和整数字面量类似，第三种用到了 **E 记法**。

注意

E 记法（E notation）即**指数记法**（exponential notation）。你可能在计算器上看到过这种记法。每当数字大到计算器屏幕显示不下时，就会以这种记法显示。

以 E 记法书写浮点数字面量时，在数字后面写上一个字母 e，紧接着写上另一个数字。Python 会把 e 右边的数字作为 10 的指数求幂，然后乘上左边的数字。因此 `1e6` 就是 1×10^6。

Python 也会用 E 记法表示很大的浮点数：

```
>>> 200000000000000000.0
2e+17
```

浮点数 `200000000000000000.0` 会显示成 `2e+17`，其中的+符号表示指数 17 为正数。也可以用负数作为指数：

```
>>> 1e-4
0.0001
```

`1e-4` 会被解释为 10 的–4 次幂，也就是 1/10000，或者说 0.0001。

和整数不同，浮点数有最大值。浮点数的最大值取决于计算机的具体情况，不过 `2e400` 应该超过了大部分计算机可以处理的最大值。`2e400` 是 2×10^{400}，这个数字已经远远超过了宇宙中原子的总数！

在超过浮点数的最大值时，Python 会返回一个特殊的浮点数值 `inf`：

```
>>> 2e400
inf
```

`inf` 代表**无穷**（infinity），也就是说，你试图创建的浮点数对象已经超出了你的计算机可以处理的最大值。`inf` 的类型依然是 `float`：

```
>>> n = 2e400
>>> n
inf
```

```
>>> type(n)
<class 'float'>
```

Python 还有一个-inf，也就是负无穷。它用来表示比你的计算机可以处理的最小值还要小的负浮点数：

```
>>> -2e400
-inf
```

对于程序员来说，只要不是经常处理非常大的数字，可能不太会遇到 inf 和-inf。

4.1.3 巩固练习

你可以在 realpython.com/python-basics/resources/上找到练习的答案以及其他各种资源。

(1) 编写程序，创建 num1 和 num2 两个变量。用 25000000 的整数字面量为它们赋值，一个用下划线为数字分组，另一个不用。最后分两行输出 num1 和 num2。
(2) 编写程序，使用 E 记法书写 175000.0 的字面量，将其赋值给变量 num，然后在交互式窗口中输出。
(3) 在 IDLE 的交互式窗口中，尝试找出 2e<N>中指数 N 的最小值（用你的答案替换<N>）。其中 N 会使得该字面量返回 inf。

4.2 算术运算符和表达式

在本节中，我们会学习如何对 Python 中的数字进行基本的算术运算，比如加、减、乘、除。在这个过程中，我们还会了解一些在代码中书写数学表达式的约定。

4.2.1 加法

加法由+运算符完成：

```
>>> 1 + 2
3
```

+运算符两边的数字称为**操作数**（operand）。在上面的例子中，两个操作数都是整数，但是操作数并非必须为同一类型。

你完全可以把 int 和 float 相加：

```
>>> 1.0 + 2
3.0
```

这里要注意的是，1.0 + 2 的结果为浮点数 3.0。只要有浮点数参与加法运算，那么结果就是 float。而将两个整数相加的结果为 int。

> **注意**
>
> PEP 8 建议在运算符前后空上一格将操作数隔开。
>
> Python 在对 1+1 进行求值时不会出现问题，但是 1 + 1 这种格式因其易读性更受青睐。我们会在本节中的所有运算符上采用这一准则。

4.2.2 减法

在两个数字之间放上-运算符就可以进行减法运算：

```
>>> 1 - 1
0

>>> 5.0 - 3
2.0
```

和两个整数相加一样，两个整数相减的结果也是 int。只要两个操作数里有一个 float，则结果也是 float。

-运算符也可以用来表示负数：

```
>>> -3
-3
```

你可以让一个数减去一个负数，但是看得出来，有些时候会显得有点儿难懂：

```
>>> 1 - -3
4

>>> 1 --3
4

>>> 1- -3
4

>>> 1--3
4
```

上面的 4 个例子中，第一个是最遵守 PEP 8 的做法。另外，你还可以给-3 加上括号，这样能更明确地表明第二个-是用在 3 上的：

```
>>> 1 - (-3)
4
```

我们应该在适当的时候使用括号，它们会让代码的含义更加明确。代码是给计算机执行的，但也是给人看的。任何能让代码易于阅读和理解的事情都是好事。

4.2.3 乘法

使用*运算符将两个数相乘：

```
>>> 3 * 3
9

>>> 2 * 8.0
16.0
```

和加法、减法一样，乘法运算结果的类型取决于参与运算的操作数类型。两个整数相乘得到 int，float 和任意数字相乘得到 float。

4.2.4 除法

使用/运算符进行除法运算：

```
>>> 9 / 3
3.0

>>> 5.0 / 2
2.5
```

和加法、减法、乘法不一样，使用/运算符进行除法运算，结果始终是 float。如果你想要除法运算的结果为整数，可以用 int()对结果进行转换：

```
>>> int(9 / 3)
3
```

要记住 int()会丢弃数字的小数部分：

```
>>> int(5.0 / 2)
2
```

5.0 / 2 返回的是浮点数 2.5，int(2.5)返回的是丢掉.5 得到的整数 2。

4.2.5 整数除法

如果你觉得 int(5.0 / 2)有点儿冗长，Python 还提供了一种除法运算符，叫作**整数除法**（integer division）运算符（//），也叫**向下取整除法**（floor division）运算符：

```
>>> 9 // 3
3

>>> 5.0 // 2
2.0

>>> -3 // 2
-2
```

//运算符会用第二个数去除第一个数，然后将结果向下取整。如果其中一个数是负数的话，结果可能会和你想的不一样。

比如-3 // 2返回的是-2。首先，-3除以2得到-1.5。然后-1.5向下取整得到-2。而3 // 2得到的是1，因为3和2都是正数。

上面的例子还表明，当一个操作数是float时，//返回的也是浮点数。这就是为什么9 // 3返回的是整数3，而5.0 // 2返回的是float 2.0。

我们来看看让一个数除以0会发生什么：

```
>>> 1 / 0
Traceback (most recent call last):
  File "<stdin>", line 1, in <mmodule>
ZeroDivisionError: division by zero
```

Python会报出ZeroDivisionError错误，提醒你刚才试图破坏宇宙的基本法则。

4.2.6 指数

**运算符可以进行求幂运算：

```
>>> 2 ** 2
4

>>> 2 ** 3
8

>>> 2 ** 4
16
```

并不要求指数一定为整数，也可以是浮点数：

```
>>> 3 ** 1.5
5.196152422706632

>>> 9 ** 0.5
3.0
```

一个数的0.5次幂等价于求其平方根。但是要注意，即使9的平方根是一个整数，Python依然会返回float 3.0。

如果操作数均为正整数，则使用**运算符返回的是int；如果任意一个操作数为float，则返回的也是浮点数。

也可以求负指数幂：

```
>>> 2 ** -1
0.5
```

```
>>> 2 ** -2
0.25
```

求一个数的负指数幂等价于 1 除以对应的正指数幂。因此 `2 ** -1` 等价于 `1 / (2 ** 1)`，也就是 `1 / 2` 或者说 `0.5`。类似地，`2 ** -2` 等价于 `1 / (2 ** 2)`，也就是 `1 / 4` 或者说 `0.25`。

4.2.7　求模运算符

`%`运算符，或称**求模**（modulus）运算符，会返回左边的操作数除以右边的操作数所得到的余数：

```
>>> 5 % 3
2

>>> 20 % 7
6

>>> 16 % 8
0
```

5 除以 3 得 1 余 2，因此 `5 % 3` 得到 2。类似地，20 除以 7 余数为 6。在最后一个例子中，16 可以被 8 整除，因此 `16 % 8` 得 0。只要`%`左边的数能被右边的数整除，那么结果一定是 0。

`%`最常见的用法之一就是判断一个数能否被另一个数整除。比如我们说当且仅当 `n % 2` 为 0 时，`n` 为偶数。你认为 `1 % 0` 会返回什么？我们来试试看：

```
>>> 1 % 0
Traceback (most recent call last):
  File "<stdin>", line 1, in <module>
ZeroDivisionError: integer division or modulo by zero
```

由于 `1 % 0` 是在求 1 除以 0 的余数，而你不能用 0 去除 1，因此 Python 抛出 `ZeroDivisionError` 也就合情合理了。

注意

在 IDLE 的交互式窗口中进行操作时，`ZeroDivisionError` 之类的错误并无大碍。错误发生时会显示错误信息，然后会显示一个新的命令提示符，让你可以继续输入代码。

然而如果在运行一个程序时遇到了错误，Python 会停止执行代码。也就是说，程序**崩溃**（crash）了。在第 6 章中，我们会学习如何处理错误，以防止程序意外崩溃。

如果在负数上应用`%`运算符，事情就会变得有点儿复杂：

```
>>> 5 % -3
-1
```

```
>>> -5 % 3
1

>>> -5 % -3
-2
```

尽管一眼望去可能会觉得有些意外，但是这些结果都是在 Python 中经过严格定义的行为产生的。为了求出 x 除以 y 得到的余数 r，Python 使用了这样的式子：r = x - (y * (x // y))。

比如要求 5 % -3，Python 首先计算(5 // -3)。由于 5 / -3 大概是–1.67，也就是说，5 // 3 的结果为-2；然后 Python 再乘上-3 得到 6；最后计算 5 减去 6 得到–1。

4.2.8 算术表达式

我们可以组合各种运算符构造复杂的表达式。**表达式**（expression）是一系列数字、运算符、括号的组合，Python 可以计算出它们的结果，或者说对其**求值**（evaluate）。

下面是一些算术表达式的例子：

```
>>> 2*3 - 1
5

>>> 4/2 + 2**3
10.0

>>> -1 + (-3*2 + 4)
-3
```

表达式求值的规则和我们平常做算术的规则是一样的。你可能在学校里学过这些规则，它们被称为“运算顺序”。

在一个表达式中，*、/、//、%四个运算符有相同的**优先级**（precedence）。而+和-这两个运算符的优先级比前面 4 个低一些。这就是为什么 2*3 - 1 返回的是 5 而不是 4。2*3 会首先求值，因为*的优先级高于-运算符。

你可能注意到了，前面例子中的表达式并没有遵循在运算符前后空一格的规则。对于复杂的表达式，PEP 8 对空格作出了如下论述：

> 如果涉及不同优先级的运算符，应考虑在最低优先级的运算符前后加上空格。你应当自己作出判断。但绝对不要使用一个以上的空格，并且二元运算符前后的空格数量应当始终保持一致。
>
> ——PEP 8，“其他建议”

还有一个好习惯是用括号来指明运算顺序——即使括号并非必需的。比如(2*3) - 1 可能要比 2*3 - 1 更明了。

4.3　挑战：计算用户输入的数据

编写一个名为 exponent.py 的程序。它会从用户处获得两个数字，输出第一个数字以第二个数字为指数得到的幂。

下面是这个程序运行时应该呈现的效果，示例中包含了用户输入的数据：

```
Enter a base: 1.2
Enter an exponent: 3
1.2 to the power of 3 = 1.7279999999999998
```

记住下面几点：

(1) 在处理用户输入之前，你必须将两次调用 input()的结果赋值给新的变量；

(2) input()返回的是字符串，需要把用户输入转换成数字之后才能做算术运算；

(3) 你可以使用 f 字符串来输出结果；

(4) 可以假定用户只会输入数字。

你可以在 realpython.com/python-basics/resources/上找到这个挑战的答案以及其他各种资源。

4.4　让 Python 对你说谎

你觉得 0.1 + 0.2 得多少？答案是 0.3 没错吧？我们来看看 Python 怎么说。在交互式窗口中测试以下代码：

```
>>> 0.1 + 0.2
0.30000000000000004
```

好吧，好像……“差不多”是对的。但这究竟是怎么一回事？这是 Python 的 bug？

这并不是 bug！而是一个**浮点数表示错误**（floating-point representation error）。它和 Python 并没有关系，而和计算机内存中浮点数的存储方式有关。

数字 0.1 可以用分数 1/10 的形式表示。无论是 0.1 还是 1/10，都是**十进制表示法**（decimal representation）或者说**以 10 为底数的表示法**（base-10 representation）。而计算机是以 2 为底数的表示法存储浮点数的，这种表示法一般称为**二进制表示法**（binary representation）。

在以二进制表示十进制数字 0.1 时，我们会遇到一些既熟悉又陌生的情况。分数 1/3 无法以有限小数表示，即 1/3 = 0.333...，小数点后面有无数个 3。二进制表示的 1/10 也是同样的情况。

1/10 的二进制表示会像这样无限循环下去：

```
0.0001100110011001100110011...
```

但计算机的内存是有限的，0.1 只得以一个近似值的形式保存，而不能保存其实际值。这个保存在内存中的近似值要比实际值大一点点，看起来是这样子的：

```
0.1000000000000000055511151231257827021181583404541015625
```

不过你可能也注意到了，在要求 Python 输出 0.1 时，它照样会输出 0.1 而非那个近似值：

```
>>> 0.1
0.1
```

Python 并非简单地把二进制的 0.1 后面那些数字砍掉了，实际情况还要微妙一些。

由于 0.1 的近似值只是它的“一个”近似值，其他十进制数完全有可能有和它一样的二进制近似值。

比如 0.1 和 0.10000000000000001 就有相同的二进制近似值。Python 会输出和某个数字有相同近似值的最短的十进制数。

这就解释了为什么在本节的第一个例子中 `0.1 + 0.2` 并不等于 `0.3`。Python 会将 0.1 和 0.2 的二进制近似值加起来，其结果“并不是”0.3 的二进制近似值。

即使这些内容已经让你晕头转向了，也不要担心！只要你不是在编写金融或者科学计算方面的程序，就无须担心浮点数算术的精度问题。

4.5 数学函数和数字方法

Python 内置了一些处理数字的方法。在本节中，我们会学习其中最常用的 3 个：

(1) `round()`，用于对数字进行取整；
(2) `abs()`，用于求绝对值；
(3) `pow()`，用于求幂。

我们还会学习一个用来检查浮点数是否为整数值的方法。

我们开始吧！

4.5.1 round()函数

我们可以利用 `round()`数将一个数向离它最近的整数取整：

```
>>> round(2.3)
2

>>> round(2.7)
3
```

如果数字的小数部分为`.5`，`round()`的表现有些出乎意料：

```
>>> round(2.5)
2

>>> round(3.5)
4
```

2.5 向下取整得 2，而 3.5 向上取整得 4。不过大部分人会期望小数部分为.5 的数向上取整，因此我们来好好看看这里是什么情况。

Python 3 会按照所谓“向偶数取整”的策略来进行取整操作。**中间数**（tie）指的是任何以 5 为最后一位的数字。2.5 和 3.1415 就是中间数，但 1.37 不是。

向偶数取整时，我们首先会看中间数的倒数第二位（十进制位）。如果这一位是偶数，那么就向下取整；若为奇数，则向上取整。这就是为什么 2.5 向下取整得 2，3.5 要向上取整得 4。

> **注意**
>
> 将中间数向偶数取整是 IEEE（Institute of Electrical and Electronics Engineers，美国电子电气学会）推荐的取整策略，因为这种策略可以减小取整在涉及大量数字的运算时造成的影响。
>
> IEEE 维护着一个叫作 IEEE 754 的标准，其中涉及计算机中浮点数的相关规定。该标准于 1985 年颁布，至今仍被硬件生产商广泛采用。

给 `round()`传递第二个参数可以使其保留指定位数的小数：

```
>>> round(3.14159, 3)
3.142

>>> round(2.71828, 2)
2.72
```

3.14159 保留 3 位小数得到 3.142，2.71828[①]保留两位小数得到 2.72。

`round()`的第二个参数必须为整数。否则 Python 将会抛出 `TypeError` 错误：

```
>>> round(2.65, 1.4)
Traceback (most recent call last):
  File "<pyshell#0>", line 1, in <module>
    round(2.65, 1.4)
TypeError: 'float' object cannot be interpreted as an integer
```

有时候 `round()`的答案并不那么准确：

```
>>> # 期望的答案是：2.68
>>> round(2.675, 2)
2.67
```

① 这是自然对数的底数，常数 e 保留前 5 位小数。——译者注

由于 2.675 刚好落在 2.67 和 2.68 的中间，因此它是一个中间数。而 Python 会向最近的偶数取整，因此你期望的是 round(2.675, 2)返回 2.68——但它却返回了 2.67。这个问题是浮点数表示错误造成的，而非 round()的 bug。

处理浮点数有时候真的很累人，但并不是只有在 Python 里面才这么累人。所有实现了 IEEE 浮点数标准的编程语言都有同样的问题，包括 C/C++、Java、JavaScript。

不过在大多数情况下，浮点数的这点儿问题都可以忽略不计，round()返回的结果也完全不是问题。

4.5.2 abs()函数

若数 n 为正，则 n 的**绝对值**（absolute value）为 n；若 n 为负，则为 $-n$。比如 3 的绝对值为 3，而-5 的绝对值为 5。

在 Python 中我们可以用 abs()求绝对值：

```
>>> abs(3)
3

>>> abs(-5.0)
5.0
```

abs()始终会返回一个和参数类型相同的正数。也就是说，整数的绝对值始终为正整数，而浮点数的绝对值始终为正浮点数。

4.5.3 pow()函数

在 4.2 节中，我们学习了如何使用**运算符求一个数的幂。而使用 pow()函数可以达到同样的效果。

pow()需要两个参数。第一个参数为**底数**（base），也就是要求幂的数；第二个参数为**指数**（exponent），也就是要求底数的几次幂。

举例来说，下面的代码使用 pow()求 2 的 3 次幂：

```
>>> pow(2, 3)
8
```

和**一样，pow()的指数也可以为负数：

```
>>> pow(2, -2)
0.25
```

那**和 pow()到底有什么区别？

pow()实际上还有第三个参数，这个参数是可选的。pow()函数会以第一个参数为底数，第二个参数为指数，求幂的结果再对第三个参数求模。也就是说，pow(x, y, z)和(x ** y) % z 是等价的。

在下面的例子中，令 x = 2，y = 3，z = 2：

```
>>> pow(2, 3, 2)
0
```

首先，求得 2 的 3 次幂为 8。然后计算 8 % 2，由于 8 可以被 2 整除，因此结果为 0。

4.5.4　检查浮点数是否为整数

在第 3 章中，我们学习了诸如.lower()、.upper()、.find()这样的字符串方法。整数和浮点数同样有它们自己的方法。

整数的方法并不常用，但有一个比较有用的。浮点数有一个判断它是否为整数的方法.is_integral()。当浮点数的小数部分为 0 时，它就返回 True，否则返回 False：

```
>>> num = 2.5
>>> num.is_integer()
False

>>> num = 2.0
>>> num.is_integer()
True
```

.is_integer()方法在验证用户输入时会很有用。比如，你在为比萨店编写一个在线点单应用程序，那么就需要检查顾客输入的比萨数量是不是整数。我们会在第 7 章中学习如何完成这类检查工作。

4.5.5　巩固练习

你可以在 realpython.com/python-basics/resources/上找到练习的答案以及其他各种资源。

(1) 编写程序要求用户输入一个数字，然后将这个数字保留两位小数后输出。程序运行时看起来应当是这样的：

```
Enter a number: 5.432
5.432 rounded to 2 decimal places is 5.43
```

(2) 编写程序要求用户输入一个数字，然后显示该数字的绝对值。程序在运行时看起来应当是这样的：

```
Enter a number: -10
The absolute value of -10 is 10.0.
```

(3) 编写程序，使用 input()两次要求用户输入两个数字，然后输出两者之差是否为整数。程序运行时看起来应当是这样的：

```
Enter a number: 1.5
Enter another number: .5
The difference between 1.5 and .5 is an integer? True!
```

如果用户输入的两个数字之差不是整数，那么输出内容应当是这样的：

```
Enter a number: 1.5
Enter another number: 1.0
The difference between 1.5 and 1.0 is an integer? False!
```

4.6 改变数字的输出样式

为了向用户展示数字，我们需要把数字插入字符串中。在第 3 章中，我们学习了如何用 f 字符串达到这一目的——只需要在花括号中放入一个值为数字的变量即可：

```
>>> n = 7.125
>>> f"The value of n is {n}"
'The value of n is 7.125'
```

这些花括号支持一种简单的格式化语言，你可以用它来调整插入的值在格式化后的字符串中的样式。

比如要将上面例子中的 n 的值保留到两位小数，我们可以把 f 字符串中花括号里面的内容改成{n:.2f}：

```
>>> n = 7.125
>>> f"The value of n is {n:.2f}"
'The value of n is 7.12'
```

变量 n 后面的冒号（:）表示后面的内容是格式化规则的一部分。在本例中，格式化规则为.2f。

.2f 中的.2 会将数字保留到两位小数，而 f 告诉 Python 将 n 以**定点数**（fixed-point number）的形式显示。也就是说，即使原本的数字的小数部分不足两位，也要以两位小数显示。

n = 7.125 时，{n:.2f}的结果为 7.12。正如 round()一样，Python 在格式化字符串中的数字时也会将中间数向偶数取整。因此，如果把 n = 7.125 换成 n = 7.126，那么{n:.2f}的结果就变成了 7.13：

```
>>> n = 7.126
>>> f"The value of n is {n:.2f}"
'The value of n is 7.13'
```

要保留到一位小数，将.2替换为.1：

```
>>> n = 7.126
>>> f"The value of n is {n:.1f}"
'The value of n is 7.1'
```

将数字格式化为定点数时，输出的字符串始终会显示指定位数的小数：

```
>>> n = 1
>>> f"The value of n is {n:.2f}"
'The value of n is 1.00'
>>> f"THe value of n is {n:.3f}"
'The value of n is 1.000'
```

使用,选项可以让数字的整数部分每3位插入一个逗号进行分组：

```
>>> n = 1234567890
>>> f"The value of n is {n:,}"
'The value of n is 1,234,567,890'
```

若想在进行分组的同时保留两位小数，在,后面写上格式化规则即可：

```
>>> n = 1234.56
>>> f"The value of n is {n:,.2f}"
'The value of n is 1,234.56'
```

修饰符,.2f在显示货币值时会很有用：

```
>>> balance = 2000.0
>>> spent = 256.35
>>> remaining = balance - spent

>>> f"After spending ${spent:.2f}, I was left with ${remaining:,.2f}"
'After spending $256.35, I was left with $1,743.65'
```

%也是一个很有用的选项，我们可以用它来显示百分数。%选项会把数字乘以100然后以定点数格式显示，最后还会加上百分号。

%应当始终放在格式化规则的最后面，并且不能和f选项同时使用。比如，.1%会以精确到一位小数的百分数形式显示数字：

```
>>> ratio = 0.9
>>> f"Over {ratio:.1%} of Pythonistas say 'Real Python rocks!'"
"Over 90.0% of Pythonistas say 'Real Python rocks!'"

>>> # 显示精确到两位小数的百分数
>>> f"Over {ratio:.2%} of Pythonistas say 'Real Python rocks!'"
"Over 90.00% of Pythonistas say 'Real Python rocks!'"
```

Python中的格式化语言十分强大且包罗万象，我们这里看到的只是一些基础用法。若想进一步了解相关知识，建议阅读官方文档。

巩固练习

你可以在 realpython.com/python-basics/resources/上找到练习的答案以及其他各种资源。

(1) 以 3 位小数定点数形式输出 `3 ** .125` 的结果。

(2) 以货币的形式输出数字 150000。货币值应当保留两位小数且整数部分应用逗号分组。

(3) 以不含小数部分的百分数形式输出 `2 / 10` 的结果。输出内容应当为 `20%`。

4.7 复数

Python 是少数对复数提供内置支持的语言之一。虽然复数一般只会在科学计算和计算机图形学领域中用到，但 Python 对复数的支持也成了它的一大优势。

> **注意**
>
> 如果对如何在 Python 中处理复数没有兴趣，你完全可以跳过本节。本书的其他章节不会依赖本节的内容。

如果你曾经上过微积分预备课或者高阶代数课，那么可能还记得一个复数由两个不同的部分组成：**实部**（real）和**虚部**（imaginary）。

要在 Python 中创建一个复数，首先写出实部，然后写上加号，最后写出虚部并以字母 *j* 结尾：

```
>>> n = 1 + 2j
```

检查 n 的值时，你会注意到 Python 会用括号把它括起来：

```
>>> n
(1+2j)
```

这种约定可以避免复数在输出内容中和字符串以及数学表达式产生混淆。

虚数有`.real`和`.imag`两个属性，它们分别返回实部和虚部：

```
>>> n.real
1.0

>>> n.imag
2.0
```

注意，即使我们在创建复数时使用的是整数，Python 在返回实部和虚部时一律使用浮点数。

复数还有一个`.conjugate()`方法，它会返回对应的共轭复数：

```
>>> n.conjugate()
(1-2j)
```

对任意复数，其**共轭**（conjugate）指的是一个和它实部相同、虚部符号相反的复数。在上面的例子中，`1 + 2j` 的共轭复数为 `1 - 2j`。

> **注意**
>
> 和`.conjugate()`不同，`.real` 和`.imag` 不需要在名称后面加上括号。
>
> `.conjugate` 是一个在复数上执行某种操作的方法，而`.real` 和`.imag` 什么都不会做——它们只是返回一些关于这个复数的信息。
>
> 方法和属性的区别是**面向对象编程**（object-oriented programming）的一个重点，我们会在第 9 章中学习相关知识。

除了整除运算符（`//`）以外的所有算术运算符都可以用在复数上。

本书并不是数学书，所以我们不会讨论复数运算的原理。不过这里还是给出了一些在复数上使用算术运算符的例子：

```
>>> a = 1 + 2j
>>> b = 3 - 4j

>>> a + b
(4-2j)

>>> a - b
(-2+6j)

>>> a * b
(11+2j)

>>> a ** b
(932.1391946432212+95.9465336603415j)

>>> a / b
(-0.2+0.4j)

>>> a // b
Traceback (most recent call last):
  File "<stdin>", line 1, in <module>
TypeError: can't take floor of complex number.
```

很有意思的是——尽管从数学的角度来看没什么稀奇的——`int` 和 `float` 也有`.real`、`.imag` 属性和`.conjugate()`方法：

```
>>> x = 42
>>> x.real
42
>>> x.imag
0
```

```
>>> x.conjugate()
42

>>> y = 3.14
>>> y.real
3.14
>>> y.imag
0.0
>>> y.conjugate()
3.14
```

对于浮点数和整数来说，它们的`.real`和`.conjugate()`始终返回的是它们自己，而`.imag`返回的是 0。不过要注意的是，当`n`为整数时，`n.real`和`n.imag`返回的是整数；当`n`为浮点数时，这两个属性返回的也是浮点数。

现在我们已经了解了复数的基础知识，你可能想知道什么时候才会用得上它们。如果你学 Python 是为了做 Web 开发、数据科学、通用编程，那么老实说你可能永远不会用到复数。

不过复数在科学计算和计算机图形学等领域至关重要。如果你从事这些领域的工作，Python 对复数的内置支持可能会帮上你的忙。

4.8 总结和更多学习资源

在本章中，我们学习了如何在 Python 中处理数字。Python 中的数字有两种基本的类型——整数和浮点数。除此之外，Python 也内置了对复数的支持。

我们首先了解了如何在数字上使用`+`、`-`、`*`、`/`、`%`这些运算符进行基本的算术运算，也学习了如何书写算术表达式，如何让代码遵循 PEP 8 中提到的有关算术表达式的格式建议。

随后我们学习了浮点数的相关知识，知道了它们并不总是百分之百精确。浮点数的这一局限性和 Python 无关，这和浮点数在计算机内存中的存储方式有关。

接下来我们看到了如何用`round()`对数字进行取整，了解到`round()`函数和大部分人在学校里学到的不同，它会将中间数向偶数取整。此外，我们学习了大量格式化数字的方法。

最后我们学习了 Python 内置的复数相关功能。

交互式小测验

本章配有免费在线小测验，以便你检查学习进度。你可以在手机或电脑上通过下面的网址访问小测验：

realpython.com/quizzes/pybasics-numbers

更多学习资源

若想进一步学习，可以看一下下面这些内容：

- “Basic Data Types in Python”（Python 中的基本数据类型）
- “How to Round Numbers in Python”（如何在 Python 中取整）

可以访问 realpython.com/python-basics/resources/获得更多进一步提升 Python 技能的学习资源。

第 5 章

函数和循环

函数可以说是每个 Python 程序都会用到的基本组件，它们才是真正完成工作的代码！

我们已经了解了一些函数的用法，比如 `print()`、`len()`、`round()`。这些函数是 Python 语言内置的，因此称为**内置函数**（built-in function）。除此之外，我们也可以编写完成特定任务的**用户定义函数**（user-defined function）。

函数会把代码分成一个个小块，很适合用来定义会在程序中多次执行的操作。我们不需要在每次执行某个任务时重复编写同样的代码，只需要调用一个函数就行！

但有时候你确实需要重复运行一段代码，这个时候就该用到**循环**（loop）了。

在本章中，你将会学习：

- 如何创建用户定义函数
- 如何编写 `for` 循环和 `while` 循环
- 什么是作用域，为什么它这么重要

我们开始吧！

5.1 函数到底是什么

在前面几章中，我们用 `print()`函数来输出文本，用 `len()`函数来判断字符串的长度。那函数到底是什么？

在本节中，我们通过进一步研究 `len()`函数来学习什么是函数，它又是如何执行的。

5.1.1 函数即值

在 Python 中，函数最重要的一个特性是，它是可以被分配给一个变量的值。

在 IDLE 交互式窗口中，在命令提示符处输入如下代码检查 `len` 这个名称：

```
>>> len
<built-in function len>
```

Python 告诉我们 len 是一个内置函数。整数值有一个叫作 int 的类型，字符串有一个叫作 str 的类型，函数也一样，它也有类型：

```
>>> type(len)
<class 'builtin_function_or_method'>
```

不过只要你愿意，也可以把其他的值赋给名称 len：

```
>>> len = "I'm not the len you're looking for."
>>> len
"I'm not the len you're looking for."
```

现在 len 的值变成了字符串，你可以用 type()验证它的类型是不是 str：

```
>>> type(len)
<class 'str'>
```

虽然你可以修改名称 len 的值，但是一般来说这并不是一个好主意。你的代码会因此变得让人摸不着头脑，因为人们很容易误认为 len 还是那个内置函数。对于其他内置函数来说也是同样的道理。

重点

如果你动手输入了前面的示例代码，那么你就不能在 IDLE 中使用内置的 len()函数了。

可以用下面的代码让它变回来：

```
>>> del len
```

del 关键字可以取消一个变量的赋值。del 代表删除（delete），但是它实际上并没有删除值——它只是让值脱离名称，然后把名称删掉了。

一般情况下，在使用 del 之后又去使用删掉的值会引发 NameError 错误。但在这个例子中，len 这个名称并没有被删掉：

```
>>> len
<built-in function len>
```

由于 len 是一个内置函数的名称，因此它会被重新赋予原本的函数值。

那这个例子想告诉你什么？我们能从中学到的是：函数也有名字，但这个名字并不和某个函数绑定，我们可以给它赋予不同的值。

在编写自己的函数时，需注意不要给它取和内置函数相同的名字。

5.1.2 Python 如何执行函数

我们现在来仔细研究 Python 如何执行函数。

首先我们要注意的是，只输入函数名是没法让它执行的。你必须**调用**（call）函数才能让 Python 执行。

我们来看看如何调用 `len()`：

```
>>> # 只输入函数名不会执行函数。
>>> # IDLE 只是一如既往地在检查变量。
>>> len
<built-in function len>

>>> # 使用括号调用函数。
>>> len()
Traceback (most recent call last):
  File "<pyshell#3>", line 1, in <module>
    len()
TypeError: len() takes exactly one argument (0 given)
```

由于需要为 `len()` 提供参数，因此上面的例子在调用 `len()` 时 Python 抛出了 `TypeError`。

参数（argument[①]）指的是作为输入**传递**（pass）给函数的值。一些函数不需要参数就可以调用，而有些函数可以传递任意数量的参数。但 `len()` 只要一个参数，不能多也不能少。

函数完成执行之后会**返回**（return）一个值作为输出。函数的返回值通常（但不一定）依赖传递给函数的参数。

函数的执行过程可以归纳为三步：

(1) **调用**函数，传递所需参数作为输入；
(2) **执行**函数，对参数进行某些操作；
(3) 函数**返回**，对函数的调用被替换为函数的返回值。

我们来看一个实际的例子，体会 Python 如何执行下面这行代码：

```
>>> num_letters = len("four")
```

首先以 `"four"` 为参数调用了 `len()`。随后求得 `"four"` 的长度为 4，`len()` 返回数字 4，并将函数调用替换为返回值。

函数执行之后，你可以把它想象成这样的代码：

① parameter 和 argument 通常都译为“参数”，但实际上两者有一定区别。argument 指的是调用函数时传递的具体参数，也叫“实参”（actual parameter），即实际的参数。而 parameter 指的是定义、声明函数时的参数，也叫“形参”（formal parameter），即形式参数。在没有歧义的情况下，一律译作“参数”。——译者注

```
>>> num_letters = 4
```

Python 把 4 赋给 num_letters，然后继续执行程序中剩余的代码。

5.1.3 函数可能会产生副作用

我们已经知道了如何调用函数，也明白了函数执行完毕后会返回一个值。但在有些时候，函数并非只是返回了一个值那么简单。

如果一个函数对外部环境进行了更改或者造成了影响，那么我们就说它产生了**副作用**（side effect）。我们已经用过的 print()就是一个会产生副作用的函数。

在以字符串为参数调用 print()时，Python 会在 shell 中显示这个字符串，但 print()并没有以字符串作为返回值。

要想知道 print()返回了什么，我们可以把 print()的返回值赋给一个变量：

```
>>> return_value = print("What do I return?")
What do I return?
>>> return_value
>>>
```

把 print("What do I return?")赋给 return_value 时，输出了字符串"What do I return?"。然而在检查 return_value 的值时，什么都没有显示。

print()返回的是一个叫作 None 的特殊值，它表示没有数据。None 的类型叫作 NoneType：

```
>>> type(return_value)
<class 'NoneType'>
>>> print(return_value)
None
```

在调用 print()时输出的文本并非它的返回值，这只是 print()的副作用。

5.2 编写自己的函数

随着程序逐渐复杂起来，你可能会发现需要重复使用某一段代码。比如你可能需要在代码中一次次地把不同的值代入同一个公式中进行计算。

你可能会想到把代码到处复制粘贴，然后根据需要进行一些修改，但是一般来说这真的不是一个好办法。如果你发现已经被到处复制粘贴的代码里有一个错误，那么就不得不修改每一个用到这段代码的地方。这可是个大工程！

在本节中，我们学习如何定义自己的函数，这样在需要复用代码时就不需要自我重复了。

5.2.1 函数的结构

每个函数由两部分组成：

(1) **函数签名**（function signature），定义函数的名称及其期望的输入；

(2) **函数主体**（function body），包含函数在每次被调用时所执行的代码。

我们先来编写一个接收两个数字作为输入并返回两者之积的函数。这个函数可以像下面这样写，它的签名和主体部分都写上了注释：

```
def multiply(x, y): # 函数签名
    # 函数主体
    product = x * y
    return product
```

编写这样一个和*运算符作用相同的函数感觉有点儿奇怪，你也不可能在实际工作中编写`multiply()`这种函数。但对于理解如何编写函数来说，这倒是一个不错的例子。

> **重点**
>
> 在 IDLE 的交互式窗口中定义函数时，为了让 Python 注册该函数，需要在有 `return` 的那一行之后按下两次回车键：
>
> ```
> >>> def multiply(x, y):
> ...     product = x * y
> ...     return product
> ... # <--- 在这里按下两次回车键。
> >>>
> ```

现在我们来剖析一下这个函数，看看函数究竟是怎么定义的。

1. 函数签名

函数的第一行叫作**函数签名**。函数签名必须以 `def` 关键字开头，它是 define（定义）的缩写。

我们来仔细看看 `multiply()`的签名：

```
def multiply(x, y):
```

函数签名由 4 个部分组成：

(1) `def` 关键字

(2) 函数名，这里是 `multiply`

(3) 参数列表，这里是`(x, y)`

(4) 结尾的冒号（:）

每当 Python 读到以 `def` 关键字开头的一行代码时，它就会创建一个新的函数。这个函数会

被赋给一个和函数同名的变量。

> **注意**
>
> 由于函数名变成了变量，因此函数名也遵循我们在第 2 章中学到的变量命名规则。
>
> 也就是说，函数名只能包含数字、字母、下划线，且不能以数字开头。

参数列表是一个被括号括起来的参数名称列表，它定义了函数期望的输入。(x, y)就是 multiply()的参数列表，其中创建了两个参数：x 和 y。

参数（parameter[①]）和变量有点像，只不过参数在定义时没有值。形参只是为实际值准备的一个占位符，在调用函数时，它们的值由实参（argument）提供。

函数主体中的代码可以直接使用参数——就像它们已经被赋值了一样。比如函数主体中可以包含带有表达式 x * y 的代码。

由于 x 和 y 在此时并没有值，因此 x * y 也就没有值。Python 将这些表达式以模板的形式保存，在函数执行时会为其填入缺少的值。

函数可以有任意数量的参数，没有参数也可以。

2. 函数主体

函数主体是函数在程序中被调用时执行的代码。下面就是 multiply()的函数主体：

```
def multiply(x, y):
    # 函数主体
    product = x * y
    return product
```

multiply 是一个相当简单的函数，它的主体部分只有两行代码。

这个函数的主体部分第一行创建了一个叫 product 的变量，并用 x * y 的值为其赋值。由于 x 和 y 还没有具体的值，因此这一行也就只是一个模板。当函数执行时，product 会被赋予具体的值。

函数主体的第二行叫作 return **语句**（return statement）。它以 return 关键字开头，变量 product 紧随其后。Python 执行到 return 语句时会停止函数的执行并返回 product 的值。

注意函数主体的两行代码都进行了缩进，这一点至关重要！函数签名下方缩进过的每一行都会被视作函数主体的一部分。

---

① 这就是上一节中译者注中提到的形参。——译者注

举例来说，下面的 print()就不是函数主体的一部分，因为它并没有被缩进：

```
def multiply(x, y):
    product = x * y
    return product

print("Where am I?") # 不属于函数主体
```

如果对 print()这一行进行缩进，那么它就会成为函数主体的一部分——即使它上面空了一行：

```
def multiply(x, y):
    product = x * y
    return product

    print("Where am I?") # 属于函数主体
```

缩进函数主体中的代码时需记住一条准则：每一行都必须用相同数量的空格进行缩进。

将如下代码保存到名为 multiply.py 的文件中，然后尝试在 IDLE 中运行：

```
def multiply(x, y):
    product = x * y
     return product # 多空了一格
```

IDLE 会拒绝运行这段代码。一个对话框弹了出来，告诉你发生了错误："unexpected indent."（意外的缩进）。Python 需要 return 语句和上一行使用相同数量的空格进行缩进。

如果一行代码比它上面的那行少缩进了一格，并且缩进级别和前面任何的代码都不匹配，此时也会发生错误。现在把 multiply.py 修改成这样：

```
def multiply(x, y):
     product = x * y
    return product # 比上一行少缩进了一格
```

保存并运行文件。IDLE 提示错误 unindent does not match any outer indentation level.（撤销缩进级别时未与任何外部缩进级别匹配）。也就是说，return 语句的缩进级别没有和函数主体中的任何一行保持一致。

> **注意**
>
> 尽管 Python 本身没有对缩进时采用的空格个数进行要求，但是 PEP 8 建议使用 4 个空格进行缩进。
>
> 我们会在本书中贯彻这一约定。

Python 一旦执行到 return 语句，函数便会停止运行并返回值。如果 return 语句下方还有缩进到函数主体中的代码，那么它们就不会运行。

举例来说，下面函数中的 print()就永远不会执行：

```
def multiply(x, y):
    product = x * y
    return product
    print("You can't see me!")
```

这一版的 multiply()永远不会输出字符串"You can't see me!"。

5.2.2　调用用户定义函数

调用用户定义函数和调用其他函数没有区别，只需要写出函数名，紧接着在括号中列出参数。

比如要以 2 和 4 为参数调用 multiply()，就要像下面这样写：

```
multiply(2, 4)
```

和内置函数不同的是，用户定义函数只有在使用 def 关键字定义之后才能使用。调用函数之前必须先定义函数。

在 IDLE 的编辑器窗口中输入以下程序：

```
num = multiply(2, 4)
print(num)

def multiply(x, y):
    product = x * y
    return product
```

保存文件并按下 F5 键。由于 multiply()被调用时还没有定义，因此 Python 识别不了 multiply 这个名称，继而引发了 NameError 错误：

```
Traceback (most recent call last):
  File "C:Usersdaveamultiply.py", line 1, in <module>
    num = multiply(2, 4)
NameError: name 'multiply' is not defined
```

为了解决这个问题，我们把函数定义移到文件最上面：

```
def multiply(x, y):
    product = x * y
    return product

num = multiply(2, 4)
print(num)
```

保存文件并按下 F5 键运行程序，这一次数字 8 显示在了交互式窗口中。

5.2.3 没有 return 语句的函数

Python 中的所有函数都会返回一个值——即使返回的是 None。不过不是所有的函数都需要 return 语句。

比如下面的函数就是完全合法的：

```
def greet(name):
    print(f"Hello, {name}!")
```

greet()并没有 return 语句，但是它不会遇到任何问题：

```
>>> greet("Dave")
Hello, Dave!
```

尽管 greet()没有 return 语句，但是它还是有返回值：

```
>>> return_value = greet("Dave")
Hello, Dave!
>>> print(return_value)
None
```

即使 greet("Dave")的结果被赋给了一个变量，Python 依然输出了字符串"Hello, Dave!"。如果你并不希望输出"Hello, Dave!"，那么你就遇到了副作用造成的问题。我们在调用函数时可能并没有预料到会发生这种情况。

在创建自己的函数时，我们应当为它们编写文档，解释它们的作用。这样一来，其他开发者就能够通过阅读文档了解如何使用这些函数、它们将发挥什么作用。

5.2.4 为你的函数编写文档

在 IDLE 的交互式窗口中，我们可以使用 help()获得关于某个函数的帮助信息：

```
>>> help(len)
Help on built-in function len in module builtins:

len(obj, /)
    Return the number of items in a container.
```

将一个变量名或者函数名传递给 help()时，它会显示一些有关这个变量或函数的有用信息。在本例中，help()告诉你 len()是一个内置函数，会返回容器中元素的数量。

注意

容器（container）指的是用来容纳其他对象的对象。字符串就是一个容器，因为其中包含了各个字符。

我们会在第 8 章中学习其他的容器。

下面我们来看在 multiply()上调用 help()会发生什么：

```
>>> help(multiply)
Help on function multiply in module __main__:

multiply(x, y)
```

help()显示了函数签名，但除此之外并没有关于这个函数功能的信息。为了让 multiply()提供更多信息，我们需要给出文档字符串。**文档字符串**（docstring）是一种放在函数主体顶部用3个引号创建的字符串。

我们用文档字符串来说明一个函数的作用以及它需要什么样的参数：

```
def multiply(x, y):
    """返回x和y的积。"""
    product = x * y
    return product
```

重写 multiply()为其添加文档字符串之后，我们就能够在交互式窗口中使用 help()查看文档字符串：

```
>>> help(multiply)
Help on function multiply in module __main__:

multiply(x, y)
    返回x和y的积。
```

PEP 8 对文档字符串方面没有太多的建议，但是它认为每个函数都应该有文档字符串。

文档字符串的格式标准有很多种，不过我们在这里不会细说这些标准。PEP 257 中提到了一些编写文档字符串的指导原则。

5.2.5　巩固练习

你可以在 realpython.com/python-basics/resources/上找到练习的答案以及其他各种资源。

(1) 编写一个叫 cube()的函数，它需要一个数字作为参数，返回值为这个数字的三次幂。用不同的数字来调用你的 cube()函数，检查其返回的结果。

(2) 编写一个叫 greet()的函数，它需要一个名为 name 的字符串参数。函数执行时将显示文字"Hello <name>!"，其中<name>应替换为 name 参数的值。

5.3　挑战：温度转换

编写一个叫作 temperature.py 的程序，其中定义了这样两个函数。

(1) `convert_cel_to_far()`，它有一个表示摄氏度的 `float` 参数，其返回值为代表对应的华氏度的 `float`。摄氏度到华氏度的转换公式如下：

```
F = C * 9/5 + 32
```

(2) `convert_far_to_cel()`，它有一个表示华氏度的 `float` 参数，其返回值为代表对应的摄氏度的 `float`。华氏度到摄氏度的转换公式如下：

```
C = (F - 32) * 5/9
```

程序应当完成这些工作：

(1) 提示用户输入华氏度，然后显示转换得到的摄氏度
(2) 提示用户输入摄氏度，然后显示转换得到的华氏度
(3) 所有温度都应以保留两位小数的形式显示

程序运行时应当像这样：

```
Enter a temperature in degrees F: 72
72 degrees F = 22.22 degrees C

Enter a temperature in degrees C: 37
37 degrees C = 98.60 degrees F
```

你可以在 realpython.com/python-basics/resources/上找到这个挑战的答案以及其他各种资源。

5.4 绕圈跑

计算机有一个好处，那就是你可以让它们一遍又一遍地做同一件事情，而且它们从来不会发牢骚！

循环（loop）是一个可以重复执行的代码块，它既可以执行指定次数，也可以一直执行到满足某个条件。Python 中有两种循环：**`while` 循环**和 **`for` 循环**。在本节中，我们会学习如何使用这两种循环。

5.4.1 while 循环

`while` 循环会在某个条件为真时重复执行一段代码。每个 `while` 循环由两部分组成。

(1) **`while` 语句**，以 `while` 关键字开头，其后为**测试条件**（test condition），最后以冒号（:）结尾。
(2) **循环主体**（loop body），其中包含了在每次循环中重复执行的代码。每行代码用 4 个空格缩进。

Python 在执行 while 循环时会不断对测试条件进行求值，判断它是真还是假。如果测试条件为真，那么 Python 就会执行循环主体中的代码，然后再次检查测试条件；如果测试条件为假，那么 Python 就会跳过循环主体中的代码，转而执行程序的其余部分。

我们来看一个例子。在交互式窗口中输入如下代码：

```
>>> n = 1
>>> while n < 5:
...     print(n)
...     n=n+1
...
1
2
3
4
```

首先，变量 n 被赋值整数 1。然后以 n < 5 为测试条件创建了一个 while 循环，它会检查 n 的值是否小于 5。

如果 n 小于 5，那么就会执行循环主体。循环主体有两行代码。在第一行中，n 的值会显示在屏幕上。在第二行中，n 的值**增加**了 1。

这个循环的执行过程有 5 步，如表 5-1 所示。

表　5-1

步骤	n 的值	测试条件	发生了什么
1	1	1 < 5（真）	输出 1；n 增至 2
2	2	2 < 5（真）	输出 2；n 增至 3
3	3	3 < 5（真）	输出 3；n 增至 4
4	4	4 < 5（真）	输出 4；n 增至 5
5	5	5 < 5（假）	什么都没有发生；循环结束

只要你足够小心，也可以创建一个**无限循环**（infinite loop）。如果测试条件永远为真，那么就会产生无限循环。这种循环永远不会停下来，循环主体会不断地重复执行。

这就是一个无限循环的例子：

```
>>> n = 1
>>> while n < 5:
...     print(n)
...
```

这个循环和前面例子中的循环的唯一区别就是在函数主体中没有让 n 加 1。在循环的每一步中 n 都等于 1，也就是说，测试条件 n < 5 永远为真，因此数字 1 会一遍又一遍地显示在屏幕上。

> **注意**
>
> 无限循环并非一定就是不好的，有时候你需要的正是这样的循环。
>
> 和硬件进行交互的代码就是一个例子，这类程序可以利用无限循环不断检查是否有按键或者开关被激活。

如果你运行了一个进入无限循环的程序，可以按下 Ctrl + C 快捷键强制 Python 退出，Python 会停止运行程序并抛出 `KeyboardInterrupt`（键盘中断）错误：

```
Traceback (most recent call last):
  File "<pyshell#8>", line 2, in <module>
    print(n)
KeyboardInterrupt
```

我们来看一个实际的 `while` 循环的例子。`while` 循环的用法之一就是检查用户的输入是否满足了某个条件，如果没有满足，我们就不断请求用户重新输入，直至收到合法的输入。

比如在下面的程序中，在实际收到一个正数之前，我们会不断请求用户输入：

```
num = float(input("Enter a positive number: "))

while num <= 0:
    print("That's not a positive number!")
    num = float(input("Enter a positive number: "))
```

上面的程序首先提示用户输入一个正数。测试条件 `num <= 0` 会判断 `num` 是否小于等于 0。

如果 `num` 为正，那么就无法满足测试条件，循环主体会被跳过，程序也随之结束。

如果 `num` 为 0 或负数，则会执行循环主体，程序会告知用户输入的数字不是正数并再次提示输入正数。

如果要在满足某条件时重复执行一段代码，`while` 循环是不二之选。但是如果要重复执行指定次数，`while` 循环就不是那么合适了。

5.4.2 for 循环

`for` 循环会为集合中的每个项目执行一段代码，这段代码执行的次数取决于集合中的项目数量。

和 `while` 循环一样，`for` 循环也由两部分组成。

(1) `for` 语句，以关键字 `for` 开头，其后为**成员表达式**（member expression），最后以冒号（:）结尾。

(2) **循环主体**（loop body），其中包含了在每次循环中重复执行的代码。每行代码用 4 个空格缩进。

我们来看一个例子。下面的 for 循环会逐个输出字符串"Python"中的字符：

```
for letter in "Python":
    print(letter)
```

在本例中，for 语句为 for letter in "Python"，成员表达式为 letter in "Python"。

在每次循环中，变量 letter 都会由字符串"Python"中的下一个字符赋值，然后将 letter 的值输出。

字符串"Python"中的每一个字符都会参与一次循环，因此循环主体总共执行了 6 次。表 5-2 总结了这个 for 循环的执行情况。

表　5-2

步　骤	letter 的值	发生了什么
1	"P"	输出 P
2	"y"	输出 y
3	"t"	输出 t
4	"h"	输出 h
5	"o"	输出 o
6	"n"	输出 n

为了解释为什么在遍历集合中的项目时 for 循环更好用，现在我们来把这个例子中的 for 循环改写成 while 循环。

为了达到目的，我们可以用一个变量来保存字符串中的下一个字符的索引。在每次循环中，我们输出位于当前索引位置的字符，然后让索引加 1。

一旦索引变量的值等于字符串的长度，循环就会停止。要记住，索引从 0 开始，所以字符串"Python"最大的合法索引为 5。

上面的代码重写之后就成了这样：

```
word = "Python"
index = 0

while index < len(word):
    print(word[index])
    index = index + 1
```

这比 for 循环要复杂得多！

for 循环不仅仅简洁一些，它的代码也显得更加自然，更接近于用英语描述的循环过程。

注意

你可能有时候会听到人们说一些代码很“Pythonic”。Pythonic 这个词一般用来描述一段代码非常清晰、简洁，并且充分发挥了 Python 内置特性的优势。

因此使用 for 循环为集合项目执行循环操作就比使用 while 循环更加 Pythonic。

有时候我们需要对一个区间中的数字进行循环。Python 有一个叫作 range()的内置函数，它产生的正是一个区间中的数字。

比如 range(3)会返回从 0 到 3（不包括 3）的区间。也就是说，它返回的是包含数字 0、1、2 的区间。

我们可以利用 range(n)（其中 n 为任意正数）来执行 n 次循环。比如下面的 for 循环就会输出字符串"Python"三次：

```
for n in range(3):
    print("Python")
```

我们也可以指定区间的起点。比如 range(1, 5)就是包含 1、2、3、4 的区间。range()函数的第一个参数是起点，第二个参数为终点——终点不包含在区间中。

下面的 for 循环使用了带有两个参数的 range()，它会输出 10 到 20（不包括 20）范围内每个数字的平方：

```
for n in range(10, 20):
    print(n * n)
```

接下来看一个实际的例子。下面的程序会请求用户输入一个总额，然后输出被 2 个人、3 个人、4 个人、5 个人分摊的金额：

```
amount = float(input("Enter an amount: "))

for num_people in range(2, 6):
    print(f"{num_people} people: ${amount / num_people:,.2f} each")
```

这个 for 循环会在 2、3、4、5 上执行循环主体，输出人数以及每个人应付的金额。格式化规则,.2f 会将金额以保留两位小数的定点数形式显示，同时每三位数以逗号分组。

运行程序输入 10 之后会产生如下输出：

```
Enter an amount: 10
2 people: $5.00 each
3 people: $3.33 each
4 people: $2.50 each
5 people: $2.00 each
```

在 Python 中 for 循环一般比 while 循环用得更多。在大部分时候 for 循环比等价的 while 循环更加简洁且易读。

5.4.3　嵌套循环

只要对代码进行正确的缩进，我们就可以给一个循环套上另一个循环。

在 IDLE 的交互式窗口中输入以下代码：

```
for n in range(1, 4):
    for j in range(4, 7):
        print(f"n = {n} and j = {j}")
```

Python 执行到第一个 for 循环时，变量 n 被赋值 1。随后第二个 for 循环开始执行，j 被赋值 4。第一次输出的结果为 n = 1 and j = 4。

执行 print()之后，Python 回到内层的 for 循环，将 5 赋给 j，然后输出 n = 1 and j = 5。内层的 for 循环属于外层 for 循环主体的一部分，由于内层的 for 循环此时尚未执行完毕，因此 Python 不会回到外层的 for 循环。

接下来 Python 将 6 赋给 j，然后输出 n = 1 and j = 6。此时内层 for 循环已经执行完毕，因此控制权交由外层的 for 循环。Python 为变量 n 赋值 2，然后第二次执行内层的 for 循环。当 n 被赋值 3 时，这个过程还会再一次重复进行。

最终的输出结果是这样的：

```
n = 1 and j = 4
n = 1 and j = 5
n = 1 and j = 6
n = 2 and j = 4
n = 2 and j = 5
n = 2 and j = 6
n = 3 and j = 4
n = 3 and j = 5
n = 3 and j = 6
```

位于另一个循环中的循环被称为**嵌套循环**（nested loop），它们比你想象的更常见。while 循环也可以嵌套在 for 循环中，反之亦然。你甚至可以多嵌套几层！

重点

循环的嵌套自然而然地提高了代码的复杂性。通过前面的例子我们就能够看出这一点：和之前单个的 for 循环相比，嵌套循环的执行步骤显著增加。

嵌套循环有时候是解决问题的唯一办法，但是过多的嵌套循环会对程序的性能带来负面影响。

循环是一种强大的工具。它们充分发挥了计算机作为一种计算工具的优势——能够重复进行同一项任务很多次，不会喊累，也不会发牢骚。

5.4.4 巩固练习

你可以在 realpython.com/python-basics/resources/上找到练习的答案以及其他各种资源。

(1) 编写一个 for 循环，利用 range()输出从 2 到 10 的数字，逐行输出，每行一个数字。

(2) 编写一个 while 循环输出 2 到 10 的数字。（提示：首先要创建一个整数变量。）

(3) 编写一个叫 double()的函数。该函数以一个数字为参数，将这个数字变成原来的两倍。函数编写完成后在一个循环中对数字 2 使用 3 次 double()，逐行输出每次的运算结果。程序的输出内容应当像这样：

```
4
8
16
```

5.5 挑战：跟踪投资情况

在这次的挑战中，我们会编写一个叫作 invest.py 的程序。这个程序会跟踪随时间增长的投资总额。

一项投资初期的投入资金称为本金。每过一年本金都会按固定的比例增长，这个比例就称为年利率。

比如我们有$100.00 的本金，年回报率为 5%。那么第一年就会增长$5.00，我们的本金就变成了$105。第二年本金的 5%是$5.25，总值就达到了$110.25。

编写一个叫 invest 的函数，它有 3 个参数：本金、年回报率、要计算几年后的总额。函数的签名应该像这样：

```
def invest(amount, rate, years):
```

这个函数应当输出每一年投资后的投资总额，结果保留两位小数。

比如调用 invest(100, .05, 4)应当输出如下内容：

```
year 1: $105.00
year 2: $110.25
year 3: $115.76
year 4: $121.55
```

要完整地编写这个程序，我们首先要提示用户输入本金、年回报率、投资几年，然后调用 invest()展示相关的计算结果。

你可以在 realpython.com/python-basics/resources/上找到这个挑战的答案以及其他各种资源。

5.6 理解 Python 的作用域

学习了 Python 中的函数和循环之后，就不得不提到**作用域**（scope）。

作用域可能属于有点儿难以理解的编程概念，所以我们会在本节中以更容易理解的方式介绍它。

学习完本节的内容之后，你就会明白什么是**作用域**，它为什么这么重要。除此之外，我们还会学习**作用域解析**的 LEGB 原则。

5.6.1 什么是作用域

为一个变量赋值时，就相当于给这个值取了一个名字。名字是独一无二的，不能给两个不同的数字取同一个名字：

```
>>> x = 2
>>> x
2

>>> x = 3
>>> x
3
```

把 3 赋给 x 之后，你就不能用名称 x 取回 2 这个值了。

这种行为是合情合理的。毕竟要是 x 同时拥有 2 和 3 两个值的话，`x + 2` 该怎么算？结果是 4 还是 5？

但事实上并非如此，确实有一种办法可以让同一个名称有两个不同的值，只不过需要做一些手脚。

在 IDLE 中打开一个新的编辑器窗口，输入下面的程序：

```
x = "Hello, World"

def func():
    x = 2
    print(f"Inside 'func', x has the value {x}")

func()
print(f"Outside 'func', x has the value {x}")
```

在这个例子中，我们将两个不同的值赋给了变量 x，一开始是`"Hello, World"`，然后在函数`func()`中我们又将 2 赋给了它。

你可能会惊讶地发现，这段代码输出的内容其实是这样的：

```
Inside 'func', x has the value 2
Outside 'func', x has the value Hello, World
```

为什么在调用 func()将 x 修改为 2 之后，x 的值依然是"Hello, World"?

答案是 func()和外部代码有不同的**作用域**。也就是说，你可以给 func()内部和外部的对象取同一个名字，Python 会将它们区别对待。

函数主体被称为**局部作用域**（local scope），其中包含了一系列可供使用的名称。而函数主体外部的代码则位于**全局作用域**（global scope）。

你可以想象作用域中包含名称到对象的映射。在代码中使用某个名称时——比如变量名或者函数名，Python 会检查当前的作用域，判断是否存在这样一个名称。

5.6.2 作用域解析

作用域呈层次结构。思考这样一段代码：

```
x = 5

def outer_func():
    y = 3

    def inner_func():
        z = x + y
        return z

    return inner_func()
```

注意

由于 inner_func()定义在另一个函数内部，因此被称为**内部函数**（inner function）。和嵌套循环一样，你也可以在函数中定义函数。

可以在 Real Python 的这篇文章中了解更多相关知识："Inner Functions——What Are They Good For?"（什么是内部函数，它们有何作用）。

变量 z 位于 inner_func()的局部作用域中。Python 执行到 z = x + y 这一行时，它会在局部作用域中寻找变量 x 和 y。由于局部作用域并没有这两个变量，因此 Python 向上移动到 outer_func()的作用域中。

outer_func()是 inner_func()**紧邻的**外部作用域。这个作用域还没有到全局作用域，也并非 inner_func()的局部作用域——它正好位于两者之间。

变量 y 在 outer_func()的作用域中定义，并被赋值 3。然而 x 不在这个作用域里，所以 Python 再次向上进入了全局作用域，这次它终于找到了值为 5 的变量 x。至此，名称 x 和 y 都成功完成解析，Python 得以执行 z = x + y 这行代码，最终将 8 赋值给变量 z。

5.6.3 LEGB 原则

LEGB 原则可以帮助你记住 Python 解析作用域的方法。LEGB 是 local、enclosing、global、built-in 的首字母缩写，Python 按照这样的顺序解析作用域。

下面的简介会帮助你记住这个过程是怎样进行的。

(1) local：局部作用域（或者说当前作用域）既可以是一个函数的主体，也可以是代码文件最上层的作用域。它始终代表 Python 解释器当前所处的作用域。

(2) enclosing：紧邻作用域指的是比局部作用域高一层的作用域。如果局部作用域是一个内部函数，那么紧邻作用域就是外部函数的作用域。如果当前的作用域是顶层函数，那么紧邻作用域就等于全局作用域。

(3) global：全局作用域是一个程序最上层的作用域。所有未在函数主体中定义的名称均位于全局作用域。

(4) built-in：内置作用域包含所有 Python 内置的名称。关键字以及 round()、abs()等内置函数均位于内置作用域。任何无须自行定义就可以使用的名称都在内置作用域中。

作用域可能会让人感到迷惑不解，我们需要一些练习才能清楚其中的奥秘。但一开始搞不明白也不需要太过担心，要勤加练习并善用 LEGB 原则。

5.6.4 打破规则

思考一下下面的代码会输出怎样的内容：

```
total = 0

def add_to_total(n):
    total = total + n

add_to_total(5)
print(total)
```

你认为这个程序会输出 5，对吧？运行一下这个程序看看会发生什么。

结果出乎意料，它报错了：

```
Traceback (most recent call last):
  File "C:/Users/davea/stuff/python/scope.py", line 6, in <module>
    add_to_total(5)
```

```
  File "C:/Users/davea/stuff/python/scope.py", line 4, in add_to_total
    total = total + n
UnboundLocalError: local variable 'total' referenced before assignment
```

等一下，根据 LEGB 原则，Python 理应会发现 `add_to_total()`的局部作用域中并没有名称 `total`，进而向上进入全局作用域解析名称。难道不是这样吗？

这里的问题在于，这段代码试图对一个不在局部作用域中的变量赋值。Python 会执行赋值语句右边的代码，结果发现局部作用域中的 `total` 尚未被赋值。

这类错误处理起来非常棘手，因此无论位于哪个作用域，我们都最好不要使用重复的变量名和函数名。

我们可以使用 `global` 关键字来避免这个问题：

```
total = 0

def add_to_total(n):
    global total
    total = total + n

add_to_total(5)
print(total)
```

这次我们得到了期望的结果——5。为什么这样做就没问题呢？

`global total` 这行代码会告诉 Python 在全局作用域中寻找名称 `total`，因此 `total = total + n` 就不会创建一个新的局部变量。

尽管这种方法“修复”了这个程序，但是通常认为使用 `global` 关键字并非一个好办法。

如果你发现自己在使用 `global` 解决上面这样的问题，那么应该停下来想一想是否有更好的办法编写代码。一般来说可以找到更好的办法！

5.7 总结和更多学习资源

在本章中，我们学习了编程中两个关键的概念：函数和循环。

我们首先学习了如何定义自己的函数。我们了解到函数由两部分组成：

(1) **函数签名**，以 `def` 关键字开头，包含了函数的名称和参数；
(2) **函数主体**，包含函数在每次被调用时所执行的代码。

函数是一种可复用的组件，它能够帮助你避免在程序中到处复制粘贴重复的代码。这样一来，你的代码读起来更易懂，维护起来更方便。

随后我们学习了 Python 中的两种循环：

(1) `while` **循环**会在满足给定条件时重复执行一段代码；
(2) `for` **循环**会为一系列对象重复执行一段代码。

最后我们学习了什么是**作用域**，以及 Python 如何利用 LEGB 原则解析作用域。

> **交互式小测验**
>
> 本章配有免费在线小测验，以便你检查学习进度。你可以在手机或电脑上通过下面的网址访问小测验：
>
> realpython.com/quizzes/pybasics-functions-loops/

更多学习资源

若想进一步学习，可以看一下下面这些内容：

- "Python 'while' Loops (Indefinite Iteration)"（Python while 循环（无限迭代））
- "Python 'for' Loops (Definite Iteration)"（Python for 循环（有限迭代））

可以访问 realpython.com/python-basics/resources/获得更多进一步提升 Python 技能的学习资源。

第6章

寻找并修复代码中的 bug

任何人都会犯错，经验老到的开发者也不例外。

IDLE 非常善于捕获语法错误和运行时错误，但是除此之外还有一种你可能已经体会过的错误——**逻辑错误**（logic error）。当一个合法的程序没有完成它应该完成的任务时，我们就说程序发生了逻辑错误。

逻辑错误会造成一些意料之外的行为，我们称之为 bug[①]。消除 bug 的过程叫作 debug（调试），而 debugger（调试器）则是一种帮助你查找 bug 并弄清 bug 产生原因的工具。

知道如何找到并修复代码中的 bug 将会是受益一生的技能。

在本章中，你将会：

- 学习如何使用 IDLE 的调试控制窗口
- 练习调试一个满是 bug 的函数

我们开始吧！

6.1 使用调试控制窗口

IDLE 调试器的主要接口便是它的调试控制窗口，下文简称调试窗口。我们可以在交互式窗口的菜单中选择 Debug→Debugger 打开调试窗口。现在就打开它吧。

重点

如果你的菜单栏中没有 Debug 菜单，点一下交互式窗口以防它没有激活。

---

① bug 的本义指的是各种小虫。据说用 bug 来指代工程问题最早可以追溯到爱迪生说的一句话。而历史上第一次用 bug 来指代计算机方面的问题是在 MARK II 计算机的一份错误报告上，并且这个 bug 真的是因为“bug”产生的——一只飞蛾造成了计算机零件故障，这名“罪犯”最后还被胶布粘在了报告上。如今我们在很多软件上可以看到和 bug 相关的图标以蟑螂一类的图案表示。而 debug 也就是消除 bug 的意思，从另一方面来说就是“杀虫”的意思，很多开发软件的调试图标也是和杀虫有关的图案。——译者注

一旦调试窗口被打开，交互式窗口就会在命令提示符旁显示[DEBUG ON]，这就表示调试器已经启动。现在打开一个新的编辑器窗口，调整一下这 3 个窗口的位置，确保你能同时看到它们。

在本节中，我们会学习调试窗口的界面结构，了解如何用调试器一行一行地执行代码，以及如何使用断点加速调试过程。

6.1.1　调试窗口：概览

为了体会调试器的工作方式，我们先来编写一个没有任何 bug 的小程序。在编辑器窗口中输入如下代码：

```
for i in range(1, 4):
    j=i*2
    print(f"i is {i} and j is {j}")
```

保存文件，在保持调试窗口打开的情况下按下 F5 键。你会注意到程序并没有一下子运行到底。

调试窗口此时如图 6-1 所示。

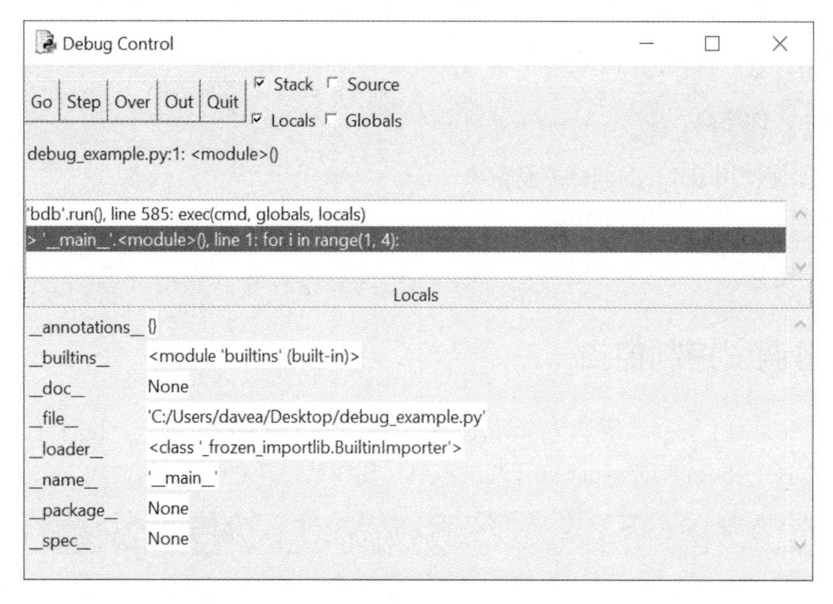

图　6-1

注意，窗口顶部的栈面板（Stack）中显示了如下消息：

```
> '__main__'.<module>(), line 1: for i in range(1, 4):
```

这条消息告诉你第一行即将运行，但尚未开始运行。消息中的'__main__'.module()表明你当前处于程序的主代码块中，如果位于尚未到达主代码块的函数定义中，我们就没有在主代码块中。

栈面板下方是局部变量面板（Locals），我们会在里面看到一些像`__annotations__`、`__builtins__`、`__doc__`之类奇奇怪怪的东西。这些都是系统内部的变量，我们现在可以无视它们。在程序运行过程中，我们会看到在代码中声明的变量显示在这里，这样就可以通过这个窗口来跟踪它们的值。

调试窗口的左上方有 5 个按钮，它们分别是 Go、Step、Over、Out、Quit。这些按钮可以控制调试器运行代码的方式。

在后续的章节中，我们会逐个了解这些按钮的功能。我们先从 Step 开始。

6.1.2 Step 按钮

现在点击调试窗口左上方的 Step 按钮。调试窗口发生了一些变化，如图 6-2 所示。

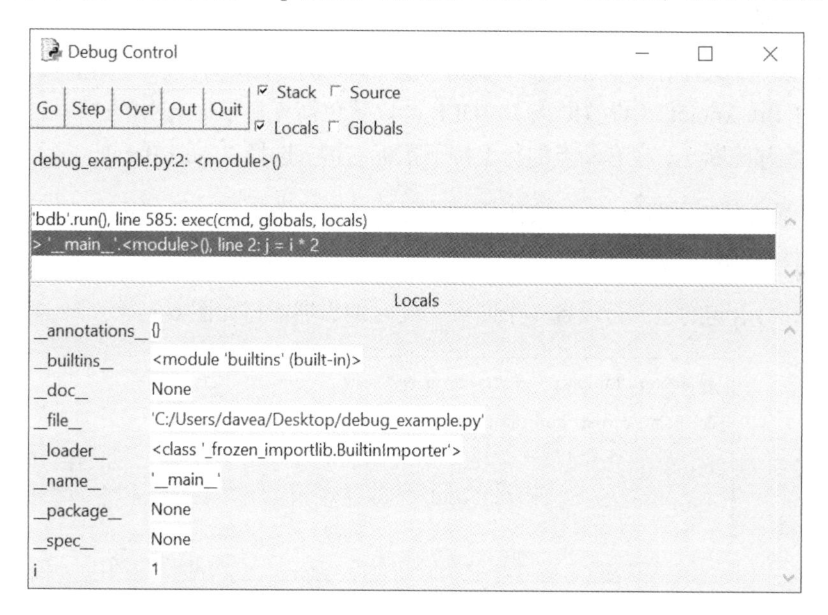

图 6-2

这里有两处变化值得注意。首先，栈面板中的消息变成了这样：

```
> '__main__'.<module>(), line 2: j = i * 2:
```

此时代码的第一行已经运行完毕，调试器停在了第二行代码前。

第二处变化发生在局部变量面板中，我们可以看到变量`i`已被赋值 1。这是因为第一行代码中的`for`循环创建了变量`i`并为其赋值 1。

不断按下 Step 按钮，一行一行地执行代码，观察调试窗口中发生的变化。执行到 `print(f"i is {i} and j is {j}")`这一行时，输出内容会一段段地显示在交互式窗口中。

最重要的一点是，我们可以在逐步执行 `for` 循环时跟踪 `i` 和 `j` 的变化。不难想象，在寻找 bug 的源头时，这一功能将是我们的得力助手。了解变量在某一行代码中的值将会帮助我们发现错误。

6.1.3　断点和 Go 按钮

很多时候你可能知道 bug 肯定发生在某一段代码中，但是不知道它具体在哪一行。你大可不必狂点 Step 按钮一整天，而只需要设置一个**断点**（breakpoint）就行了。调试器会不断执行代码，碰到断点便会停下来。

断点会让调试器在某处暂停执行代码，这样你就可以查看程序此时的运行状态。断点虽然名叫“断”点，但是它们并不会咬断你的代码。

若要设置断点，只需在编辑器窗口中找到你想暂停程序的那一行代码，然后按下鼠标右键[1]，然后选择“Set Breakpoint”（设置断点）。IDLE 会以黄色高亮显示你选中的这一行，表示该行已设置断点。若想移除断点，在有断点的行上按下鼠标右键，选择“Clear Breakpoint”（清除断点）。

现在按下调试窗口顶部的 Quit 按钮暂时关闭调试器。关闭调试器并不会关闭调试窗口，暂时也不需要关闭，稍后我们还会用到它。

在有 `print()`语句的这一行设置一个断点。此时编辑器窗口如图 6-3 所示。

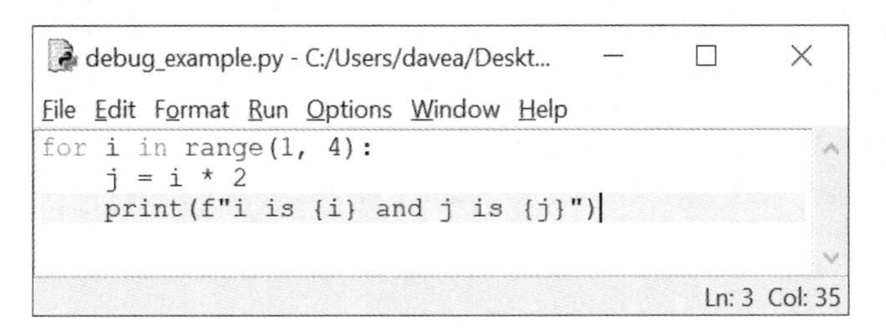

图　6-3

保存并运行文件。和之前一样，调试窗口的栈面板表明调试器正在准备执行第一行代码。按下 Go 按钮观察调试窗口发生的变化，如图 6-4 所示。

[1] 如果使用触摸板，可以用两根手指点击一下，也是同样的效果。——译者注

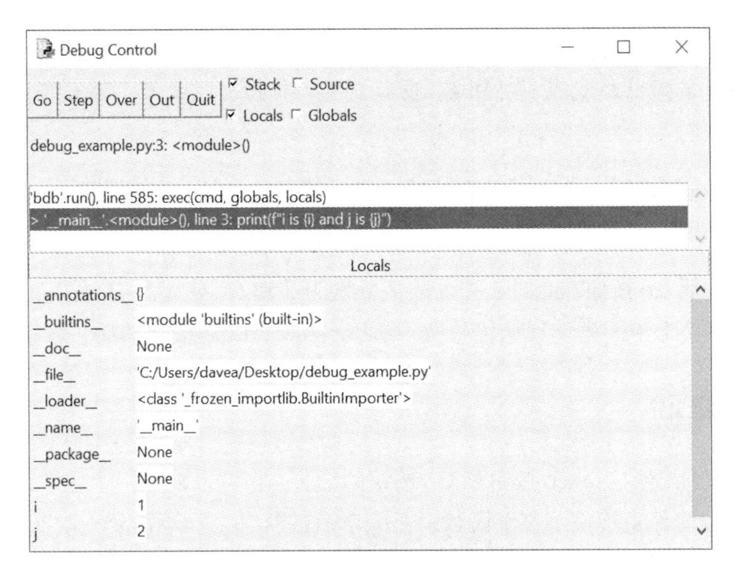

图 6-4

栈面板此时显示了如下消息，表明正在准备执行第三行：

```
> '__main__'.<module>(), line 3: print(f"i is {i} and j is {j}")
```

看一下局部变量面板你会发现，此时变量 `i` 和 `j` 的值分别为 1 和 2。按下 Go 按钮之后，调试器会不断地执行代码，直到碰到断点或者程序结束才会停下来。再次按下 Go 按钮，调试窗口变得如图 6-5 所示。

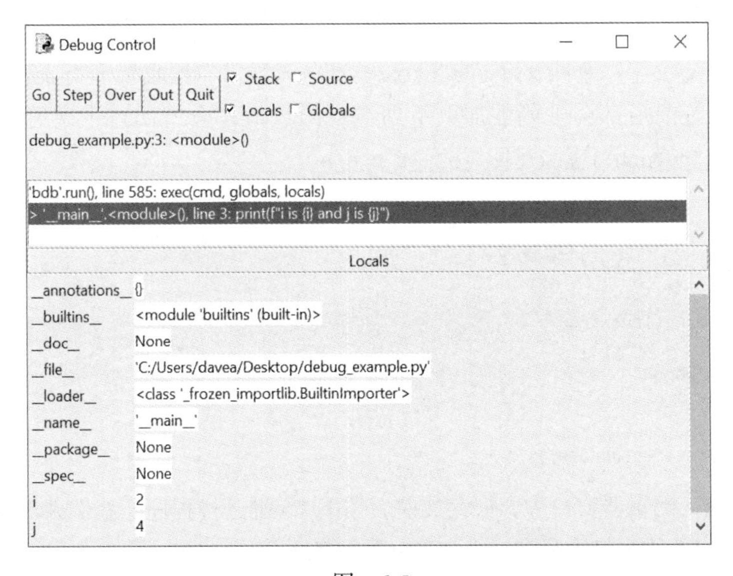

图 6-5

注意到变化了吗？栈面板中显示了和之前同样的消息，此时调试器又在等着执行第三行。不过此时变量 i 和 j 的值已经变成了 2 和 4，交互式窗口中也显示了第一轮循环中 print()输出的内容。

每次按下 Go 按钮之后，调试器就会持续不断地执行代码，直到碰到下一个断点。被设置断点的第三行位于一个 for 循环中，因此调试器在循环中每次碰到这一行时都会停下来。

现在第三次按下 Go 按钮。此时 i 和 j 的值分别为 3 和 6。如果我们再按一下 Go 按钮，你觉得会怎么样？由于这个 for 循环只迭代三次，所以再按一下 Go 按钮的话，程序会结束运行。

6.1.4 Over 和 Out

Over 按钮的功能就像是 Step 按钮和 Go 按钮的结合，它可以跳过一个函数或者循环。换句话说，Over 按钮可以让你直接跳到某个函数运行完毕后的状态，而不需要一次次按下 Step 按钮一步步地执行函数中的代码。

如果你已经位于一个函数或者循环中，Out 按钮可以发挥和 Over 按钮类似的作用。此时按下 Out 按钮，程序将在执行完函数或循环中的代码之后暂停。

在下一节中，我们会通过一段满是 bug 的代码学习如何利用 IDLE 来修复这些问题。

6.2 消除 bug

在熟悉了调试窗口的基本操作之后，我们来看一个问题多多的程序。

下面这段代码定义了一个叫 add_underscores()的函数。它接收一个叫 word 的字符串参数，word 的每一个字符前后都会被函数加上下划线，函数最终会返回这个字符串的副本。比如 add_underscores("python")应当返回"_p_y_t_h_o_n_"。

代码如下：

```
def add_underscores(word):
    new_word = "_"
    for i in range(len(word)):
        new_word = word[i] + "_"
    return new_word

phrase = "hello"
print(add_underscores(phrase))
```

将这段代码输入编辑器窗口中，保存文件后按下 F5 键运行程序。我们并没有看到应该出现的_h_e_l_l_o_，交互式窗口中只有一个字母 o 和一条下划线：o_。

如果你已经发现了问题所在，先别急着修改代码，因为本节的目的是学习如何利用 IDLE 调试器来发现问题。

如果你没注意到问题出在哪儿，也不要灰心。在学习完本节内容之后，你就会知道这段代码有什么问题，并且以后遇到类似的问题时你也能一下就看出来。

> **注意**
>
> 调试代码有时候又难又费时间，bug 也可能让人觉得莫名其妙、难以捉摸。
>
> 虽然本节只是讲了一个很简单的 bug，但是这里用来检查代码、搜索 bug 的方法对于更复杂的问题依然适用。

调试就是解决问题的过程，随着经验不断丰富，我们也会找到自己的方法。本节准备了一个四步走方法论来帮助你快速上手。

(1) 先猜测一下哪段代码有 bug。
(2) 设置断点，逐行运行可能出现 bug 的代码，持续跟踪关键变量。
(3) 确定有问题的代码（如果问题确实出在这里），修改代码，解决问题。
(4) 重复第(1)步至第(3)步，直到全部代码按预期工作。

6.2.1　第(1)步：猜测问题出在哪里

我们首先要找到哪一段代码可能有问题。一开始你可能没法确定 bug 具体出在哪里，但是我们可以合理地猜测问题可能出在哪儿。

我们注意到这段代码分成了两大部分：一个函数定义（add_underscores()的定义）和一个主代码块。主代码块中先是定义了一个值为"hello"的 phrase 变量，然后输出了调用 add_underscores(phrase)得到的结果。

我们先来看主代码块：

```
phrase = "hello"
print(add_underscores(phrase))
```

你觉得问题可能出在这儿吗？不太可能，对吧？这两行代码看起来确实没什么问题。那么问题肯定出在函数定义中：

```
def add_underscores(word):
    new_word = "_"
    for i in range(len(word)):
        new_word = word[i] + "_"
    return new_word
```

函数定义的第一行创建了一个叫 new_word 的变量，其值为"_"。代码到这里都还没什么问题，那么可以得出结论：问题肯定出在 for 循环中的某个地方。

6.2.2 第(2)步：设置断点并检查代码

既然已经锁定了出现 bug 的地方，那么我们就在 for 循环的开头设置一个断点。这样一来，我们就可以在调试窗口中跟踪代码的具体运行情况，如图 6-6 所示。

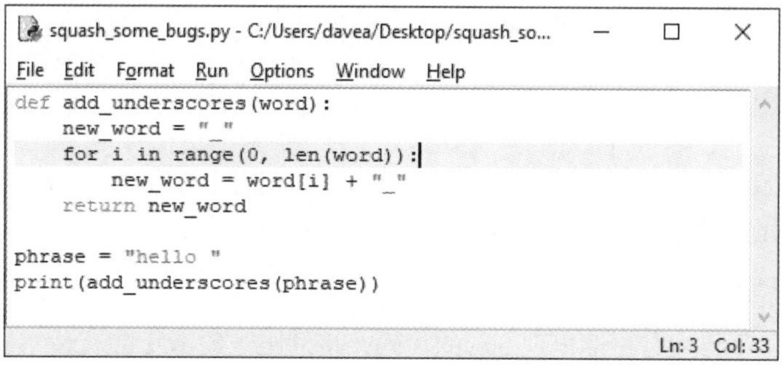

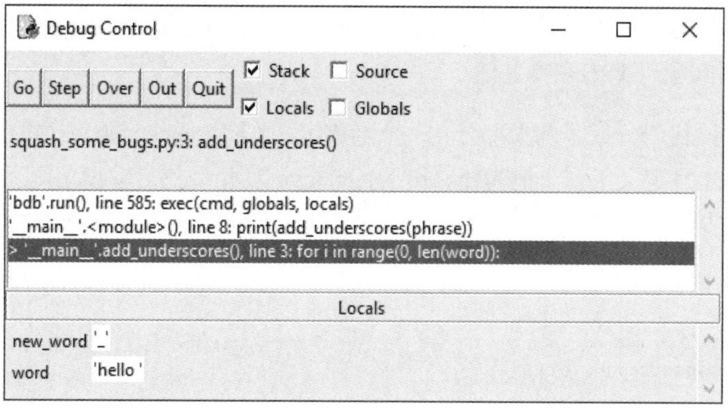

squash_some_bugs.py - C:/Users/davea/Desktop/squash_so...
File Edit Format Run Options Window Help
def add_underscores(word):
    new_word = "_"
    for i in range(0, len(word)):
        new_word = word[i] + "_"
    return new_word
phrase = "hello "
print(add_underscores(phrase))
Ln: 3 Col: 33

图　6-6

打开调试窗口运行文件，程序会停在第一行的函数定义处。

按下 Go 按钮让代码一直运行到断点处为止。此时调试窗口图 6-7 所示。

Debug Control
Go Step Over Out Quit
Stack Source
Locals Globals
squash_some_bugs.py:3: add_underscores()
'bdb'.run(), line 585: exec(cmd, globals, locals)
'__main__'.<module>(), line 8: print(add_underscores(phrase))
> '__main__'.add_underscores(), line 3: for i in range(0, len(word)):
Locals
new_word '_'
word 'hello '

图　6-7

这一瞬间程序停在了 add_underscores()函数中的 for 循环前。我们可以在局部变量面板中看到 word 和 new_word 两个局部变量，此时 word 的值为"hello"，而 new_word 的值为"_"，符合预期。

按一下 Step 按钮进入 for 循环。调试窗口的内容随之改变，局部变量面板中出现了新的变量 i，此时值为 0，如图 6-8 所示。

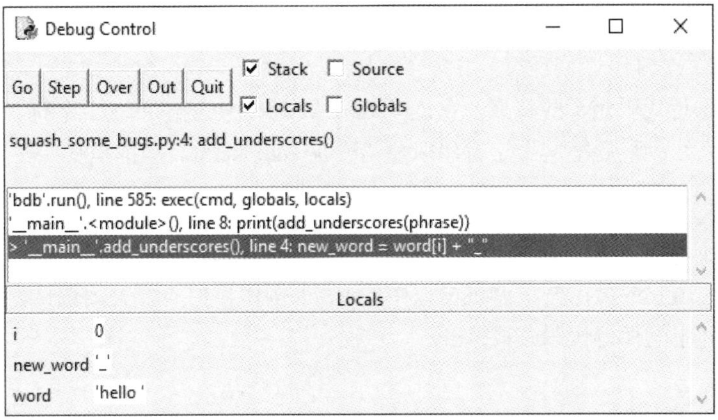

图 6-8

i 在 for 循环中用作计数器，我们可以通过它来判断现在循环了几次。

再次按下 Step 按钮。此时我们可以在局部变量面板中看到 new_word 已经变成了"h_"，如图 6-9 所示。

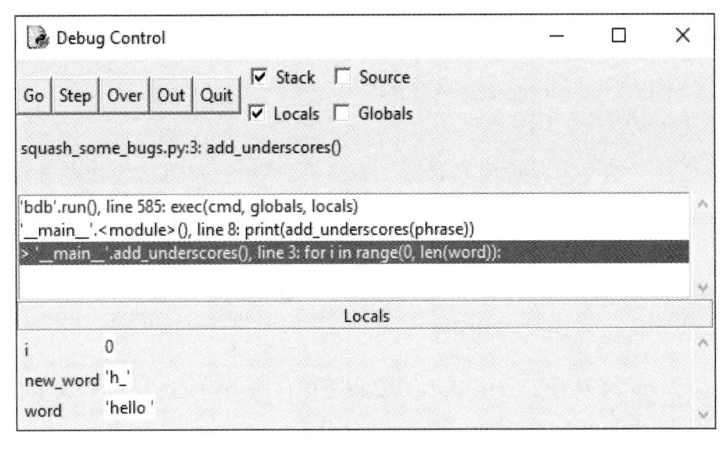

图 6-9

这里有问题。new_word 的值原本是"_"，经过第二次循环它应该是"_h_"。如果再点几次 Step 按钮，你会发现 new_word 的值会变成 e_、l_，以此类推。

6.2.3 第(3)步：确定错误并尝试修复

至此，我们可以得出结论：在 for 循环的每一次迭代中，new_word 的值都会变成字符串

"hello"中的下一个字符加上下划线。由于这个 for 循环只有一行代码，所以问题肯定出在这行代码中：

```
new_word = word[i] + "_"
```

我们来看看这行代码做了些什么。它让 Python 从 word 中获得下一个字符，然后在这个字符后面加上一个下划线，最后把这个字符串赋值给变量 new_word。这正是我们在逐步运行 for 循环时看到的情况。

为了解决这个问题，我们要让 Python 把字符串 word[i] + "_"拼接到 new_word 现有值的后面，而不是直接覆盖它的值。按下调试窗口中的 Quit 按钮，但不要关闭调试窗口。打开编辑器窗口，将 for 循环中的那行代码改成这样：

```
new_word = new_word + word[i] + "_"
```

6.2.4　第(4)步：重复第(1)步至第(3)步直到没有 bug

保存更改，再次运行程序。按下调试窗口中的 Go 按钮，让代码执行到断点处停下来。

> **注意**
>
> 如果在前一步中没有点击 Quit 按钮就关闭了调试器，你可能会在重新打开调试窗口时看到如下错误：
>
> ```
> You can only toggle the debugger when idle
> (你只有在闲置时才能启动或关闭调试器)
> ```
>
> 在完成一次调试之后，不要直接关闭调试器，始终要记得按一下 Go 按钮或者 Quit 按钮，否则重新打开调试窗口时可能会出现问题。为了解决这个问题，你必须关闭 IDLE 再重新打开。

程序会停在 add_undrscores()的 for 循环前。一边按下 Step 按钮，一边观察变量 new_word 在每次迭代中发生的变化。成功！一切正常！

我们一次性就把 bug 修复好了，也就不需要重复第(1)步至第(3)步了。不过事情不会总是这么简单，有时候我们需要重复好几次才能成功修复一个 bug。

6.2.5　寻找 bug 的其他方法

调试器用起来可能并不方便，也很费时间。但如果想找到代码中的 bug，它确实是最可靠的方法。不过调试器也不是随处可用，在资源有限的系统（比如小型物联网设备）中并没有内置的调试器。

在这种情况下，我们可以用 **print 调试**来寻找 bug。print 调试就是在运行程序的控制台中用

print()输出各种调试信息，例如在程序运行到特定位置时变量的状态。

以上一节中的程序为例，我们可以不用调试窗口调试程序，直接在 add_underscores()的 for 循环最后加上这样一行代码：

```
print(f"i = {i}; new_word = {new_word}")
```

修改后的程序就成了这样：

```
def add_underscores(word):
    new_word = "_"
    for i in range(len(word)):
        new_word = word[i] + "_"
        print(f"i = {i}; new_word = {new_word}")
    return new_word

phrase = "hello"
print(add_underscores(phrase))
```

运行文件时，交互式窗口中会显示如下内容：

```
i = 0; new_word = h_
i = 1; new_word = e_
i = 2; new_word = l_
i = 3; new_word = l_
i = 4; new_word = o_
o_
```

print()输出的内容展示了 new_word 在每次循环中的取值情况。最后一行是程序结尾处 print(add_underscores(phrase))的输出结果。

通过观察上面输出的内容，你也可以得出使用调试窗口得到的结论。问题就出在 new_word 的值在每次循环中都会被覆盖。

print 调试确实有用，但是和调试器相比它有一些缺点。比如，你每次都必须运行整个程序才能检查变量的值。和设置断点相比这实在是浪费了不少时间，并且在完成调试之后，你还要记得把代码里的 print()全部删掉。

以上例子很好地展示了调试的流程，但这段代码本身并不是那么 Pythonic。在循环中用到的索引 i 暗示了代码还有改进的余地。

直接迭代 word 中的各个字符便是一种改进方案。我们可以这样做：

```
def add_underscores(word):
    new_word = "_"
    for letter in word:
        new_word = new_word + letter + "_"
    return new_word
```

让现有的代码更整洁、更易读、更易懂、更符合团队制定的标准，这个过程称为**重构**（refactor）。我们不会在本书中讲太多和重构有关的知识，但它是编写专业级代码绕不开的过程。

6.3　总结和更多学习资源

在本章中，我们学习了 IDLE 调试窗口的相关知识，了解了如何在其中检查变量的值，如何设置断点，如何使用 Step、Go、Over、Out 这四个按钮。

通过调试一个存在问题的函数，我们对查杀 bug 的四步走方法论进行了实践。

(1) 先猜测一下哪段代码有 bug。
(2) 设置断点，检查代码。
(3) 确定错误，尝试修复。
(4) 重复第(1)步至第(3)步，直到错误被修复。

调试既是一门科学，也是一门艺术。要想掌握这门技能，唯手熟尔！

在阅读本书后面的内容时，你可以一边完成练习和挑战，一边打开调试窗口进行调试，这也是一种提升调试技能的方法。

交互式小测验

本章配有免费在线小测验，以便你检查学习进度。你可以在手机或电脑上通过下面的网址访问小测验：

realpython.com/quizzes/pybasics-debugging

更多学习资源

若想进一步学习，可以看一下下面这些内容：

- “Python Debugging with pdb”（使用 pdb 调试 Python 代码，文章）
- “Python Debugging with pdb”（使用 pdb 调试 Python 代码，视频课程）

可以访问 realpython.com/python-basics/resources/获得更多进一步提升 Python 技能的学习资源。

第 7 章

条件逻辑与流程控制

到目前为止，我们看到的代码几乎都是**无条件的**。也就是说，这些代码不会选择性地执行，它们要么按照编写的顺序执行，要么按照函数调用的顺序执行，又或者在循环中重复执行。

在本章中，我们会学习如何使用**条件逻辑**来编写可以在不同条件下执行不同操作的程序。条件逻辑搭配上函数和循环之后，你就可以编写出能够应对不同情况的复杂程序。

在本章中，你将会学习如何：

- 比较两个或多个变量
- 编写 `if` 语句控制程序的流向
- 使用 `try` 和 `except` 处理错误
- 利用条件逻辑创建简单的模拟程序

我们开始吧！

7.1 值的比较

条件逻辑建立在**条件表达式**之上，程序会根据条件表达式的真假来执行不同的操作。这并非计算机特有的能力，人类一直都在使用条件逻辑作出决定。

举例来说，在美国可以购买酒精饮料的最低法定年龄是 21 岁。“如果你年满 21 岁，那么你就可以买一瓶啤酒”——这句话就是条件逻辑的例子。其中“如果你年满 21 岁”这个分句就是一个条件句，它提出了一个条件：你的年龄在 21 岁及以上——这个命题可能为真，也可能为假。

在计算机编程中，条件通常以比较两个值的形式出现。比如判断一个值是否比另一个大、判断两者是否相等。在进行这类比较时，我们会用到一系列被称为**布尔值比较运算符**（Boolean comparator）的标准符号，其中的大部分符号你可能已经比较熟悉了。

表 7-1 给出了所有的布尔值比较运算符。

表 7-1

布尔值比较运算符	示　例	含　义
`>`	`a > b`	a 大于 b
`<`	`a < b`	a 小于 b
`>=`	`a >= b`	a 大于等于 b
`<=`	`a <= b`	a 小于等于 b
`!=`	`a != b`	a 不等于 b
`==`	`a == b`	a 等于 b

布尔（Boolean）一词源于英国数学家乔治·布尔（George Boole）的姓氏。他的工作为现代计算技术建立了坚实的基础。为了纪念布尔，条件逻辑有时也称**布尔逻辑**（Boolean logic），而条件语句有时也称**布尔表达式**（Boolean expression）。

Python 中也有一个叫作**布尔值**的基本数据类型，简称 `bool`。这个类型只有两个值，一个布尔类型的对象同一时间只能取其中一个值。在 Python 中，这两个值按照惯例被称为 `True` 和 `False`：

```
>>> type(True)
<class 'bool'>

>>> type(False)
<class 'bool'>
```

要注意，`True` 和 `False` 的第一个字母都是大写。

条件表达式的求值结果均为布尔值：

```
>>> 1 == 1
True

>>> 3 > 5
False
```

在第一个例子中，由于 1 等于 1，因此 `1 == 1` 的结果为 `True`；第二个例子中，3 比 5 小，因此结果为 `False`。

重点

人们在编写条件表达式判断两个值是否相等时很容易犯一个错误，那就是把赋值运算符`=`当成逻辑运算符`==`使用。

好在 Python 会在发现此类错误时抛出 `SyntaxError` 错误，你在运行程序之前就能知道犯了这样的错误。

把布尔值比较运算符看作在问关于两个值的问题会有助于理解。`a == b` 在问 `a` 和 `b` 的值是否相同；`a != b`在问`a`和`b`的值是否不同。

条件表达式并不局限于比较数字，也可以比较字符串：

```
>>> "a" == "a"
True

>>> "a" == "b"
False

>>> "a" < "b"
True

>>> "a" > "b"
False
```

最后两个例子看起来可能有点儿莫名其妙，两个字符串怎么能比较大小呢？

对于数字来说，比较运算符`<`和`>`表示的确实是小于和大于的概念。但一般来说，这两个符号表达的是“顺序”的概念。因此`"a" < "b"`实际上是在检查字符串`"a"`是不是在`"b"`前面。问题是字符串的顺序又是怎么确定的呢？

在 Python 中，字符串按照**字典顺序**（lexicographically）排序，也就是说，按照在字典中出现的顺序排序。你可以把`"a" < "b"`想象成在问字母 a 是不是在字典里比 b 先出现。

在涉及两个及以上字符时，Python 会按字典顺序逐个比较字符串中的字符：

```
>>> "apple" < "astronaut"
True

>>> "beauty" > "truth"
False
```

然而字符串可以包含英文字母以外的字符，这种排序方法还需要扩展到其他字符。每个字符都在 Unicode 中有一个对应的数字，这个数字被称为**Unicode 码位**（Unicode code point）。Python 在比较两个字符时，实际上是将它们先转换为对应的码位，再进行比较。

我们在这里不会详细介绍 Unicode 码位的工作方式。实际上`<`和`>`两个运算符更多地还是用在数字上，而不是字符串上。

巩固练习

你可以在 realpython.com/python-basics/resources/上找到练习的答案以及其他各种资源。

(1) 猜测下面的条件表达式的值为`True`还是`False`，然后把它们输入交互式窗口验证答案：

- ❑ `1 <= 1`

- `1 != 1`
- `1 != 2`
- `"good" != "bad"`
- `"good" != "Good"`
- `123 == "123"`

(2) 在下面这些表达式中的空格（用__表示）里填上合适的布尔值比较运算符，使得表达式的值为 `True`：

- `3 __ 4`
- `10 __ 5`
- `"jack" __ "jill"`
- `42 __ "42"`

7.2　来点儿逻辑

除了布尔值比较运算符，Python 还有**逻辑运算符**（logical operator）。`and`、`or`、`not` 这 3 个特殊的关键字可以用来组合布尔表达式。

我们用逻辑运算符来构造复合逻辑表达式。在大部分时候，这些运算符的意思和它们在英语里的意思一样，只不过 Python 对它们的用法有更细致的规定。

7.2.1　and 关键字

考虑如下两个命题：

(1) 猫有四条腿；
(2) 猫有尾巴。

一般来说，这两个命题都是真命题。

我们用“且”将两句话连起来：“猫有四条腿且有尾巴”——这句话也是真命题。如果取两个命题的否命题，那么“猫没有四条腿且没有尾巴”就是假命题。

如果把真命题和假命题组合在一起，那么结果也是假命题。“猫有四条腿且没有尾巴”和“猫没有四条腿且有尾巴”都是假命题。

用逻辑和数学语言来说，当两个命题相“与”时，当且仅当 P 和 Q 均为真时，复合命题“P 与 Q”的**真值**（truth value）才为真。

Python 中的 `and` 运算符的作用正是如此。下面是用 `and` 组合命题的例子：

```
>>> 1 < 2 and 3 < 4 # 两者均为真
True
```

两命题均为 True，因此复合命题也为 True。

```
>>> 2 < 1 and 4 < 3 # 两者均为假
False
```

两命题均为 False，因此复合命题也为 False。

```
>>> 1 < 2 and 4 < 3 # 第二个命题为假
False
```

1 < 2 为 True，但 4 < 3 为 False，因此结果为 False。

```
>>> 2 < 1 and 3 < 4 # 第二个命题为假
False
```

2 < 1 为 False，但 3 < 4 为 True，因此结果为 False。

表 7-2 总结了 and 运算符的运算规则。

表 7-2

使用 and 的组合	结　果
True and True	True
True and False	False
False and True	False
False and False	False

我们可以在交互式窗口中验证这些规则：

```
>>> True and True
True

>>> True and False
False

>>> False and True
False

>>> False and False
False
```

7.2.2 or 关键字

我们会在日常对话中使用的“或”，有些时候其实表达的是排他性的或，或者说**异或**（exclusive or）的含义。也就是说，给出的两个命题只有一个为真。

比如“我留下或者离开都行”用的就是排他性的或。我并不能既留下又离开，只能在两者间选一个。

不过在 Python 中，or 关键字是**包容性的**（inclusive）。也就是说，若 *P* 和 *Q* 为两个命题，当下列命题中任意一个为真时，“*P* 或 *Q*”为真。

(1) *P* 为真。
(2) *Q* 为真。
(3) *P* 和 *Q* 均为真。

我们来看一些比较数字的例子：

```
>>> 1 < 2 or 3 < 4 # 两者均为真
True

>>> 2 < 1 or 4 < 3 # 两者均为假
False

>>> 1 < 2 or 4 < 3 # 第二个命题为假
True

>>> 2 < 1 or 3 < 4 # 第一个命题为假
True
```

要注意到，当复合命题中的任何一个命题为 True 时（即使另一个为 False），结果始终为 True。

表 7-3 总结了 Python 的 or 关键字可能产生的组合。

表　7-3

使用 or 的组合	结　果
True or True	True
True or False	True
False or True	True
False or False	False

你同样可以在交互式窗口中验证表 7-3：

```
>>> True or True
True

>>> True or False
True

>>> False or True
True

>>> False or False
False
```

7.2.3 not 关键字

not 关键字会对单个表达式的真值取反，如表 7-4 所示。

表 7-4

not 的用法	结 果
not True	False
not False	True

可以在交互式窗口中验证表 7-4：

```
>>> not True
False

>>> not False
True
```

关于 not 有一点需要注意。not 在和比较运算符==一起用的时候，结果可能和你想的并不一样。

比如 not True == False 返回的是 True，但 False == not True 只会返回一个错误：

```
>>> not True == False
True

>>> False == not True
  File "<stdin>", line 1
    False == not True
               ^
SyntaxError: invalid syntax
```

就像算术运算符在做算术时有先后顺序一样，Python 也会按照运算符优先级来转换逻辑运算符，当它遇到不能理解的表达式时，自然就引发了语法错误。

表 7-5 将逻辑运算符和布尔运算符按优先级从高到低的顺序列了出来，同一行中的运算符优先级相同。

表 7-5

运算符的优先级（从高到低）
<, <=, ==, >=, >
not
and
or

现在我们回过头来看 False == not True 这个表达式。由于 not 的优先级比==低，因此 Python 会试图对 False == not 进行求值，这在语法上是有问题的。

我们可以给 not True 加上括号来避免 SyntaxError 的发生：

```
>>> False == (not True)
True
```

在复合表达式中，使用括号为表达式分组能够更明确地指出某个运算符属于哪一个表达式。就算括号是可加可不加的，我们也可以用它来提高复合表达式的可读性。

7.2.4　构造更为复杂的表达式

我们可以把 and、or、not 和 True、False 结合在一起构造更为复杂的表达式，例如：

```
True and not (1 != 1)
```

你认为这个表达式的值是什么？

为了找到答案，我们先从表达式的右边开始一步步分析。首先，1 肯定等于 1，因此 1 != 1 的结果为 False。那么我们可以把这个表达式化简成这样：

```
True and not (False)
```

这里的 not (False)和 not False 是等价的，因此结果为 True。我们可以再次化简得到：

```
True and True
```

最终 True and True 的结果为 True。经过这样几个步骤，我们就知道了 True and not (1 != 1) 的结果为 True。

在分析比较复杂的表达式时，最好的办法就是从最复杂的部分开始看，然后一步步外推。

举个例子，试着求出这个表达式的值：

```
("A" != "A") or not (2 >= 3)
```

我们先看写在括号里的两个表达式。"A"肯定和自己相等，因此"A" != "A"的值为 False。2 比 3 小，2 >= 3 也是 False。这样我们就得到了一个化简之后的等价表达式：

```
(False) or not (False)
```

not 的优先级比 or 高，因此上面的表达式等价于：

```
False or (not False)
```

not False 就是 True，我们还可以进一步化简：

```
False or True
```

最终我们就得到了这样一个表达式。由于涉及 or 的表达式只要两边任意一个为 True 结果就为 True，因此我们得出结论：("A" != "A") or not (2 >= 3)的结果为 True。

在复合条件语句中，使用括号对表达式进行分组能够提高代码可读性。有时候为了得到期望的结果，我们必须加上括号。

来看下面这个例子。大部分人看一眼之后会认为结果应该为 True，但实际上正确答案是 False：

```
>>> True and False == True and False
False
```

由于==运算符的优先级比 and 高，因此 Python 会把它当成 True and (False == True) and False 来看。由于 False == True 的结果为 False，因此整个表达式等价于 True and False and False，结果也就为 False。

如果像这样加上括号，那么我们就会得到 True：

```
>>> (True and False) == (True and False)
True
```

一开始遇到逻辑运算符和布尔值比较运算符时可能会有点儿弄不清楚，如果你觉得本节内容读起来不太顺畅，也不需要担心。

只要稍作练习，你就能够厘清它们的关系，慢慢地也就可以随心所欲地编写自己的复合条件语句。

7.2.5　巩固练习

你可以在 realpython.com/python-basics/resources/上找到练习的答案以及其他各种资源。

(1) 试求出以下表达式的结果（True 还是 False），输入交互式窗口中验证你的答案：

- ❑ (1 <= 1) and (1 != 1)
- ❑ not (1 != 2)
- ❑ ("good" != "bad") or False
- ❑ ("good" != "Good") and not (1 == 1)

(2) 为下面的表达式添加合适的括号使得其值为 True：

- ❑ False == not True
- ❑ True and False == True and False
- ❑ not True and "A" == "B"

7.3　控制程序的流向

现在我们已经知道如何使用布尔值比较运算符来比较两个值，也知道了如何用逻辑运算符来构造更为复杂的条件语句。接下来我们可以利用这些知识，让代码能够在不同的条件下执行不同的操作。

7.3.1　if 语句

if 语句会让 Python 仅在某个条件得到满足的情况下执行一段代码。

比如下面的 if 语句会在条件 2 + 2 == 4 为 True 时输出 2 and 2 is 4：

```
if 2 + 2 == 4:
    print("2 and 2 is 4")
```

我们可以把这段代码读作“如果 2 加 2 等于 4，那么就输出‘2 加 2 等于 4’”。

和 while 循环一样，if 语句也由三部分组成：

(1) if 关键字
(2) 以冒号结尾的测试条件
(3) 当条件为 True 时执行的缩进代码块

在上面的例子中，测试条件为 2 + 2 == 4。这个表达式的值为 True，因此执行 if 语句时 IDLE 会显示 2 加 2 等于 4。

如果测试条件为 False（比如 2 + 2 == 5），那么 Python 就会跳过下面的缩进代码块，转而执行后面没有缩进的代码。

下面例子中的 if 语句就不会输出任何内容：

```
if 2 + 2 == 5:
    print("Is this the mirror universe?")
```

要是哪个宇宙中 2 + 2 == 5 为 True，那可真是奇了怪了！

注意

如果没有在 if 语句的条件后面加上冒号（:），会引发 SyntaxError：

```
>>> if 2 + 2 == 4
SyntaxError: invalid syntax
```

if 语句的缩进代码块执行完毕之后，Python 就会接着执行程序中其余的代码。

考虑如下代码：

```
grade = 95

if grade >= 70:
    print("You passed the class!")

print("Thank you for attending.")
```

输出内容是这样的：

```
You passed the class!
Thank you for attending.
```

grade 是 95，因此测试条件 grade >= 70 为 True，于是程序输出了字符串"You passed the class!"。之后 Python 会执行剩余的代码，输出字符串"Thank you for attending."。

如果你把 grade 的值改为 40，输出内容就变成了这样：

```
Thank you for attending.
```

print("Thank you for attending.")并不在 if 语句的代码块中，因此无论 grade 是不是大于等于 70，这一行都会执行。

挂科的学生如果只看到一句"Thank you for attending."，并不会知道他们挂科了，因此我们再加一句 if 语句告诉他们：

```
grade = 40

if grade >= 70:
    print("You passed the class!")

if grade < 70:
    print("You did not pass the class :(")

print("Thank you for attending.")
```

输出内容是这样的：

```
You did not pass the class :(
Thank you for attending.
```

我们在说话的时候会用“否则”来表达事情的另一种情况。比如“如果你的成绩在 70 分以上就通过了，否则这门课就挂了。”

在 Python 中正好有一个用来表达“否则”的关键字。

7.3.2　else 关键字

else 关键字用在 if 语句的后面。当 if 语句的条件为 False 时，Python 就会执行 else 代码块中的代码。

下面的代码利用 else 将前面显示学生课程通过情况的例子进行了简化：

```
grade = 40

if grade >= 70:
    print("You passed the class!")
else:
    print("You did not pass the class :(")

print("Thank you for attending.")
```

这段 if 语句和 else 语句可以读作"如果成绩不低于 70 分，就输出 You passed the class!，否则输出 You did not pass the class :("。

要注意的是，else 关键字后面也有一个冒号，但是并没有测试条件。只要 if 语句的测试条件没有满足，Python 就会执行 else 语句中的代码，因此 else 也就不需要条件。

重点

如果没有在 else 关键字后面加上冒号（:），会引发 SyntaxError：

```
>>> if 2 + 2 == 5:
...     print("Who broke my math?")
... else
SyntaxError: invalid syntax
```

上面的例子会输出如下内容：

```
You did not pass the class :(
Thank you for attending.
```

即使执行的是 else 后面缩进的代码块，输出"Thank you for attending."的这行代码依然会执行。

如果要测试的条件只有两种状态，那么 if 和 else 两个关键字就够用了。不过，有时候我们可能需要测试三个甚至更多条件，此时就需要用到 elif。

7.3.3　elif 关键字

elif 关键字是 else if 的缩写。我们可以把它放在 if 之后用来测试额外的条件。

elif 语句和 if 语句一样，也由三部分组成：

(1) elif 关键字

(2) 以冒号结尾的测试条件

(3) 测试条件为 True 时执行的缩进代码块

重点

如果没有在 elif 关键字后面加上冒号（:），会引发 SyntaxError:

```
>>> if 2 + 2 == 5:
...     print("Who broke my math?")
... elif 2 + 2 == 4
SyntaxError: invalid syntax
```

下面的程序同时用到了 if、elif、else 三个关键字来输出学生获得的成绩：

```
grade = 85  # 1

if grade >= 90:  # 2
    print("You passed the class with an A.")
elif grade >= 80:  # 3
    print("You passed the class with a B.")
elif grade >= 70:  # 4
    print("You passed the class with a C.")
else:  # 5
    print("You did not pass the class :(")

print("Thanks for attending.")  # 6
```

当 grade 为 85 时，grade >= 80 和 grade >= 70 都为 True。这时你可能会认为标上# 3 和# 4 的两个 elif 块都会执行。

但实际上只有第一个测试条件为 True 的代码块会执行，其余的 elif 和 else 都直接跳过了。程序最终会输出如下内容：

```
You passed the class with a B.
Thanks for attending.
```

我们来一步步地分析这段代码。

(1) 在# 1 处的代码中为 grade 赋值 85。

(2) grade >= 90 为 False，跳过# 2 处的 if 语句。

(3) grade >= 80 为 True，因此执行# 3 处的 elif 语句，输出"You passed the class with a B."。

(4) 由于# 3 处的 elif 的条件已得到满足，因此跳过# 4 处的 elif 和# 5 处的 else 语句。

(5) 最后执行# 6 处的代码，输出"Thanks for attending."。

if、elif、else 是 Python 中非常常用的三个关键字。我们可以利用它们编写出能够在不同情况下做出不同反应的程序。

我们利用 if 语句表达条件逻辑进而解决更复杂的问题。if 语句同样可以相互嵌套，再复杂的逻辑也不在话下。

7.3.4 嵌套 if 语句

和 for、while 循环一样，if 语句也可以相互嵌套。环环相扣的 if 语句可以构造出极为复杂的决策结构。

考虑这样一个场景。两个人在进行一项一对一的运动。你需要根据两名选手的得分和具体的运动项目来判断他们的输赢。

- 如果两名选手打的是篮球，那么分数最高的获胜。
- 如果两名选手打的是高尔夫球，那么分数最低的获胜。
- 在上述两项运动中，如果两名选手分数相等，那么比赛平局。

下面的程序利用嵌套 if 语句反映了上面的各种情况：

```
sport = input("Enter a sport: ")
p1_score = int(input("Enter player 1 score: "))
p2_score = int(input("Enter player 2 score: "))

# 1
if sport.lower() == "basketball":
    if p1_score == p2_score:
        print("The game is a draw.")
    elif p1_score > p2_score:
        print("Player 1 wins.")
    else:
        print("Player 2 wins.")
# 2
elif sport.lower() == "golf":
    if p1_score == p2_score:
        print("The game is a draw.")
    elif p1_score < p2_score:
         print("Player 1 wins.")
    else:
        print("Player 2 wins.")
# 3
else:
    print("Unknown sport")
```

程序首先请求用户输入具体的项目和两名选手的得分。

当 sport 为"basketball"时，程序执行# 1 处的 if 语句。.lower()方法可以确保即使用户输入的是"Basketball"或者"BasketBall"，也能得到同样的结果。

如果两名选手的得分相同，则比赛平局，否则得分高者赢得比赛。

当 sport 为"golf"时，程序执行# 2 处的 if 语句。如果两名选手的得分相同，则比赛平局，否则得分低者赢得比赛。

当 sport 为"basketball"和"golf"以外的值时，显示"Unknown sport"。

这个程序会根据不同的输入输出不同的内容。输入的运动项目为"basketball"时，程序会输出如下内容：

```
Enter a sport: basketball
Player 1 score: 75
Player 2 score: 64
Player 1 wins.
```

当项目变成"golf"且两名选手得分相同时，输出如下内容：

```
Enter a sport: golf
Player 1 score: 75
Player 2 score: 64
Player 2 wins.
```

当用户输入了"basketball"和"golf"以外的值时，显示"Unknown sport"。

这个程序总共可以处理 7 种情况，如表 7-6 所示。

表 7-6

运动项目	得分情况
"basketball"	p1_score == p2_score
"basketball"	p1_score > p2_score
"basketball"	p1_score < p2_score
"golf"	p1_score == p2_score
"golf"	p1_score > p2_score
"golf"	p1_score < p2_score
其他	任意

嵌套的 if 语句可以为代码提供多种可能的**执行路径**。随着嵌套深度的增加，代码的分支数量也会快速增长。

> **注意**
>
> 嵌套过深的 if 语句会提高程序的复杂度，我们将会难以预测程序在给定条件下会做出什么样的反应。
>
> 因此通常不鼓励过度嵌套 if 语句。

现在我们来看如何消除前面的程序中的嵌套 if 语句，以达到简化代码的效果。

首先，不管是什么项目，只要 p1_score 等于 p2_score，比赛就是平局。因此，我们可以把检查分数是否相等的代码移到 if 外面来，不让它嵌套在另一个 if 中：

```
if p1_score == p2_score:
    print("The game is a draw.")

elif sport.lower() == "basketball":
    if p1_score > p2_score:
        print("Player 1 wins.")
    else:
        print("Player 2 wins.")

elif sport.lower() == "golf":
    if p1_score < p2_score:
        print("Player 1 wins.")
    else:
        print("Player 2 wins.")

else:
    print("Unknown sport.")
```

现在这个程序只涉及 6 种情况了。

我们还有很多不同的方法来简化这个程序，你能想出一种吗？

这里给出其中一种方法。1 号选手只要满足下面两个条件中的任意一个就算赢得比赛。

(1) sport 为"basketball"且 p1_score 大于 p2_score。

(2) sport 为"golf"且 p1_score 小于 p2_score。

我们可以用复合条件表达式来描述：

```
sport = sport.lower()
p1_wins_bball = (sport == "basketball") and (p1_score > p2_score)
p1_wins_golf = (sport == "golf") and (p1_score < p2_score)
p1_wins = player1_wins_basketball or player1_wins_golf
```

这段代码略显复杂，我们一步步分析。

首先将 sport 转换成小写并重新赋值，这样我们就用不着在比较字符串时担心大小写问题。

接下来的一行代码看起来可能有点儿奇怪。赋值运算符（=）后面是一个用到了相等性比较运算符（==）的表达式。这行代码会把这个复合逻辑表达式的值赋给变量 p1_wins_bball：

```
(sport == "basketball") and (p1_score > p2_score)
```

如果 sport 是"basketball"且 p1_score 大于 p2_score，那么 p1_wins_bball 就为 True。

接下来会对变量 p1_wins_golf 执行类似的操作。如果 sport 是"golf"且 p1_score 小于 p2_score，那么 p1_wins_golf 就为 True。

如果 1 号选手赢得了这场高尔夫球或者篮球比赛，p1_wins 最终会变成 True，否则为 False。

上面的表达式将会让我们的代码大幅简化：

```
sport = sport.lower()
if p1_score == p2_score:
    print("The game is a draw.")
elif (sport == "basketball") or (sport == "golf"):
    p1_wins_bball = (sport == "basketball") and (p1_score > p2_score)
    p1_wins_golf = (sport == "golf") and (p1_score < p2_score)
    p1_wins = p1_wins_bball or p1_wins_golf
    if p1_wins:
        print("Player 1 wins.")
    else:
        print("Player 2 wins.")
else:
    print("Unknown sport")
```

改良后的程序只涉及 4 种情况，代码也更容易理解了。

嵌套 `if` 语句在有些时候是必要的，但如果写出了大量的嵌套 `if` 语句，你就应该停下来思考一下怎么去简化它们。

7.3.5 巩固练习

你可以在 realpython.com/python-basics/resources/上找到练习的答案以及其他各种资源。

(1) 编写程序：使用 `input()`提示用户输入一个单词，将单词的长度和 5 做比较，根据单词长度的情况输出不同的内容：

- "你输入的单词少于 5 个字符"
- "你输入的单词多于 5 个字符"
- "你输入的单词长度为 5 个字符"

(2) 编写程序：首先输出提示"我脑子里有一个大于 1、小于 10 的数，猜猜是几。"，然后使用 `input()`获得用户输入。如果用户输入了 3，则程序应当显示"你赢了！"。当用户输入了其他内容时，程序应当显示"你输了。"。

7.4 挑战：求因数

正整数 n 的因数指的是任何小于等于 n 且能够整除 n 的正整数。

比如 12 除以 3 得 4，3 就是 12 的一个因数。而 12 除以 5 得 2 余 2，因此 5 就不是 12 的因数。

编写一个叫作 `factors.py` 的程序。该程序会请求用户输入一个正整数，然后输出该数字的所有因数。程序运行时应当输出这样的内容：

```
Enter a positive integer: 12
1 is a factor of 12
2 is a factor of 12
3 is a factor of 12
4 is a factor of 12
6 is a factor of 12
12 is a factor of 12
```

提示：回忆一下第4章中的内容，我们可以用%运算符获得除法运算的余数。

你可以在 realpython.com/python-basics/resources/上找到这个挑战的答案以及其他各种资源。

7.5　跳出模式

我们在第5章中学习了如何使用 for 循环和 while 循环重复执行代码块。在执行重复性任务、以同样的方式处理多个输入时，循环大有作为。

在本节中，我们会学习如何在 for 循环中编写 if 语句，以及 break 和 continue 这两个关键字的用法——它们能让我们更精细地控制循环的执行过程。

7.5.1　if 语句与 for 循环

for 循环的代码块和其他代码块一样，你完全可以把 if 语句嵌套在 for 循环中。

在下面的例子中，我们在 for 循环中嵌套了一个 if 语句，计算并显示出了100以下的偶数之和：

```
sum_of_evens = 0

for n in range(101):
    if n % 2 == 0:
        sum_of_evens = sum_of_evens + n

print(sum_of_evens)
```

首先，sum_of_evens 被初始化为0。程序随后会在0到100上执行循环，把所有偶数加到 sum_of_evens 上。sum_of_evens 的最终结果为2550。

7.5.2　break

break 关键字会让 Python 跳出循环。也就是说，此时循环完全停止，Python 会转而执行循环后面的代码。

下面例子中的循环会在0到3上进行，但是它会在碰到2时立即终止：

```
for n in range(4):
    if n == 2:
        break
    print(n)

print(f"Finished with n = {n}")
```

程序最后只会输出前两个数：

```
0
1
Finished with n = 2
```

7.5.3 continue

continue 关键字可以跳过循环主体中的剩余代码并立即进入下一次迭代。

以下面的代码为例，这里的循环会在 0 到 3 上进行。在循环的过程中会输出一个个数字，但是 2 会被跳过：

```
for i in range(4):
    if i == 2:
        continue
    print(i)

print(f"Finished with i = {i}")
```

除 2 以外的所有数字都会出现在输出内容中：

```
0
1
3
Finished with i = 3
```

注意

我们始终应该为变量取一些简短但易于理解的名字。一个好的名字便于我们了解变量表示的是什么样的值。

但 i、j、k、n 这几个字母是例外，它们在编程中太常见了。

在循环中常常需要一个一次性的变量来为我们计数，这个时候这些字母当仁不让。

总而言之，break 关键字能够在满足某个条件的情况下终止循环；continue 关键字会在满足某个条件的情况下跳过此轮迭代的剩余代码。

7.5.4 for...else 循环

虽然不怎么常用，但是Python的循环可以带一个else分句。我们来看一个例子：

```
phrase = "it marks the spot"

for character in phrase:
    if character == "X":
        break
else:
    print("There was no 'X' in the phrase")
```

例子中的for循环会在"it marks the spot"的一个个字符上进行，当发现字母"X"时便会停止。运行这段代码之后，你会看到控制台中输出了"There was no 'X' in the phrase"。

现在把phrase改成"X marks the spot"，再次运行之后却看不到任何输出内容了。怎么回事？

只有在for循环没有遇到break语句的情况下else代码块中的代码才会执行。

因此当phrase = "it marks the spot"时，这个句子里面并没有X，所以也就不会执行到break这一行。最终程序会执行else代码块，输出"There was no 'X' in the phrase"。

而当phrase = "X marks the spot"时，程序会执行break语句，因此else代码块不会执行，也就不会输出任何内容。

下面这个例子给了用户三次输入密码的机会：

```
for n in range(3):
    password = input("Password: ")
    if password == "I<3Bieber":
        break
    print("Password is incorrect.")
else:
    print("Suspicious activity. The authorities have been alerted.")
```

这个例子中的循环会在0到2上进行，在每次迭代中都会提示用户输入密码。如果输入的密码正确，就借助break离开循环；否则就告诉用户密码错误，再试一次。

如果三次输入密码出错，for循环就会直接终止，而不是执行有break的代码块。紧接着程序会执行else代码块，警告用户密码错误并且有关部门已经注意到此事。

注意

本节我们重点关注for循环，因为它是最常用的一类循环。

不过这里讲的内容也适用于while循环。我们也可以在while中使用break和continue，还可以在while循环后面加上一个else分句。

在循环内部使用条件逻辑让我们能够控制代码的执行。我们可以用 `break` 关键字终止循环、用 `continue` 跳过本次迭代，甚至可以让部分代码只在循环没有碰到 `break` 时才执行。

这些都是你值得拥有的强大工具。

7.5.5 巩固练习

你可以在 realpython.com/python-basics/resources/上找到练习的答案以及其他各种资源。

(1) 使用 `break` 编写程序：不断地请求用户输入内容，只有在用户输入了`"q"`或`"Q"`时才退出。

(2) 使用 `continue` 编写程序：该程序在 1 到 50 上循环，输出所有不是 3 的倍数的数字。

7.6 从错误中恢复

在代码中遇到错误可能不好受，但这是非常正常的事，最厉害的程序员也不例外。

程序员通常把运行时错误称为**异常**（exception）。所以在你遇到错误的时候要为自己鼓鼓掌，毕竟你的代码做了些不得了的事。[①]

为了构建更健壮的程序，我们要能够处理各种各样的错误。这些错误可能来自非法的用户输入，也可能来自其他无法预测的来源。在本节中我们将会学习如何处理错误。

7.6.1 异常动物园

遇到异常时，我们需要知道出现了什么样的问题。Python 有一些描述各种错误的内置异常类型。

在本书前面的章节中，我们已经见到了一些错误类型。这里我们进行一个汇总，并且补充几个新的类型。

1. `ValueError`

当某项操作遇到了非法的值时，便会发生 `ValueError`（值错误）。比如试图将字符串`"not a number"`转换为整数就会造成 `ValueError`：

```
>>> int("not a number")
Traceback (most recent call last):
  File "<pyshell#1>", line 1, in <module>
    int("not a number")
ValueError: invalid literal for int() with base 10: 'not a number'
```

① 原文为 You've just made the code do something exceptional。由 exception 派生的形容词 exceptional 也有正面的意思，可作杰出之意。——译者注

最后一行显示了异常的名称及其描述信息。这是 Python 异常的通用格式。

2. TypeError

当某项操作应用到了错误的类型上，便会发生 TypeError（类型错误）。比如试图将字符串和整数相加就会造成 TypeError：

```
>>> "1" + 2
Traceback (most recent call last):
  File "<pyshell#1>", line 1, in <module>
    "1" + 2
TypeError: can only concatenate str (not "int") to str
```

3. NameError

试图使用一个没有定义的变量会引发 NameError（名称错误）：

```
>>> print(does_not_exist)
Traceback (most recent call last):
  File "<pyshell#3>", line 1, in <module>
    print(does_not_exist)
NameError: name 'does_not_exist' is not defined
```

4. ZeroDivisionError

当 0 在除法运算中作除数时会发生 ZeroDivisionError（除以 0 错误）：

```
>>> 1 / 0
Traceback (most recent call last):
  File "<pyshell#4>", line 1, in <module>
    1/0
ZeroDivisionError: division by zero
```

5. OverflowError

当算术运算的结果过大时，会发生 OverflowError（上溢错误）。比如求 2.0 的 1_000_000 次幂就会得到 OverflowError：

```
>>> pow(2.0, 1_000_000)
Traceback (most recent call last):
  File "<pyshell#6>", line 1, in <module>
    pow(2.0, 1_000_000)
OverflowError: (34, 'Result too large')
```

你可能还记得我们在第 4 章中提到 Python 整数的精度是没有限制的。也就是说，OverflowError 只会发生在浮点数上。求整数 2 的 1_000_000 次幂并不会引发 OverflowError。

在官方文档中可以看到 Python 所有的内置异常类型。

7.6.2 try 和 except 关键字

有些时候我们可以预料到可能会发生的异常。当错误真的发生时，我们可以选择捕获错误并处理，而不是任由程序崩溃。

比如我们可能需要用户输入一个整数，如果用户输入的是一个非整数的值——比如字符串"a"，那么就需要告诉他输入了一个非法的值。

我们可以用 try 和 except 关键字来防止程序崩溃。来看这样一个例子：

```
try:
    number = int(input("Enter an integer: "))
except ValueError:
    print("That was not an integer")
```

try 关键字和冒号标志着一个 try 代码块的开始。Python 会尝试执行 try 后面的缩进代码块。在本例中，我们在 try 代码块中要求用户输入一个整数。由于 input()返回的是字符串，因此我们用 int()把它转换成整数之后再赋值给变量 number。

如果用户输入了一个非整数值，那么 int()就会引发 ValueError。当遇到这样的情况时，就会执行 except ValueError 后面的缩进代码。此时程序并不会崩溃，只会输出"That was not an integer"。

如果用户输入的是一个合法的整数值，那么 except ValueError 块就不会执行。

但如果发生了其他类型的异常（比如 TypeError），程序依然会崩溃。上面的代码只能处理 ValueError 这一种类型的异常。

为了处理多种类型的异常，我们可以把要处理的异常名称放在一对括号里并用逗号隔开：

```
def divide(num1, num2):
    try:
        print(num1 / num2)
    except (TypeError, ZeroDivisionError):
        print("encountered a problem")
```

在这个例子中，divide()以 num1 和 num2 为参数，输出 num1 除以 num2 的结果。

如果调用 divide()时其中一个参数为字符串，那么除法运算就会引发 TypeError。而当 num2 为 0 时，则会引发 ZeroDivisionError。

except (TypeError, ZeroDivisionError)这一行可以处理两种异常中的任意一种，任何一种异常发生时都会输出字符串"encountered a problem"。

很多时候我们应该分开处理不同的错误，这样才能为用户显示更有用的错误信息。为了做到这一点，我们可以在 try 代码块之后写上多个 except 代码块：

```
def divide(num1, num2):
    try:
        print(num1 / num2)
    except TypeError:
        print("Both arguments must be numbers")
    except ZeroDivisionError:
        print("num2 must not be 0")
```

在本例中，TypeError 和 ZeroDivisionError 会被单独处理。当出现问题时，我们就可以显示更明确的错误信息。

如果 num1 或 num2 不是数字，便会引发 TypeError，此时程序显示"Both arguments must be numbers"。如果 num2 为 0，则引发 ZeroDivisionError 并显示 num2 must not be 0。

7.6.3　空 except 分句

我们可以只写出 except 关键字而不指明异常类型：

```
try:
    # 在这里做了大量坏事
except:
    print("Something bad happened!")
```

只要在执行 try 块中的代码时发生了任何异常，Python 就会执行 except 块中的代码并显示"Something bad happened!"。

听起来这像是一种确保程序永不崩溃的良方，**但实际上这是千夫所指的做法！**

不推荐这样做的原因有很多，对于新手程序员来说，最重要的一点是因为捕获所有的异常会掩盖代码中的 bug。一旦发现不了那些 bug，你就会错误地认为自己的代码一切正常。

如果只捕获特定的异常，那么在发生意料之外的异常时 Python 就会输出堆栈信息和错误信息，进而帮助你调试代码。

7.6.4　巩固练习

你可以在 realpython.com/python-basics/resources/上找到练习的答案以及其他各种资源。

(1) 编写程序：反复请求用户输入整数。如果用户输入了整数以外的内容，程序应当捕获 ValueError 并输出"Try again."。

当用户输入了整数时，程序应当显示用户输入的整数并正常结束。

(2) 编写程序：该程序请求用户输入一个字符串和整数 *n*，然后显示字符串中位于索引 *n* 处的字符。

用户可能会输入整数以外的内容，也可能输入的索引超出了合理的范围。为了防止程序崩溃，应当用到前面讲到的错误处理技巧。程序输出的错误信息应当根据不同的错误类型而变化。

7.7　事件模拟和概率计算

在本节中，我们会把前面学到的循环和条件逻辑的知识运用到事件模拟和概率计算这两个实际问题上。

我们会进行一种名为**蒙特卡洛实验**的模拟。每个蒙特卡洛实验都由一个**试验**构成。所谓试验，指的是一个可以重复进行的过程，比如抛硬币。每次试验都有一个结果，对于抛硬币来说就是正面着地还是反面着地。为了计算产生某种结果的概率，我们会不断地重复试验。

为了实现这个模拟的过程，我们需要给代码增加一点儿随机性。

7.7.1　random 模块

Python 通过 random 模块提供了生成随机数的函数。所谓**模块**（module），就是一些相关联的代码集合。Python 的**标准库**就是一系列经过精心编排的模块集合。我们可以将这些模块**导入**（import）自己的代码中来解决各种问题。

在 IDLE 的交互式窗口中输入以下代码导入 random 模块：

```
>>> import random
```

现在我们就可以在代码中使用来自 random 模块的函数了。

> **注意**
>
> 我们会在第 10 章中学习更多关于模块和 import 语句的知识。

random 模块中的 randint()函数需要 a 和 b 两个整数参数。这个函数会返回一个大于等于 a 且小于等于 b 的随机整数。

举例来说，下面的代码会生成一个介于 1 到 10 之间的随机整数：

```
>>> random.randint(1, 10)
9
```

由于结果是随机的，因此你得到的输出可能并不是 9。再次测试同样的代码，你可能会得到一个不一样的数。

randint()位于 random 模块中，因此我们必须首先写 random，然后加上一个点（.），最后写出具体的函数名才能调用这个函数。

在使用randint()时，我们需要牢记它的两个参数a和b都必须是整数。它的输出可能是a，可能是b，也可能是a和b之间的任何数。举例来说，random.randint(0, 1)只会返回0或1。

还有一点值得一提，那就是randint()会等可能地返回a和b之间的数。以randint(1, 10)为例，返回1到10之间每一个数的概率都是10%。而对于randint(0, 1)来说，返回0的概率为50%。

7.7.2　质地均匀的硬币

我们来看如何用randint()模拟一枚质地均匀的硬币。所谓"质地均匀"，就是说在抛这样一枚硬币时，正反面朝上的可能性是相等的。

实验的一次试验就是抛一次硬币。试验结果不是正面就是反面，问题是抛了很多次硬币之后，正反面朝上次数的比例是多少？

现在来思考如何解决这个问题。我们需要分别记录正反面朝上的次数，一个计数器记正面，另一个记反面。每次试验分两步。

(1) 抛硬币。

(2) 如果正面朝上，就更新记录正面的计数器；如果反面朝上，就更新记录反面的计数器。

我们要进行多次试验。比如重复1000次的话，我们就可以在range(10_000)上进行for循环。

制订计划之后，我们就可以着手编写一个叫coin_flip()的函数。这个函数会随机返回字符串"head"或者"tail"。我们可以用0表示正面，1表示反面。

下面是coin_flip()函数的代码：

```
import random

def coin_flip():
    """随机返回'heads'或'tails'."""
    if random.randint(0, 1) == 0:
        return "heads"
    else:
        return "tails"
```

如果random.randint(0, 1)返回0，那么conin_flip()就返回"heads"；否则返回"tails"。

接下来我们可以写一个for循环抛1000次硬币并更新正反面计数器：

```
# 将两个计数器初始化为0
heads_tally = 0
tails_tally = 0
```

```
for trial in range(10_000):
    if coin_flip() == "heads":
        heads_tally = heads_tally + 1
    else:
        tails_tally = tails_tally + 1
```

首先创建 heads_tally 和 tails_tally 两个变量并将其初始化为整数 0。

然后让 for 循环调用 coin_flip() 1000 次。如果 coin_flip()返回的是"heads"，那么 heads_tally 加一；否则 tails_tally 加一。

最终我们就可以输出正反面朝上次数之比：

```
ratio = heads_tally / tails_tally
print(f"The ratio of heads to tails is {ratio}")
```

如果把上面的代码保存到文件运行几次，你会发现结果一般在.98 到 1.02 之间。如果把 for 循环中的 range(10_000)扩大——比如 range(50_000)——你会发现结果会离 1.0 更近。

这样的结果是合理的。由于硬币是质地均匀的，因此我们可以预料到在重复进行多次试验后，正反面朝上次数应该大致相等。

然而现实并非总是这么公平，一枚硬币的一面可能会比另一面更容易朝上。那我们如何模拟一枚质地不均匀的硬币呢？

7.7.3　质地不均匀的硬币

randint()会等可能地返回 0 或 1。如果 0 表示反面，1 表示正面，那么我们就需要一种方法来增加返回 0 或 1 的概率。

random()函数不需要参数，它会返回一个大于等于 0.0 且小于 1.0 的浮点数。返回每个可能的返回值的概率都是相等的。在概率论中，这种概率分布称为均匀分布。

也就是说，给定一个 0 和 1 之间的数 n，random()返回一个小于 n 的数的概率也为 n。举例来说，random()返回值小于.8 的概率就是 80%；返回值小于.25 的概率就是 25%。

基于这样的事实，我们就能够编写一个可以指定背面朝上概率的硬币模拟函数：

```
import random

def unfair_coin_flip(probability_of_tails):
    if random.random() < probability_of_tails:
        return "tails"
    else:
        return "heads"
```

以 `unfair_coin_flip(.7)`为例，它返回`"tails"`的概率为 70%。

现在我们用 `unfair_coin_flip()`改写之前的抛硬币实验，以此模拟一枚质地不均匀的硬币：

```
heads_tally = 0
tails_tally= 0

for trial in range(10_000):
    if unfair_coin_flip(.7) == "heads":
        heads_tally = heads_tally + 1
    else:
        tails_tally = tails_tally + 1

ratio = heads_tally / tails_tally
print(f"The ratio of heads to tails is {ratio}")
```

模拟几次之后你会发现，和之前的质地均匀硬币实验相比，质地不均匀硬币实验的正反面朝上次数之比从 1 降到了.43 左右。

至此，我们学习了 `random` 模块中的 `randint()`和 `random()`函数，了解了如何用条件逻辑与和循环来模拟抛硬币。很多学科会通过这样的模拟预测事件、测试计算机处理真实事件的能力。

`random` 模块提供了大量便于生成随机数和编写模拟程序的函数。可以在 Real Python 的“Generating Random Data in Python (Guide)”（在 Python 中生成随机数据）一文中了解更多相关知识。

7.7.4　巩固练习

你可以在 realpython.com/python-basics/resources/上找到练习的答案以及其他各种资源。

(1) 编写一个叫 `roll()`的函数。该函数利用 `randint()`模拟一个质地均匀的骰子，返回值为 1 到 6 之间的随机整数。

(2) 编写一个程序模拟掷 1 万次骰子，输出平均点数。

7.8　挑战：模拟抛硬币实验

假设我们要不断地抛硬币，直到正面朝上和反面朝上都至少发生了一次。也就是说，在抛完第一次之后，你要一直抛到另一面向上才能停下。

这个过程会产生硬币朝向的序列。比如你的一次实验结果可能是正、正、反这样一个序列。

那么平均需要抛多少次才能使这个序列同时包含正反面？

编写一个模拟程序，进行 1 万次试验，输出抛硬币次数的平均值。

你可以在 realpython.com/python-basics/resources/上找到这个挑战的答案以及其他各种资源。

7.9 挑战：模拟选举

借助 `random` 模块和一点儿条件逻辑的知识，我们可以模拟两名候选人的竞选情况。

假设有两名候选人——候选人 A 和候选人 B——正在 3 个投票区竞选市长。最近的投票结果显示候选人 A 在 3 个投票区的获胜概率如下。

- 1 区：87%的获胜率
- 2 区：65%的获胜率
- 3 区：17%的获胜率

编写一个程序模拟竞选 1 万次，输出候选人 A 获胜的百分比。

为简单起见，假设候选人赢得了至少两个区就算获胜。

你可以在 realpython.com/python-basics/resources/上找到这个挑战的答案以及其他各种资源。

7.10 总结和更多学习资源

在本章中，我们学习了有关条件语句和条件逻辑的知识，知道了`<`、`>`、`<=`、`>=`、`!=`、`==`等比较运算符的用法，学习了如何使用 `and`、`or`、`not` 构造复杂的条件语句。

随后我们学习了如何使用 `if` 语句控制程序的流向，如何用 `if...else` 和 `if...elif...else` 在程序中创建分支。此外，我们还学习了如何在 `if` 代码块中利用 `break` 和 `continue` 精准控制代码的执行方式。

然后我们学习了如何使用 `try...except` 处理可能在运行时发生的错误。这样的代码块能够从容地处理意料之外的突发事件，避免程序崩溃，保证用户满意。

最后我们把本章所学的知识进行了实际应用，利用 `random` 模块构建了一些简单的模拟程序。

交互式小测验

本章配有免费在线小测验，以便你检查学习进度。你可以在手机或电脑上通过下面的网址访问小测验：

realpython.com/quizzes/pybasics-conditional-logic/

更多学习资源

> 一位智慧超群的瓦肯人曾经说过：
> 逻辑是智慧的起点……而不是终点。
>
> ——史波克，《星际迷航》

可以通过下面这些资源进一步学习条件逻辑相关知识：

- "Operators and Exprssions in Python"（Python 中的运算符和表达式）
- "Conditional Statements in Python"（Python 中的条件语句）

可以访问 realpython.com/python-basics/resources/获得更多进一步提升 Python 技能的学习资源。

第 8 章

元组、列表、字典

到目前为止，我们已经用过了各种基本的数据类型，比如 `str`、`int`、`float`。在处理实际问题时，我们可以将简单的数据类型组合成更复杂的数据结构，这些结构能让问题更容易解决。

数据结构（data structure）是对数据集合的建模。由数字构成的列表、工作表中的行、数据库中的记录都是数据结构。要想写出的代码既精练又高效，关键就在于使用合适的数据结构对程序所操作的数据进行建模。

本章重点关注 Python 中的这三个内置数据结构：元组、列表、字典。

在本章中，你将会学习：

- 如何使用元组、列表、字典
- 什么是不可变性，为什么要关注它
- 如何选择合适的数据结构

我们开始吧！

8.1 元组：不可变序列

最简单的复合数据结构可能就是元素构成的序列。

序列（sequence）是值的有序列表。序列中的每个元素都被赋予了一个**索引**。索引就是一个反映元素在序列中所处位置的整数。和字符串一样，序列的第一个值的索引为 0。

以英语字母表为例，表中的所有字母就构成了一个序列。该序列的第一个元素为 A，最后一个元素为 Z。字符串也是序列。字符串`"Python"`有 6 个元素，以索引 0 处的`"P"`开头，以索引 5 处的`"n"`结尾。

实际问题中的序列可以是传感器每秒测得的数据、学生在某一学年中的考试成绩、一段时间内某公司的每日股价。

在本节中我们会学习如何使用 Python 内置的 tuple 数据类型来创建序列。

8.1.1　什么是元组

元组（tuple）一词来源于数学，用来描述一个有限的有序序列。

数学家在书写元组时一般首先列出各个元素，然后用逗号分隔，最后加上括号。比如(1, 2, 3)就是一个包含 3 个整数的元组。

元组的元素按一定顺序排列，因此我们称元组是**有序**的。(1, 2, 3)的第 1 个元素为 1，第 2 个元素为 2，第 3 个元素为 3。

Python 直接从数学中借用了元组的名称和记法。

8.1.2　创建元组的方法

在 Python 中有多种创建元组的方法，这里讲其中两种：

(1) 元组字面量

(2) 内置函数 tuple()

1. 元组字面量

字符串有用引号表示的字符串字面量，元组也有元组字面量。书写**元组字面量**（tuple literal）时，我们在一对括号中写出元组的值，每个元素之间用逗号分隔。

下面就是一个元组字面量的例子：

```
>>> my_first_tuple = (1, 2, 3)
```

这行代码创建了一个包含整数 1、2、3 的元组，然后给它取名 my_first_tuple。

我们可以用 type()验证 my_first_tuple 的类型为 tuple：

```
>>> type(my_first_tuple)
<class 'tuple'>
```

和字符的序列——字符串不同，元组可以包含任意类型的值，并且各个元素的类型也可以不同。(1, 2.0, "three")这样的元组是完全合法的。

还有一类不包含任何值的特殊元组，称为**空元组**（empty tuple）。直接写上一对括号就得到一个空元组：

```
>>> empty_tuple = ()
```

乍一看空元组既奇怪又没用，但实际上它非常实用。

假设现在让你给出一个包含所有“既是奇数又是偶数”的整数的元组。这样的数并不存在，但是你依然需要返回一个元组，此时空元组就可以满足要求。

你认为该如何创建一个只有一个元素的元组？在 IDLE 中尝试下面这段代码：

```
>>> x = (1)
>>> type(x)
<class 'int'>
```

如果只是在括号里写上一个值而不加逗号，Python 不会把它当成元组，括号里的值是什么，这个表达式的值就是什么。因此这里的`(1)`不过是整数 1 的一种怪异写法罢了。

要想创建一个只包含 1 的元组，你需要在 1 后面加上一个逗号：

```
>>> x = (1,)
>>> type(x)
<class 'tuple'>
```

只有一个元素的元组可能和空元组一样让人不明所以。我们为什么非要用元组而不是直接用这些值呢？

这要看你在处理什么样的问题。

如果要你给出包含所有偶质数的元组，那么只能用元组`(2,)`表示——因为 2 只是一个数而不是元组——这和题目要求不符。

这可能会让人觉得过于一板一眼，但是编程中有很多这种充满学究气的东西，毕竟计算机就像一个老学究那般一丝不苟。

2. 内置 `tuple()`函数

我们也可以通过内置的`tuple()`函数用另外一个序列类型的值创建元组，比如用字符串：

```
>>> tuple("Python")
('P', 'y', 't', 'h', 'o', 'n')
```

`tuple()`只接收一个参数，因此不能把要放到元组中的元素当成一个个参数填在括号里，否则就会引发`TypeError`错误：

```
>>> tuple(1, 2, 3)
Traceback (most recent call last):
  File "<pyshell#0>", line 1, in <module>
    tuple(1, 2, 3)
TypeError: tuple expected at most 1 arguments, got 3
```

当传递给`tuple()`的参数不能当成值的列表来处理时，也会引发`TypeError`错误：

```
>>> tuple(1)
Traceback (most recent call last):
```

```
  File "<pyshell#1>", line 1, in <module>
    tuple(1)
TypeError: 'int' object is not iterable
```

错误信息中的“iterable”一词表明单个整数是不可迭代的。也就是说，整数数据类型没有可供逐个访问的多个值。

不过 `tuple()`的参数可以省略，省略参数直接调用会返回空元组：

```
>>> tuple()
()
```

然而大部分 Python 程序员更喜欢用简短的`()`来创建空元组。

8.1.3　元组和字符串的相似之处

元组和字符串有不少共同点。二者都是序列类型，都长度有限，都支持索引和切片，都是不可变的，都能够在循环中迭代。

两者的主要区别在于元组可以包含任意类型的值，而字符串中只能包含字符。

接下来我们深入了解两者的共同点。

1. 元组有长度

元组和字符串一样也有**长度**。字符串的长度是字符的个数，而元组的长度是其中元素的个数。

和字符串一样，我们可以用 `len()`确定元组的长度：

```
>>> numbers = (1, 2, 3)
>>> len(numbers)
3
```

2. 元组支持索引和切片

回忆一下我们在第 3 章中如何用索引访问字符串中的字符：

```
>>> name = "David"
>>> name[1]
'a'
```

在变量 `name` 后利用索引语法`[1]`会让 Python 获取字符串`"David"`在索引 1 处的字符。索引从 0 开始，因此位于索引 1 处的字符为字母`"a"`。

元组同样支持索引语法：

```
>>> values = (1, 3, 5, 7, 9)
>>> values[2]
5
```

元组和字符串也都支持切片。我们在前面的章节中用切片语法提取字符串的子串：

```
>>> name = "David"
>>> name[2:4]
"vi"
```

在变量 name 后面利用切片语法[2:4]可以创建一个新的字符串，这个字符串包含了原字符串从索引 2 开始到索引 4（不包含 4）为止的字符。

元组也支持切片语法：

```
>>> values = (1, 3, 5, 7, 9)
>>> values[2:4]
(5, 7)
```

values[2:4]这个切片会创建一个新的元组，其中包含 values 中从索引 2 处一直到索引 4 处（不包含索引 4）的所有整数。

元组和字符串切片遵循相同的规则，你可以回顾一下第 3 章中字符串切片的例子，并仿照它们自己写一些元组切片。

3. 元组不可变

元组和字符串一样是不可变的。元组一旦被创建，就不能修改其中的元素。

如果你试图修改元组某个位置上的值，会引发 TypeError：

```
>>> values[0] = 2
Traceback (most recent call last):
  File "<pyshell#1>", line 1, in <module>
    values[0] = 2
TypeError: 'tuple' object does not support item assignment
```

注意

虽然元组是不可变的，但某些情况下也可以修改元组中的值。

Real Python 的视频课程“Immutability in Python”（Python 中的不可变性）对这些奇奇怪怪的地方进行了深入讲解。

4. 元组可迭代

元组和字符串一样**可迭代**，我们可以直接用循环遍历元组：

```
>>> vowels = ("a", "e", "i", "o", "u")
>>> for vowel in vowels:
...     print(vowel.upper())
...
A
```

```
E
I
O
U
```

这里的 for 循环和第5章中在 range()上进行的 for 循环是同样的原理。

在循环的第一步中，Python 会从元组 vowels 中提取值"a"。随后利用第3章中讲到的.upper()方法将字母转换为大写，最后用 print()输出。

循环的下一步是提取数值"e"，将其转换为大写字母并打印出来。对每个值"i"、"o"和"u"继续这样操作。

你已经了解了如何创建元组和它们支持的一些基本操作，接下来我们看一些常见的用例。

8.1.4 元组打包和解包

这种创建元组的方法不那么常见。我们可以省略括号，直接写一个用逗号分隔的值列表：

```
>>> coordinates = 4.21, 9.29
>>> type(coordinates)
<class 'tuple'>
```

看起来就像是把两个值赋给了变量 coordinates。从某种意义上来说，可以这样认为。但实际上这是把两个值**打包**（pack）成了一个元组。我们可以用 type()验证 coordinates 的类型就是 tuple。

既然可以把值打包成元组，那么肯定也可以把元组拆成几个值：

```
>>> x, y = coordinates
>>> x
4.21
>>> y
9.29
```

元组 coordinates 中的值被**解包**（unpack）成了 x 和 y 两个变量。

利用打包和解包，我们可以在一行代码中为多个变量赋值：

```
>>> name, age, occupation = "David", 34, "programmer"
>>> name
'David'
>>> age
34
>>> occupation
'programmer'
```

首先，赋值运算符右边的"David"、34、"programmer"被打包成一个元组。然后，将这个元组中的值分别解包到变量 name、age、occupation 中。

> **注意**
>
> 虽然在一行代码中为多个变量赋值可以减少程序的代码行数，但是你应该避免在同一行中为过多变量赋值。
>
> 如果一次性赋值的变量不止两三个，我们很难分清楚哪个值是给哪个变量的。

要记住的一点是，赋值运算符左边的变量名数量必须等于右边元组中值的数量。否则就会引发 ValueError：

```
>>> a, b, c, d = 1, 2, 3
Traceback (most recent call last):
  File "<pyshell#0>", line 1, in <module>
    a, b, c, d = 1, 2, 3
ValueError: not enough values to unpack (expected 4, got 3)
```

上面的错误信息告诉你右边的元组无法解包出 4 个值给左边的变量。

如果元组中值的数量超过了左边变量的数量，也会引发 ValueError：

```
>>> a, b, c = 1, 2, 3, 4
Traceback (most recent call last):
  File "<pyshell#1>", line 1, in <module>
    a, b, c = 1, 2, 3, 4
ValueError: too many values to unpack (expected 3)
```

这次的错误信息表明元组中解包出来的值的数量超过了变量数量。

8.1.5 使用 in 检查元组是否包含某个值

我们可以用 in 关键字检查元组中是否包含某个值：

```
>>> vowels = ("a", "e", "i", "o", "u")
>>> "o" in vowels
True
>>> "x" in vowels
False
```

如果 in 左边的值在右边的元组中，那么结果就是 True；否则结果就是 False。

8.1.6 从函数返回多个值

元组的一个常见用法就是用来实现从函数中返回多个值：

```
>>> def adder_subtractor(num1, num2):
...     return (num1 + num2, num1 - num2)
...
>>> adder_subtractor(3, 2)
(5, 1)
```

函数 adder_subtractor()有两个参数：num1 和 num2。这个函数会返回一个元组，其中第一个元素是两数之和，第二个元素是两数之差。

字符串和元组是 Python 内置的两种序列类型。它们两个都是不可变的，都是可迭代的，并且都可以使用索引和切片语法。

在 8.2 节中，我们还会学习第三种序列类型。但是它和字符串以及元组有一个非常明显的区别——它是可变的。

8.1.7　巩固练习

你可以在 realpython.com/python-basics/resources/上找到练习的答案以及其他各种资源。

(1) 创建一个叫 cardinal_numbers 的元组，其中按顺序包含"first"、"second"、"third"三个字符串。
(2) 使用索引语法和 print()函数输出 cardinal_numbers 中索引 1 处的字符串。
(3) 仅用一行代码将 cardinal_numbers 中的值解包到 position1、position2、position3 三个变量中，然后逐行输出这三个变量的值。
(4) 利用 tuple()函数和字符串字面量创建一个叫作 my_name 的元组。该元组由你的名字中的字母组成。
(5) 使用 in 关键字检查 my_name 中是否有字母"x"。
(6) 使用切片语法对 my_name 切片。得到的新元组应当包含除第一个字母以外的所有字母。

8.2　列表：可变序列

list 数据结构也是 Python 中的一种序列。和字符串、元组一样，我们也可以用从 0 开始的整数（即索引）访问列表中的元素。

从表面上看，列表无论是看起来还是用起来都和元组很像。我们可以在列表上使用索引和切片语法，也可以用 in 检查它是否包含某个元素，还可以在 for 循环中对它进行迭代。

不过和元组不同，列表是**可变的**（mutable）。也就是说，在创建列表之后你可以修改某个索引上的值。

在本节中，我们学习如何创建列表，并将其和元组做一个对比。

8.2.1　创建列表

列表字面量和元组字面量差不多，只不过列表用的是方括号（[]）而不是圆括号：

```
>>> colors = ["red", "yellow", "green", "blue"]
>>> type(colors)
<class 'list'>
```

在检查列表时，Python 会以列表字面量的形式显示：

```
>>> colors
['red', 'yellow', 'green', 'blue']
```

和元组一样，列表中的元素也可以不是同一个类型。["one", 2, 3.0]这样的列表字面量是完全合法的。

除了列表字面量之外，也可以用内置的 list()函数从其他序列创建新的列表对象。比如把元组(1, 2, 3)传递给 list()函数创建列表[1, 2, 3]：

```
>>> list((1, 2, 3))
[1, 2, 3]
```

甚至可以用字符串创建列表：

```
>>> list("Python")
['P', 'y', 't', 'h', 'o', 'n']
```

字符串中的每一个字母都成了列表的元素。

若是想用字符串创建列表，还有一种更方便的方法。假如一个字符串中含有用逗号分隔的列表项，那我们可以使用字符串对象的.split()方法创建列表：

```
>>> groceries = "eggs, milk, cheese"
>>> grocery_list = groceries.split(", ")
>>> grocery_list
['eggs', 'milk', 'cheese']
```

传递给.split()方法的字符串参数被称为**分隔符**（separator）。使用不同的分隔符可以将不同类型的字符串转换成列表：

```
>>> # 用分号分割字符串
>>> "a;b;c".split(";")
['a', 'b', 'c']

>>> # 用空格分割字符串
>>> "The quick brown fox".split(" ")
['The', 'quick', 'brown', 'fox']

>>> # 用多个字符分割字符串
>>> "abbaabba".split("ba")
['ab', 'ab', '']
```

在上面最后一个例子中，.split()方法在字符串中的每一处"ba"前后进行分割，也就是索引 2 和索引 6 这两个地方。由于分隔符有两个字符，因此只有索引 0、1、4、5 处的字符成为列表的元素。

.split()返回的列表的长度始终会比字符串中分隔符出现的次数大 1。分隔符"ba"在字符串"abbaabba"中出现了两次，因此 split()返回的列表中有 3 个元素。

要注意，返回的列表中最后一个元素为空字符串。这是因为最后一个"ba"后面没有更多的字符了。

如果在字符串中根本没有分隔符，那么 split()会返回一个仅含有整个字符串的列表：

```
>>> "abbaabba".split("c")
['abbaabba']
```

总之，我们在这里讲了创建列表的 3 种方法：

(1) 列表字面量

(2) 内置的 list()函数

(3) 字符串的.split()方法

元组支持的操作，列表也支持。

8.2.2　基本操作

索引和切片在列表上的工作方式与元组一样。

我们可以使用索引语法访问列表元素：

```
>>> numbers = [1, 2, 3, 4]
>>> numbers[1]
2
```

也可以用切片语法以现有的列表创建新的列表：

```
>>> numbers[1:3]
[2, 3]
```

同样可以使用 in 运算符检查某个值是否在列表中：

```
>>> # 检查元素是否存在
>>> "Bob" in numbers
False
```

列表是可迭代的，我们可以在 for 循环中迭代列表：

```
>>> # 只输出列表中的偶数
>>> for number in numbers:
...     if number % 2 == 0:
...         print(number)
...
2
4
```

列表和元组的主要区别在于，列表元素可以改变，而元组元素不能。

8.2.3 修改列表中的元素

我们可以把列表想象成一系列有编号的小格子。每个格子里都有一个值，并且任何时候这些格子都不能留空。不过我们可以随时把格子里的值拿出来换成另外一个值。

列表这种能够替换值的能力被称为**可变性**（mutability），列表是**可变的**。元组的元素不能被替换，因此我们说元组是**不可变的**。

要把列表中的值替换成另一个值，需要使用索引语法将一个新的值填到某个格子里去：

```
>>> colors = ["red", "yellow", "green", "blue"]
>>> colors[0] = "burgundy"
```

现在索引 0 处的值从"red"变成了"burgundy"：

```
>>> colors
['burgundy', 'yellow', 'green', 'blue']
```

也可以用**切片赋值**（slice assignment）一次性修改多个值：

```
>>> colors[1:3] = ["orange", "magenta"]
>>> colors
['burgundy', 'orange', 'magenta', 'blue']
```

colors[1:3]选中了索引为 1 和 2 的两个格子，两个格子中的值被分别改成了"orange"和"magneta"。

为切片赋值的列表不需要和切片一样长。比如我们可以把有 3 个元素的列表赋值给只有两个元素的切片：

```
>>> colors = ["red", "yellow", "green", "blue"]
>>> colors[1:3] = ["orange", "magenta", "aqua"]
>>> colors
['red', 'orange', 'magenta', 'aqua', 'blue']
```

"orange"和"magneta"将 colors 中原本位于索引 1 处的"yellow"和位于索引 2 处的"green"替换掉了。索引 4 处多了一个新的格子，"blue"被填入此处。最后将"aqua"放到索引 3 处。

如果为切片赋值的列表比切片短，那么原列表的总长度会被缩短：

```
>>> colors
['red', 'orange', 'magenta', 'aqua', 'blue']
>>> colors[1:4] = ["yellow", "green"]
>>> colors
['red', 'yellow', 'green', 'blue']
```

"orange"和"magneta"将 colors 中原本位于索引 1 处的"yellow"和位于索引 2 处的"green"替换掉。"blue"填入索引 3 处，索引 4 直接从 colors 中移除。

上面这些例子展示了如何使用索引和切片语法修改，或者说**改变**（mutate）列表。除此之外，还可以使用一些列表方法来修改列表。

8.2.4 增加和删除元素的列表方法

我们当然可以用索引和切来为列表添加和删除值，但列表方法提供了一种更自然、更易读的方法来修改列表。

接下来我们会了解一些列表方法。首先来看一看如何在指定的索引处插入一个值。

1. `list.insert()`

`list.insert()`方法会在列表中插入一个新值。它有两个参数，索引 i 和值 x，值 x 会被插入到列表的索引 i 处：

```
>>> colors = ["red", "yellow", "green", "blue"]
>>> # 将"orange"插入到第二个位置中
>>> colors.insert(1, "orange")
>>> colors
['red', 'orange', 'yellow', 'green', 'blue']
```

这个例子中有几点值得注意。

第一点对所有列表方法都来说都是这样。在使用列表方法时，我们首先要写出想要操作的列表的名称，然后写上一个点（.），最后写出方法名。

为了在 colors 上使用 insert()，必须这样写：colors.insert()。这和字符串以及数字的方法是一样的。

第二点是要注意到"orange"被插入到了索引 1 处。原本的"yellow"和它右边所有的值都向右挪了一格。

如果.insert()的索引参数超过了列表中的最大合法索引，那么这个值就会被插入到列表的末尾：

```
>>> colors.insert(10, "violet")
>>> colors
['red', 'orange', 'yellow', 'green', 'blue', 'violet']
```

虽然是以 10 为参数调用的.insert()，但"violet"实际上被插入到了索引 5 处。

也可以在.insert()中使用负值索引：

```
>>> colors.insert(-1, "indigo")
>>> colors
['red', 'orange', 'yellow', 'green', 'blue', 'indigo', 'violet']
```

这就把"indigo"插入索引-1 的槽中，这是列表的最后一个元素。值"violet"被向右移了一个槽。

重点

在使用.insert()向列表插入新的列表项时，不需要将结果赋值给原列表。

比如下面的代码实际上会把 colors 擦除：

```
>>> colors = colors.insert(-1, "indigo")
>>> print(colors)
None
```

.insert()会就地修改 colors。所有没有返回值的列表方法都是这样的。

既然能够在指定索引处插入值，那么肯定也可以移除指定索引处的值。

2. list.pop()

list.pop()方法以索引 i 为参数，移除位于索引 i 处的值。被移除的值会作为方法的返回值返回：

```
>>> color = colors.pop(3)
>>> color
'green'
>>> colors
['red', 'orange', 'yellow', 'blue', 'indigo', 'violet']
```

在上面的例子中，索引 3 处的"green"被移除，同时将其赋值给了 color。检查 colors 列表时，我们会发现"green"已经被移除了。

和.insert()不一样的是，如果传递给.pop()的索引超过了最大的索引，会引发 IndexError：

```
>>> colors.pop(10)
Traceback (most recent call last):
  File "<pyshell#0>", line 1, in <module>
    colors.pop(10)
IndexError: pop index out of range
```

.pop()也可以使用负值索引：

```
>>> colors.pop(-1)
'violet'
>>> colors
['red', 'orange', 'yellow', 'blue', 'indigo']
```

如果不给.pop()参数，它会移除列表中的最后一个元素：

```
>>> colors.pop()
'indigo'
>>> colors
['red', 'orange', 'yellow', 'blue']
```

在不传递索引的情况下使用.pop()来移除列表中的最后一个元素，通常被视为最 Pythonic 的方法。

3. list.append()

list.append()方法用于在列表末尾追加一个新的元素：

```
>>> colors.append("indigo")
>>> colors
['red', 'orange', 'yellow', 'blue', 'indigo']
```

调用.append()会让列表的长度加一并将"indigo"插入最后一个格子中。要注意.append()和.insert()一样是就地修改列表的。

.append()等价于在大于等于列表长度的索引处插入一个元素。上面的例子也可以写成这样：

```
>>> colors.insert(len(colors), "indigo")
```

.append()比起.insert()更加简洁易懂，通常认为这是在列表末尾追加新元素的更为 Pythonic 的方法。

4. list.extend()

list.extend()方法用于在列表末尾添加多个新元素：

```
>>> colors.extend(["violet", "ultraviolet"])
>>> colors
['red', 'orange', 'yellow', 'blue', 'indigo', 'violet', 'ultraviolet']
```

需要为.extend()提供一个可迭代类型的参数。该可迭代对象中的元素会按照它们传递给.extend()时的顺序添加到列表末尾。

和.insert()、.append()一样，.extend()也是就地修改列表。

我们一般都会给.extend()传递一个列表作为参数，但是元组也可以作为参数。比如上面的例子也可以写成这样：

```
>>> colors.extend(("violet", "ultraviolet"))
```

本节中讲到的 4 个方法是最常用的列表方法。表 8-1 对这部分内容进行了总结。

表 8-1

列表方法	描 述
.insert(i, x)	在索引 i 处插入值 x
.append(x)	在列表末尾插入值 x
.extend(iterable)	在列表末尾插入 iterable 的所有值
.pop(i)	移除索引 i 处的值并将其返回

8.2.5 数字列表

经常在数字列表上进行的一项操作就是把它们全部加起来求和。我们可以用 for 循环完成：

```
>>> nums = [1, 2, 3, 4, 5]
>>> total = 0
>>> for number in nums:
...     total = total + number
...
>>> total
15
```

首先将变量 total 初始化为 0。然后在循环中将 nums 中的每一个数加到 total 上，最后得到 15。

虽然这个写法已经很简单直白了，但是在 Python 中还有更简洁的写法：

```
>>> sum([1, 2, 3, 4, 5])
15
```

内置的 sum()函数以列表为参数，返回列表中值的总和。

如果传递给 sum()的列表中有不是数字的值，就会引发 TypeError：

```
>>> sum([1, 2, 3, "four", 5])
Traceback (most recent call last):
  File "<stdin>", line 1, in <module>
TypeError: unsupported operand type(s) for +: 'int' and 'str'
```

除了 sum()以外，还有两个能够方便处理数字列表的内置函数：min()和 max()。这两个函数分别返回列表中的最小值和最大值：

```
>>> min([1, 2, 3, 4, 5 ])
1

>>> max([1, 2, 3, 4, 5])
5
```

要注意 sum()、min()、max()也适用于元组：

```
>>> sum((1, 2, 3, 4, 5))
15

>>> min((1, 2, 3, 4, 5))
1

>>> max((1, 2, 3, 4, 5))
5
```

sum()、min()、max()被放进了Python的内置函数中就说明会经常用到它们，你很有可能会发现自己的程序中会经常用到这些函数。

8.2.6　列表推导式

列表推导式（list comprehension）是另一种通过现有可迭代对象创建列表的方法：

```
>>> numbers = (1, 2, 3, 4, 5)
>>> squares = [num**2 for num in numbers]
>>> squares
[1, 4, 9, 16, 25]
```

列表推导式是for循环的一种简略写法。在上面的例子中，一个包含5个数字的元组字面量被赋值给了变量numbers。第二行中的列表推导式在numbers上进行循环，对每一个数求平方，然后添加到一个叫squares的新列表中。

如果用一般的for循环来创建这样一个squares列表，需要首先创建一个空列表，然后在numbers上进行循环，最后把每个数的平方追加到列表中：

```
>>> squares = []
>>> for num in numbers:
...     squares.append(num**2)
...
>>> squares
[1, 4, 9, 16, 25]
```

列表推导式常用来将一个列表中的值转换成另一种类型。

比如你可能需要把一个记录了浮点数值的字符串列表转换成float对象列表。下面的列表推导式就达到了这个目的：

```
>>> str_numbers = ["1.5", "2.3", "5.25"]
>>> float_numbers = [float(value) for value in str_numbers]
>>> float_numbers
[1.5, 2.3, 5.25]
```

列表推导式并非Python独有的特性，但它绝对是诸多特性中最讨喜的那一类。如果你发现自己在创建空列表、在可迭代对象上循环、为列表追加新列表项，那么应该考虑把这些代码转换成列表推导式。

8.2.7 巩固练习

你可以在 realpython.com/python-basics/resources/上找到练习的答案以及其他各种资源。

(1) 创建名为 `food` 的列表，其中包含`"rice"`和`"beans"`两个元素。

(2) 使用`.append()`向 `food` 追加字符串`"broccoli"`。

(3) 使用`.extend()`添加字符串`"bread"`和`"pizza"`。

(4) 使用 `print()`和切片语法输出 `food` 的前两个元素。

(5) 使用 `print()`和索引语法输出 `food` 的最后一个元素。

(6) 使用`.split()`方法用字符串`"eggs, fruit, orange juice"`创建一个叫 `breakfast` 的列表。

(7) 使用 `len()`验证 `breakfast` 含有 3 个元素。

(8) 使用列表推导式创建一个名为 `lengths` 的列表，其中包含了 `breakfast` 中每一个字符串的长度。

8.3 列表与元组的嵌套、拷贝、排序

现在我们已经知道了什么是元组和列表，也知道如何创建、操作它们。接下来我们学习三个新概念：

(1) 嵌套

(2) 拷贝

(3) 排序

8.3.1 列表和元组的嵌套

列表和元组中可以包含任何类型的值。也就是说，列表和元组中也可以包含列表和元组。**嵌套列表**（或元组）指的是一个列表（或元组）中包含另一个列表（或元组）作为它的值。

下面例子中的列表有两个值，这两个值都是列表：

```
>>> two_by_two = [[1, 2], [3, 4]]

>>> # two_by_two 的长度为 2
>>> len(two_by_two)
2

>>> # two_by_two 的两个元素都是列表
>>> two_by_two[0]
[1, 2]
>>> two_by_two[1]
[3, 4]
```

two_by_two[1]返回的是列表[3, 4]，我们可以用**双重索引语法**（double index notation）访问嵌套列表中的元素：

```
>>> two_by_two[1][0]
3
```

Python 首先对 two_by_two[1]求值，得到[3, 4]。因此[3, 4][0]就返回了第一个元素 3。

非常不严谨地讲，我们可以把列表的列表或者元组的元组看作由行和列构成的表格。

two_by_two 有两行：[1, 2]和[3, 4]。列由每行相同位置上的元素构成。因此第一列包含 1 和 3，第二列包含 2 和 4。

你可以把列表看作表格，但这并不严谨。比如嵌套列表中的列表不需要有相同的长度，这时候这种类比就谈不上贴切了。

8.3.2　拷贝列表

有时候我们需要把一个列表拷贝到另一个列表中。但是直接把一个列表对象重新赋值给另一个列表对象并不起作用，只会得到这样的（可能令人非常意外的）结果：

```
>>> animals = ["lion", "tiger", "frumious Bandersnatch"]
>>> large_cats = animals
>>> large_cats.append("Tigger")
>>> animals
['lion', 'tiger', 'frumious Bandersnatch', 'Tigger']
```

在这个例子中，我们首先把保存在 animals 的列表赋值给变量 large_cats，然后把字符串"Tigger"添加到 large_cats 列表中。但是在显示 animals 的值时，我们却发现原本的列表也被修改了。

这是面向对象编程的别扭之处，但也是刻意为之。large_cats = animals 这样一行代码只是让 large_cats 和 animals 引用同一个对象。

变量名实际上只是对计算机内存特定位置的引用。large_cats = animals 并不会拷贝列表对象中的内容并创建一个新的列表，它只是把 animals 引用的内存位置赋值给 lalarge_cats。也就是说，两个变量现在引用的是内存中的同一个对象，通过任何一个变量改变对象都会影响到另一个变量引用的对象。

为了获得 animals 列表的独立副本，我们可以使用切片获得具有相同内容的新列表：

```
>>> animals = ["lion", "tiger", "frumious Bandersnatch"]
>>> large_cats = animals[:]
>>> large_cats.append("leopard")
>>> large_cats
["lion", "tiger", "frumious Bandersnatch", "leopard"]
```

```
>>> animals
["lion", "tiger", "frumious Bandersnatch"]
```

[:]这样的切片中没有指定任何索引，因此原列表中的所有元素都会被返回。large_cats 现在和 animals 有相同的元素，顺序也一样，但是我们用.append()添加新元素的时候并不会影响到 animals。

如果我们想拷贝列表的列表，也可以用刚才的[:]：

```
>>> matrix1 = [[1, 2], [3, 4]]
>>> matrix2 = matrix1[:]
>>> matrix2[0] = [5, 6]
>>> matrix2
[[5, 6], [3, 4]]
>>> matrix1
[[1, 2], [3, 4]]
```

现在我们来看看，如果修改 matrix2 中的第二个列表的第一个元素会发生什么：

```
>>> matrix2[1][0] = 1
>>> matrix2
[[5, 6], [1, 4]]
>>> matrix1
[[1, 2], [1, 4]
```

注意，matrix1 的第二个列表也跟着变了。

由于列表并不保存对象本身，它们只会在内存中保存指向对象的引用，因此就发生了这样的状况。[:]返回的确实是一个新的列表，但是它只拷贝了原列表中对对象的引用（而不是对象本身），这种拷贝我们称为**浅拷贝**（shallow copy）。

要想拷贝列表和其中的所有元素，我们必须进行所谓的**深拷贝**（deep copy）。深拷贝才是真正地拷贝了一个对象。为了对列表进行深拷贝，我们可以使用位于 Python 的 copy 模块之下的 deepcopy()函数：

```
>>> import copy
>>> matrix3 = copy.deepcopy(matrix1)
>>> matrix3[1][0] = 3
>>> matrix3
[[5, 6], [3, 4]]
>>> matrix1
[[5, 6], [1, 4]]
```

matrix3 便是 matrix1 的深拷贝。修改 matrix3 并不会影响到 matrix1 对应位置上的值。

> **注意**
>
> 有关浅拷贝和深拷贝的更多相关知识，可以参考 Real Python 的“Shallow vs Deep Copying of Python Objects”（Python 对象的浅拷贝与深拷贝）。

8.3.3 列表排序

列表的.sort()方法会将所有的元素按升序排序。默认情况下列表会根据列表元素的类型按照字母顺序或者数字顺序排序：

```
>>> # 字符串列表按字母顺序排序
>>> colors = ["red", "yellow", "green", "blue"]
>>> colors.sort()
>>> colors
['blue', 'green', 'red', 'yellow']

>>> # 数字列表按数字顺序排序
>>> numbers = [1, 10, 5, 3]
>>> numbers.sort()
>>> numbers
[1, 3, 5, 10]
```

要注意.sort()会就地对列表排序，不需要把它的结果赋值给变量。

.sort()有一个可选的 key 参数，我们可以用它来调整列表排序的方式。key 的实参应当是一个函数，列表会根据这个函数的返回值进行排序。

比如要按照字符串的长度来对一个字符串列表排序，我们可以把 len 函数传递给 key：

```
>>> colors = ["red", "yellow", "green", "blue"]
>>> colors.sort(key=len)
>>> colors
['red', 'blue', 'green', 'yellow']
```

在把函数传递给 key 时不需要调用函数，只需要把函数名传递给它，不要加括号。在上面的例子中是把 len 传递给了 key 而不是 len()。

重点

传递给 key 的函数只能有一个参数。

也可以把用户定义的函数传递给 key。在下面的例子中，get_second_element()会以元组中的第二个元素为标准对列表进行排序：

```
>>> def get_second_element(item):
...     return item[1]
...
>>> items = [(4, 1), (1, 2), (-9, 0)]
>>> items.sort(key=get_second_element)
>>> items
[(-9, 0), (4, 1), (1, 2)]
```

要记住传递给 key 的函数只能有一个参数。

8.3.4 巩固练习

你可以在 realpython.com/python-basics/resources/上找到练习的答案以及其他各种资源。

(1) 创建一个有两个值的元组 data。其中第一个值为元组(1, 2)，第二个值为元组(3, 4)。

(2) 编写一个在 data 上进行的循环，输出各个嵌套元组。输出内容应当是这样的：

```
Row 1 sum: 3
Row 2 sum: 7
```

(3) 创建列表[4, 3, 2, 1]并赋值给变量 numbers。

(4) 使用[:]切片创建 numbers 的副本。

(5) 使用.sort()按数字顺序对 numbers 进行排序。

8.4 挑战：列表的列表

编写一个含有如下列表的程序：

```
universities = [
    ['California Institute of Technology', 2175, 37704],
    ['Harvard', 19627, 39849],
    ['Massachusetts Institute of Technology', 10566, 40732],
    ['Princeton', 7802, 37000],
    ['Rice', 5879, 35551],
    ['Stanford', 19535, 40569],
    ['Yale', 11701, 40500]
]
```

定义接收一个参数的 enrollment_stats()函数。这个参数是一个嵌套列表，每个子列表包含 3 个元素：

(1) 大学的名称

(2) 登记在册的学生总数

(3) 一学年的学费

enrollment_stats()应当返回两个列表，第一个列表包含所有大学的学生总数，第二个列表包含所有大学的学费。

接下来定义 mean()和 median()两个函数。这两个函数都接收一个列表作为参数，分别返回列表值的平均值和中位数。

使用 universities、enrollment_stats()、mean()、median()计算各大学学生总数、学费总和、学生人数的平均数和中位数、学费的平均数和中位数。

最后以这样的格式输出各个计算结果：

```
******************************
Total students:   77,285
Total tuition:  $ 271,905

Student mean:     11,040.71
Student median:   10,566

Tuition mean:   $ 38,843.57
Tuition median: $ 39,849
******************************
```

你可以在 realpython.com/python-basics/resources/上找到这个挑战的答案以及其他各种资源。

8.5　挑战：打油诗

在这个挑战中，你将会编写一个诗歌生成器程序。

首先创建 5 个不同词性的单词列表。

(1) **名词**：["fossil", "horse", "aardvark", "judge", "chef", "mango", "extrovert", "gorilla"]

(2) **动词**：["kicks", "jingles", "bounces", "slurps", "meows", "explodes", "curdles"]

(3) **形容词**：["furry", "balding", "incredulous", "fragrant", "exuberant", "glistening"]

(4) **介词**：["against", "after", "into", "beneath", "upon", "for", "in", "like", "over", "within"]

(5) **副词**：["curiously", "extravagantly", "tantalizingly", "furiously", "sensuously"]

随机从每类单词中分别选出对应个数的单词：

- 3 个名词
- 3 个动词
- 3 个形容词
- 2 个介词
- 1 个副词

可以借助 random 模块中的 choice()函数，它接收一个列表为参数，随机返回一个列表中的元素。

比如我们可以使用 random.choice()从列表["a", "b", "c"]中随机取得一个元素：

```
import random

random_element = random.choice(["a", "b", "c"])
```

利用随机选择的单词按照如下结构（灵感来自 Clifford Pickover）生成并显示一首诗：

```
{A/An} {adj1} {noun1}

{A/An} {adj1} {noun1} {verb1} {prep1} the {adj2} {noun2}
{adverb1}, the {noun1} {verb2}
the {noun2} {verb3} {prep2} a {adj3} {noun3}
```

`adj` 代表**形容词**（adjective），`prep` 代表**介词**（preposition）。

这个程序会生成这样的打油诗：

```
A furry horse

A furry horse curdles within the fragrant mango
extravagantly, the horse slurps
the mango meows beneath a balding extrovert
```

每次运行程序都应当生成一首不一样的诗。

你可以在 realpython.com/python-basics/resources/上找到这个挑战的答案以及其他各种资源。

8.6 在字典中保存关系

字典（dictionary）是 Python 中最有用的数据结构之一。

在本节中我们会了解什么是字典，它和列表和元组有什么区别，以及如何在代码中定义和使用字典。

8.6.1 什么是字典

我们平时说的字典，说白了就是一本写满了单词定义的书。字典中的每个条目都由两部分组成：字及其含义。

而 Python 中的字典和列表、元组一样，是对象的集合。但和这类数据结构不一样的是，字典并不是以序列的形式保存对象，而是以**键值对**（key-value pair）的形式保存成对的数据。也就是说，字典中的每一个对象有两部分：**键**和**值**。

键值对的**键**是用于识别**值**的独一无二的名字。用现实世界的字典来类比，键就像是字典条目中的字，而值是它对应的解释。

比如我们可以用字典保存州和它对应的首府，如表 8-2 所示。

表 8-2

键	值
"California"	"Sacramento"
"New York"	"Albany"
"Texas"	"Austin"

在表 8-2 中，字典的键是州的名字，而值是首府的名字。

Python 的字典和现实世界中的字典不一样的地方在于，键和值之间的关系是任意的，一个键可以对应任何值。

比如表 8-3 中的键值对都是合法的。

表 8-3

键	值
1	"Sunday"
"red"	12:45pm
17	True

表 8-3 中的键和值表面上并没有什么关系，唯一的关系就是字典为每个键都赋予了一个对应的值。

从这个角度来说，Python 字典更像是**映射**（map）而不是字典。“映射”这一术语指的是两个集合之间的一种数学关系，而不是地理中的地图[①]。

把字典看成映射有助于我们理解相关的概念。在这种观点下现实世界的字典也不过是从字到其含义的映射罢了。

Python 中的字典是一种数据结构，它能够把键的集合与值的集合联系起来。每个键都被赋予了一个值，这就定义了两个集合之间的关系。

8.6.2 创建字典

下面的代码通过**字典字面量**（dictionary literal）创建了一个字典，其中包含了各州及其首府的名字：

```
>>> capitals = {
  "California": "Sacramento",
  "New York": "Albany",
  "Texas": "Austin",
}
```

① 英语中“地图”和“映射”一样，都是 map。——译者注

要注意到各个键和值之间要用冒号隔开，每个键值对之间又用逗号隔开。整个字典被包在一对花括号（{}）之中。

也可以利用内置的 dict()用元组序列构造字典：

```
>>> key_value_pairs = (
...     ("California", "Sacramento"),
...     ("New York", "Albany"),
...     ("Texas", "Austin"),
)
>>> capitals = dict(key_value_pairs)
```

在检查字典时，无论用哪种方法创建的字典都会以字典字面量的格式显示：

```
>>> capitals
{'California': 'Sacramento', 'New York': 'Albany', 'Texas': 'Austin'}
```

注意

如果你在阅读本书时恰巧用的是 3.6 版本之前的 Python，那么你会发现在交互式窗口中输出字典的顺序和上面例子中的不一样。

在 Python 3.6 之前，字典中键值对的顺序是随机的。在之后的版本中，键值对的顺序必定和插入的顺序相同。

可以使用字面量或者 dict()创建空字典：

```
>>> {}
{}
>>> dict()
{}
```

创建了字典之后，我们来看看如何访问字典的值。

8.6.3　访问字典的值

若要访问字典的值，我们需要在字典或者被字典赋值的变量名末尾写上一对方括号（[]），然后在方括号中填入对应的键：

```
>>> capitals["Texas"]
'Austin'
```

用来访问字典的方括号和访问字符串、列表、元组的索引语法很像。不过和列表、元组一类的序列类型相比，字典在数据结构层面有本质上的区别。

为了体会这种区别，我们先后退一步，把 capitals 当成列表来定义：

```
>>> capitals_list = ["Sacramento", "Albany", "Austin"]
```

我们可以用索引语法从 capitals 字典中获得各个州的首府：

```
>>> capitals_list[0] # 加利福尼亚州的首府
'Sacramento'

>>> capitals_list[2] # 得克萨斯州的首府
'Austin'
```

字典在这种情况下有一个好处，它可以为保存的值提供一个上下文。capitals["Texas"]要比 capitals_list[2]更容易理解，你也不需要记住长长的列表和元组中元素出现的顺序。

访问序列类型和字典的主要区别就在于"顺序"这一概念上。

我们通过索引来访问序列类型中的值，索引本身就是一个体现元素在序列中的顺序的整数。

而在访问字典中的元素时，我们用的是键。键并不体现字典元素的顺序，它只是一个可以用来引用值的标签。

8.6.4　添加和删除字典的值

字典和列表一样也是可变数据结构，我们可以添加和删除字典的值。

下面来为 capitals 添加科罗拉多州的首府：

```
>>> capitals["Colorado"] = "Denver"
```

和查询字典的值一样，我们首先在方括号中填入"Colorado"作为键，然后使用赋值运算符(=)将值"Denver"赋给这个新键。

检查 capitals，我们会看到新的键"Colorado"已经出现，其值为"Denver"：

```
>>> capitals
{'California': 'Sacramento', 'New York': 'Albany', 'Texas': 'Austin',
'Colorado': 'Denver'}
```

字典中的每个键只能被赋予一个值。如果一个键被赋予了一个新的值，那么 Python 就会覆盖原有的值：

```
>>> capitals["Texas"] = "Houston"
>>> capitals
{'California': 'Sacramento', 'New York': 'Albany', 'Texas': 'Houston',
'Colorado': 'Denver'}
```

若想移除字典中的元素，可以使用 del 关键字加上想要移除的值：

```
>>> del capitals["Texas"]
>>> capitals
{'California': 'Sacramento', 'New York': 'Albany',
'Colorado': 'Denver'}
```

8.6.5 检查字典中是否存在某个键

如果试图用一个并不存在的键来访问字典中的值，会引发 KeyError：

```
>>> capitals["Arizona"]
Traceback (most recent call last):
  File "<pyshell#1>", line 1, in <module>
    capitals["Arizona"]
KeyError: 'Arizona'
```

KeyError 是使用字典时最常见的错误。出现这个错误就意味着程序试图使用一个不存在的键来访问值。

我们可以使用 in 关键字来检查字典中是否存在某个键：

```
>>> "Arizona" in capitals
False
>>> "California" in capitals
True
```

我们可以在访问值之前先用 in 检查一下有没有这个键：

```
>>> if "Arizona" in capitals:
...     # 只有"Arizona"这个键存在时才输出
...     print(f"The capital of Arizona is {capitals['Arizona']}.")
```

要记住 in 检查的是键，而不是值：

```
>>> "Sacramento" in capitals
False
```

虽然"Sacramento"确实作为"California"键的值存在于字典中，但是这里的 in 表达式仍然返回的是 False。

8.6.6 迭代字典

字典和列表、元组一样，也是可迭代的，但在字典上进行循环时的行为却不一样。在字典上进行 for 循环时，是在迭代字典的键：

```
>>> for key in capitals:
...     print(key)
...
California
New York
Colorado
```

若想在迭代 capitals 的过程中输出"The capital of X is Y"（其中 X 是州的名字，Y 是对应首府的名字），可以这样做：

```
>>> for state in capitals:
        print(f"The capital of {state} is {capitals[state]}")

The capital of California is Sacramento
The capital of New York is Albany
The capital of Colorado is Denver
```

不过我们还可以利用更为简洁.items()方法。.items()会返回一个类似于列表的对象，其元素为元组形式的键值对。比如capitals.items()就会返回一个州名及其首府名组成的元组列表：

```
>>> capitals.items()
dict_items([('California', 'Sacramento'), ('New York', 'Albany'),
('Colorado', 'Denver')])
```

.items()返回的对象并非一个真正的列表，它属于一个特殊的类型 dict_items：

```
>>> type(capitals.items())
<class 'dict_items'>
```

不要在意 dict_items 到底是什么，我们通常不会直接用到它。这里的重点是要知道可以用.items()同时迭代字典的键和值。

下面我们用.items()重写之前的循环：

```
>>> for state, capital in capitals.items():
...     print(f"The capital of {state} is {capital}")

The capital of California is Sacramento
The capital of New York is Albany
The capital of Colorado is Denver
```

在 capitals.items()上进行循环时，每次迭代都会产生一个元组，其中包含了州名及其对应的首府名。将这个元组赋值给 state, capital，实际上是将它解包到 state 和 capital 两个变量。

8.6.7　字典的键和不可变性

前面一直在用的 capitals 字典的每一个键都是字符串。但是 Python 并没有规定字典的键必须是同一个类型。

比如我们可以给 capitals 添加一个整数键：

```
>>> capitals[50] = "Honolulu"
>>> capitals
{'California': 'Sacramento', 'New York': 'Albany',
'Colorado': 'Denver', 50: 'Honolulu'}
```

字典对键的类型只有一条要求：必须是不可变类型。也就是说，列表不能作为字典的键。

思考这样一个问题：如果列表可以作为字典的键，而这个列表在之后的代码中被修改了，此时会发生什么？修改后的列表还对应原来的值吗？原本的列表对应的值会直接从字典中移除吗？

Python 在这种时候不会犹豫不决，它只会抛出一个异常：

```
>>> capitals[[1, 2, 3]] = "Bad"
Traceback (most recent call last):
  File "<stdin>", line 1, in <module>
TypeError: unhashable type: 'list'
```

只允许部分类型作为键似乎有些不公平，但是拥有良好定义的行为对于编程语言来说至关重要。它绝不应该去猜测代码作者的意图。

表 8-4 列出了目前已经学过的类型中可以用作字典键的类型，以供参考。

表 8-4

合法的字典键类型
整数
浮点数
字符串
布尔值
元组

字典的值和键不一样，它们可以是任何合法的 Python 类型，也可以是另一个字典。

8.6.8 嵌套字典

列表里可以嵌套列表，元组里可以嵌套元组，字典也可以嵌套在另一个字典中。我们把 `capitals` 修改一下来体会这一点：

```
>>> states = {
...     "California": {
...         "capital": "Sacramento",
...         "flower": "California Poppy"
...      },
...      "New York": {
...          "capital": "Albany",
...          "flower": "Rose"
...      },
...      "Texas": {
...          "capital": "Austin",
...          "flower": "Bluebonnet"
...      },
... }
```

修改后的州名不再映射到首府名，现在它们被映射到一个包含首府名和州花的字典。每个键对应的值也是一个字典：

```
>>> states["Texas"]
{'capital': 'Austin', 'flower': 'Bluebonnet'}
```

为了得到得克萨斯州的州花，我们首先要获得"Texas"这个键对应的值，然后获得"flower"这个键对应的值：

```
>>> states["Texas"]["flower"]
'Bluebonnet'
```

嵌套字典比你想象的还要常用，特别是在处理通过 Web 传输的数据时。对工作表、关系型数据库等结构化数据进行建模时，嵌套字典也能派上用场。

8.6.9　巩固练习

你可以在 realpython.com/python-basics/resources/上找到练习的答案以及其他各种资源。

(1) 创建一个叫 captains 的空字典。

(2) 使用方括号语法将下面的数据逐个输入字典中：

- 'Enterprise': 'Picard'
- 'Voyager': 'Janeway'
- 'Defieant': 'Sisko'

(3) 编写两个 if 语句检查"Enterprise"和"Discovery"是否出现在字典的键中。如果不存在，则将其值设为"unknown"。

(4) 编写一个 for 循环显示字典中的战舰及其舰长的名字。输出内容的格式应当是这样的：

```
The Enterprise is captained by Picard.
```

(5) 从字典中删除"Discovery"。

(6) 附加题：使用 dict()创建一个和 captains 有相同初始值的字典。

8.7　挑战：首府环游

我们回到前面州和首府的字典，回顾一下字典和 while 循环的知识。

首先在 capitals.py 文件中建立这样一个字典，补充上之前 capitals 里没有的州和首府：

```
capitals_dict = {
    'Alabama': 'Montgomery',
    'Alaska': 'Juneau',
    'Arizona': 'Phoenix',
```

```
    'Arkansas': 'Little Rock',
    'California': 'Sacramento',
    'Colorado': 'Denver',
    'Connecticut': 'Hartford',
    'Delaware': 'Dover',
    'Florida': 'Tallahassee',
    'Georgia': 'Atlanta',
}
```

接下来从字典中随机选择一个州，然后将州和首府分别赋值给两个变量。你需要在程序开头导入 random 模块。

然后向用户显示州名并请求输入对应的首府名。如果用户回答错误，则重复请求输入，直到用户输入了正确答案或者输入了"exit"。

若用户回答正确，则显示"Correct"并结束程序。如果用户在没有尝试作答的情况下就退出了，则显示正确答案以及"Goodbye"。

注意

要确保用户不会因大小写问题被判罚。也就是说，用户无论输入的是"Denver"还是"denver"，都应该被视作同样的答案。在用户希望退出时也一样，"EXIT"和"Exit"也应该等同于输入"exit"。

你可以在 realpython.com/python-basics/resources/上找到这个挑战的答案以及其他各种资源。

8.8 选择合适的数据结构

至此，我们已经学习了三种 Python 内置的数据结构：列表、元组、字典。

你可能会想，怎么才能知道什么时候该用哪种数据结构呢？这是个好问题，很多新手 Python 程序员会在这个问题上绞尽脑汁。

数据结构的选择取决于要解决的问题，并没有一条每次都能帮你做出最佳选择的铁律。我们总是需要花些时间来思考哪个数据结构最适合当前的问题。

不过好在也有一些建议可以帮助你做出选择。

以下情况应当使用列表。

- 数据天然有序①。
- 需要在程序中更新或修改数据。

① natural order，指的是字符中的字母按照字典顺序排序，数字按照大小排序。——译者注

- 数据结构主要用于迭代。

以下情况应当使用元组。

- 数据天然有序。
- 不需要在程序中更新或修改数据。
- 数据结构主要用于迭代。

以下情况应当使用字典。

- 数据无序，或者顺序无关紧要。
- 需要在程序中更新或修改数据。
- 数据结构主要用于查询值。

8.9 挑战：猫猫戴帽帽

你有 100 只猫。

有一天你决定把你的猫围成一个圈。一开始没有猫戴帽子。你绕着这个圈走了 100 圈，每次都从第一只猫（记作`#1`）开始走。每次在某只猫跟前停下来的时候，你都会看看它有没有戴帽子。如果没有，就给它戴上；如果它已经戴上了帽子，就给它摘下来。

(1) 在第 1 圈中，你在每只猫跟前都停下来，给每只猫都戴上帽子。
(2) 第 2 圈中，每 2 只猫停下来一次（`#2`、`#4`、`#6`、`#8`，依此类推）。
(3) 第 3 圈每 3 只猫停下来一次（`#3`、`#6`、`#9`、`#12`，依此类推）。
(4) 按照这个规律走 100 圈，最后一圈你只会在`#100`处停下来。

编写程序输出最后有哪些猫戴上了帽子。

> **注意**
>
> 这个问题从各种角度来说都谈不上简单，但是解决方案并没有那么复杂。这道题是工作面试的常客，它可以测试你解决复杂问题的能力。
>
> 不要着急，先画张图，写点儿伪代码，找到规律，再写代码！

你可以在 realpython.com/python-basics/resources/上找到这个挑战的答案以及其他各种资源。

8.10 总结和更多学习资源

在本章中，我们学习了三种数据结构：列表、元组、字典。

`[1, 2, 3, 4]`这样的列表是可变的序列对象。我们可以用各种列表方法来和列表互动，比如`.append()`和`.extend()`可以向列表中添加元素，`sort()`可以用来为列表排序。和字符串一样，我们也可以用下标语法访问列表中的各个元素。

元组和列表一样也是序列对象，但是两者之间有一个非常重要的区别：元组是不可变的。元组一旦被创建，就不能被更改。元组同样可以像列表一样使用索引和切片语法。

字典将数据以键值对的形式保存。字典并不是序列，因此不能用索引访问，我们需要用键来访问其中的元素。字典非常适合用来保存关系。如果你需要快速访问数据，也可以考虑使用字典。字典和列表一样也是可变的。

列表、元组、字典都是可迭代的，也就是说，我们可以直接在循环中迭代它们。我们还了解了如何用 `for` 循环迭代这三种数据结构。

交互式小测验

本章配有免费在线小测验，以便你检查学习进度。你可以在手机或电脑上通过下面的网址访问小测验：

realpython.com/quizzes/pybasics-tuples-lists-dicts/

更多学习资源

若想进一步了解列表、元组、字典的相关知识，可以看一下下面这些内容：

- "Lists and Tuples in Python"（Python 中的列表和元组）
- "Dictionaries in Python"（Python 中的字典）

可以访问 realpython.com/python-basics/resources/获得更多进一步提升 Python 技能的学习资源。

第 9 章

面向对象编程

OOP（object-oriented programming，面向对象编程），是一种组织程序的手段，它将相关的属性和行为绑定在一起，构成一个个**对象**。

从概念上来说，对象就像是一个系统中的组件。一个程序就好比工厂里的一条生产线。生产线的每一段上都会有一个系统组件在处理某种材料，最终原材料会被加工为成品。

对象保存着数据，就像是生产线上的原材料或者预处理过的材料，而行为就是生产线组件执行的操作。

在本章中，你将会学习如何：

- 创建一个对象蓝图——`class`（类）
- 使用类创建新对象
- 利用类继承进行系统建模

我们开始吧！

9.1 定义类

基本数据类型用于表示简单的信息。以数字、字符串、列表为例，它们分别可以表示苹果的价格、诗歌的标题、你喜欢的颜色。如果你想表示更复杂的概念，该怎么办？

假设你想跟踪某个组织中的雇员情况，就需要记录各个雇员的基本信息，比如名字、年龄、职位、入职时间。

我们可以用列表来表示每个雇员的信息：

```
kirk = ["James Kirk", 34, "Captain", 2265]
spock = ["Spock", 35, "Science Officer", 2254]
mccoy = ["Leonard McCoy", "Chief Medical Officer", 2266]
```

然而这种方法存在一些问题。

首先，这种做法会让本就冗长的代码文件更加难以管理。如果在 kirk 列表声明处几行之外引用 kirk[0]，你还会记得索引 0 处是雇员的名字吗？

其次，如果表示雇员的列表中的元素数量各不相同，就会出现问题。上面的 mccoy 列表中没有年龄，因此 mccoy[1]返回的是"Chief Medical Officer"而不是 McCoy 先生的年龄。

为了让这样的代码更容易管理和维护，我们可以用**类**来解决问题。

9.1.1 类和实例

我们通过类来创建用户定义的数据结构。在类中定义的函数被称为**方法**（method）。由类衍生出的对象既有自己的数据，也有它能够执行的行为和操作，方法可以将数据和行为联系起来。

在本章中，我们会创建一个 Dog 类。这个类会保存每条狗的特征和行为。

类是一张蓝图，指明了一个物件应该如何去定义。类本身并不包含任何数据。Dog 类中指明了定义一只狗必需的名字和年龄，但其中并不保存某只具体的狗的名字和年龄。

类是蓝图，**实例**（instance）则是依照蓝图构建的一个物件，并且其中包含真正的数据。Dog 类的实例就不再是一张蓝图了，它是一条真真切切的狗，它可能名叫 Miles，今年 4 岁。

我们也可以说类就像是表格或者问卷，实例就是填好各种信息之后的表格。不同的人可以在同一份表格上填写各不相同的信息，一个类也可以衍生出不同的实例。

9.1.2 如何定义类

类的定义从关键字 class 开始，其后写上类名和一个冒号，其下方缩进代码块中的所有代码都会被视作类的主体。

以 Dog 类为例：

```
class Dog:
    pass
```

Dog 类的主体只有一句话：pass 关键字。pass 通常用作占位符，表明此处最终会被实际的代码替换掉。我们可以把尚未完成的代码用 pass 补上，Python 运行到 pass 只是简单地跳过，不会发生任何错误。

注意

依照惯例，Python 的类名应该以单词首字母大写的格式书写。

举例来说，表示某种具体犬种的类，比如杰克罗素梗犬，就应该写成 JackRussellTerrier。

现在的 Dog 类还没什么意思，我们来定义一些每个 Dog 对象都拥有的属性来装点这个类。这样的属性有不少，比如名字、年龄、毛色、犬种，等等。为了简单起见，我们在这里只选名字和年龄。

所有 Dog 都必须拥有的属性需要在一个.__init__()方法中定义。创建一个新的 Dog 对象时，.__init__()会为对象的属性赋值从而设置其初始**状态**。也就是说，.__init__()会初始化类的每一个新建实例。

.__init__()方法可以定义任意数量的参数，但是第一个参数永远都是一个叫 self 的变量。一个新的类实例创建完成之后会自动地传递给.__init__()方法的 self 参数，从而可以在该方法中定义对象的**属性**（attribute）。

我们来修改一下 Dog 类，让.__init__()方法创建.name 和.age 两个属性：

```
class Dog:
    def __init__(self, name, age):
        self.name = name
        self.age = age
```

要注意.__init__()方法的签名缩进了 4 个空格，方法的主体缩进了 8 个空格。缩进级别至关重要，Python 会根据缩进确定.__init__()方法是否属于 Dog 类。

在.__init__()的主体中，有两行用到 self 变量的语句：

(1) self.name = name 创建了一个叫 name 的属性，并将 name 参数的值赋给了这个属性；

(2) self.age = age 创建了一个叫 age 的属性，并将 age 参数的值赋给了这个属性。

在.__init__()方法中创建的属性被称为**实例属性**（instance attribute）。实例属性的值是特定的类实例所专有的。所有的 Dog 对象都有名字和年龄，但是不同 Dog 实例中 name 和 age 属性的值各不相同。

而**类属性**（class attribute）对于所有类实例来说都有相同的值。我们可以在.__init__()外部为变量赋值从而创建类属性。

比如，下面的 Dog 类中就定义了一个叫作 species 的属性，其值为"Canis familiaris"：

```
class Dog:
    # 类属性
    species = "Canis familiaris"

    def __init__(self, name, age):
        self.name = name
        self.age = age
```

类属性直接在类名下面的第一行定义，缩进 4 个空格。类属性必须有初始值。类的实例被创建之后，类属性也会被自动创建并赋予初始值。

类属性用来定义每个类实例都共享同一个值的属性，而实例属性用来定义在不同实例中取值各不相同的属性。

既然 `Dog` 类写好了，我们就创建几个 `Dog` 对象！

9.2 实例化对象

打开 IDLE 的交互式窗口，输入以下代码：

```
>>> class Dog:
...     pass
...
```

这段代码创建了一个没有任何属性和方法的 `Dog` 类。

从类创建对象的过程称为**实例化**（instantiating）对象。我们可以用类名加括号的方式创建一个 `Dog` 对象：

```
>>> Dog()
<__main__.Dog object at 0x106702d30>
```

现在我们有了一个位于 `0x106702d30` 的 `Dog` 对象。这一串奇奇怪怪的字母和数字是一个**内存地址**（memory address），它表示这个 `Dog` 对象在你的电脑内存中的存储位置。要注意，你看到的地址可能和书中的不一样。

现在再实例化一个 `Dog` 对象：

```
>>> Dog()
<__main__.Dog object at 0x0004ccc90>
```

这个新的 `Dog` 实例位于另一个内存地址。这是一个全新的实例，它和你前面实例化的那个 `Dog` 对象完全不一样，因此所在的内存地址也就不同。

我们可以从另一个角度体会这一点。输入如下代码：

```
>>> a = Dog()
>>> b = Dog()
>>> a == b
False
```

在这段代码中，我们创建了两个新的 `Dog` 对象，分别赋值给变量 `a` 和 `b`。使用`==`运算符比较 `a` 和 `b` 得到的结果是 `False`。尽管 `a` 和 `b` 都是 `Dog` 类的实例，但它们表示的是内存中两个完全不同的对象。

9.2.1 类和实例属性

现在再创建一个新的 Dog 类，其中有一个叫.species 的类属性，以及.name 和.age 两个实例属性：

```
>>> class Dog:
...     species = "Canis familiaris"
...     def __init__(self, name, age):
...         self.name = name
...         self.age = age
...
>>>
```

若要实例化 Dog 类的对象，需要提供 name 和 age 两个参数，否则会引发 TypeError 错误：

```
>>> Dog()
Traceback (most recent call last):
  File "<pyshell#6>", line 1, in <module>
    Dog()
TypeError: __init__() missing 2 required positional
    arguments: 'name' and 'age'
```

为了传递 name 和 age 参数，需要将对应的值放在类名后的括号中：

```
>>> buddy = Dog("Buddy", 9)
>>> miles = Dog("Miles", 4)
```

这段代码创建了两个新的 Dog 实例：一条叫 Buddy 的 9 岁的狗，一条叫 Miles 的 4 岁的狗。

Dog 类的.__init__()方法有 3 个参数，那为什么这个例子中只传递了两个参数？

在实例化 Dog 对象时，Python 会创建一个新的实例并将其传递给.__init__()的第一个参数。这实际上就抹去了 self 参数，因此我们只需要关心 name 和 age 这两个参数。

在创建 Dog 实例之后，你就可以使用**点语法**访问它们的实例属性了：

```
>>> buddy.name
'Buddy'
>>> buddy.age
9

>>> miles.name
'Miles'
>>> miles.age
4
```

也可以用同样的方法访问类属性：

```
>>> buddy.species
'Canis familiaris'
```

使用类来组织数据的一大优势是能够保证所有实例都有你想要的属性。所有的 Dog 实例都有.species、.name、.age，你可以随意使用这些属性，它们一定会返回一个值。

虽然属性一定存在，但是它们的值可能会动态更改：

```
>>> buddy.age = 10
>>> buddy.age
10

>>> miles.species = "Felis silvestris"
>>> miles.species
'Felis silvestris'
```

在这个例子中，我们把 buddy 对象的.age 属性改成了 10，把.species 属性改成了"Felis silvestris"[1]——这是一种猫。这下 Miles 就成了一条怪怪的狗，但是对于 Python 来说这是合法的。

这个例子传达出一个关键知识点：自定义对象默认可变。回忆一下，如果一个对象可以动态修改，那么就说它是可变的。比如列表和字典都是可变的，而字符串和元组是不可变的。

9.2.2　实例方法

实例方法（instance method）是定义在类中的函数，我们只能通过类的实例来调用。和.__init_()一样，实例方法的第一个参数永远都是 self。

在 IDLE 中打开一个新的编辑器窗口，输入如下 Dog 类的代码：

```
class Dog:
    species = "Canis familiaris"

    def __init__(self, name, age):
        self.name = name
        self.age = age

    # 实例方法
    def description(self):
        return f"{self.name} is {self.age} years old"

    # 又一个实例方法
    def speak(self, sound):
        return f"{self.name} says {sound}"
```

这里的 Dog 类有两个实例方法。

(1) .description()返回一个字符串，表示这条狗的名字和年龄。

---

① 欧洲野猫的学名。——译者注

(2) .speak()有一个叫 sound 的参数，返回值为字符串，其中的内容为狗的名字和叫声。

把修改后的 Dog 类保存到名为 dog.py 的文件中，按下 F5 键运行程序。然后打开交互式窗口输入如下代码，实际地看一下这些实例方法：

```
>>> miles = Dog("Miles", 4)

>>> miles.description()
'Miles is 4 years old'

>>> miles.speak("Woof Woof")
'Miles says Woof Woof'

>>> miles.speak("Bow Wow")
'Miles says Bow Wow'
```

在上面的 Dog 类中，.description()方法返回一个包含 Dog 实例 miles 相关信息的字符串。在编写自己的类时，我们应该有这样一个返回字符串的方法，字符串的内容能为我们提供关于类实例的有用信息。不过，要达到这一目的，.description()还不是最 Pythonic 的做法。

在创建 list 对象时，我们可以使用 print()显示一个和列表字面量格式一样的字符串：

```
>>> names = ["David", "Dan", "Joanna", "Fletcher"]
>>> print(names)
['David', 'Dan', 'Joanna', 'Fletcher']
```

我们来看看用 print()输出 miles 对象会发生什么：

```
>>> print(miles)
<__main__.Dog object at 0x00aeff70>
```

print(miles)只会输出一段看起来不那么直白的消息，它告诉你 miles 是一个 Dog 对象，位于内存地址 0x00aeff70。这样的消息并没有什么用处，但我们可以定义一个叫.__str__()的特殊实例方法来改变 print()输出的内容。

在编辑器窗口中，把 Dog 类的.description()方法的名称改成.__str__()：

```
class Dog:
    # Dog 类的其他代码保持不变

    # 把.description()改成 __str__()
    def __str__(self):
        return f"{self.name} is {self.age} years old"
```

保存文件并按下 F5 键。现在再执行 print(miles)就会得到更为友好的输出内容：

```
>>> miles = Dog("Miles", 4)
>>> print(miles)
'Miles is 4 years old'
```

像.__init__()和.__str__()这样的方法在方法名的开头和结尾有两个下划线，因而得名**双下划线方法**（dunder method）。在 Python 中有很多双下划线方法可以用来自定义类的行为。就 Python 入门书来说，双下划线方法可能是比较高级的内容，但是要想掌握 Python 中的 OOP，就不得不了解双下划线方法。

在 9.3 节中，我们会深入这些知识点，学习如何用一个类创建另一个类。不过在那之前，先完成下面的巩固练习检验你的学习情况。

9.2.3 巩固练习

你可以在 realpython.com/python-basics/resources/上找到练习的答案以及其他各种资源。

(1) 修改 Dog 类，创建第三个属性 coat_color。该属性以字符串形式记录狗的毛色。把修改后的类保存在文件中，在最后加上下面这两行代码以便测试：

```
philo = Dog("Philo", 5, "brown")
print(f"{philo.name}'s coat is {philo.coat_color}.")
```

你的程序应该输出以下内容：

```
Philo's coat is brown.
```

(2) 创建一个 Car 类。其中有两个实例属性：.color 以字符串形式记录车辆的颜色；.mileage 以整数形式记录车辆行驶的里程数。然后实例化两个 Car 对象：一辆蓝色的、行驶里程数为 20 000 英里[①]的车，一辆红色的、行驶里程数为 30 000 英里的车。最后输出两辆车的颜色和行驶里程数。你的程序应当输出这样的内容：

```
The blue car has 20,000 miles.
The red car has 30,000 miles.
```

(3) 修改上题中的 Car 类，添加一个名为.drive()的方法。该方法有一个数字类型的参数，这个数字会被加到.mileage 属性上。按照这样的方法测试你的解决方案：用 0 英里实例化一个汽车对象，然后调用.drive(100)，最后输出.mileage 属性，检查是否已经被设置为 100。

9.3 从其他类继承

一个类获得另一个类的属性和方法的过程称为继承。这个新的类称为**子类**（child class），而派生出子类的类称为**父类**（parent class）。

① 1 英里约等于 1.6 千米。——编者注

子类可以覆写或扩展父类的属性和方法。也就是说，子类不仅仅继承了父类的所有属性和方法，也可以指定自己特有的属性和方法。

虽然下面的类比不是完全准确，但是你可以把对象继承想成基因的继承。

你可能继承了母亲的发色，这是你与生俱来的属性。假如你决定把头发染成紫色，而你母亲的头发不是紫色的，这个时候就可以说你**覆写**（override）了从母亲那里继承的发色属性。

从某种程度上说，你也从父母那里继承了语言。如果你的父母说英语，那你也会说英语。试想一下，你决定再学一门语言，比如德语。在这种情况下你获得了父母所没有的属性，也就是**扩展**（extend）了自己的属性。

9.3.1　狗狗公园的例子

现在假设你在一个狗狗公园里。公园里有很多不同品种的狗，它们的行为各异。

假设你想用 Python 类为狗狗公园建模。在前面章节中编写的 `Dog` 类可以通过名字和年龄区分不同的狗，但是没法区分犬种。

我们可以在编辑器窗口中修改 `Dog` 类，添加一个 `.breed` 属性：

```
class Dog:
    species = "Canis familiaris"

    def __init__(self, name, age, breed):
        self.name = name
        self.age = age
        self.breed = breed
```

这里省略了先前定义过的实例方法，它们对于这里的内容来说无关紧要。

按下 F5 键保存文件。现在我们可以在交互式窗口中实例化一群狗来对公园进行建模：

```
>>> miles = Dog("Miles", 4, "Jack Russell Terrier")
>>> buddy = Dog("Buddy", 9, "Dachshund")
>>> jack = Dog("Jack", 3, "Bulldog")
>>> jim = Dog("Jim", 5, "Bulldog")
```

不同品种的狗在行为方式上有些许区别。比如斗牛犬的叫声比较低沉，听起来像“汪”；而腊肠犬的叫声更尖，听起来像“嗷”。

如果只用 `Dog` 类，每次调用 `Dog` 实例上的 `.speak()` 方法时都必须为 `sound` 参数提供一个字符串实参：

```
>>> buddy.speak("Yap")
'Buddy says Yap'
```

```
>>> jim.speak("Woof")
'Jim says Woof'

>>> jack.speak("Woof")
'Jack says Woof'
```

每次都为.speak()传递一个字符串显得繁复而不便，并且表示每个 Dog 实例叫声的字符串应该从.breed 属性中得出，而在这个例子中我们却需要在每次调用.speak()时手动传递正确的字符串参数。

你可以通过为每个品种的狗创建一个子类来简化对 Dog 类的使用。这样你可以扩展每个子类所继承的功能，包括指定.speak()的默认参数。

9.3.2 父类和子类

现在我们来为前面提到的杰克罗素梗犬、腊肠犬、斗牛犬三个犬种分别创建一个子类。

这里给出 Dog 类的完整定义以供参考：

```
class Dog:
    species = "Canis familiaris"

    def __init__(self, name, age):
        self.name = name
        self.age = age

    def __str__(self):
        return f"{self.name} is {self.age} years old"

    def speak(self, sound):
        return f"{self.name} says {sound}"
```

要创建一个子类，需要在类名后面的括号里写上父类的名称。下面的代码创建了 Dog 类的三个子类：

```
class JackRussellTerrier(Dog):
    pass

class Dachshund(Dog):
    pass

class Bulldog(Dog):
    pass
```

定义好子类之后，我们就可以实例化特定犬种的狗了：

```
>>> miles = JackRussellTerrier("Miles", 4)
>>> buddy = Dachshund("Buddy", 9)
>>> jack = Bulldog("Jack", 3)
>>> jim = Bulldog("Jim", 5)
```

子类的实例继承了父类的所有属性和方法：

```
>>> miles.species
'Canis familiaris'

>>> buddy.name
'Buddy'

>>> print(jack)
Jack is 3 years old

>>> jim.speak("Woof")
'Jim says Woof'
```

我们可以使用内置的 type()函数查看对象属于哪个类：

```
>>> type(miles)
<class '__main__.JackRussellTerrier'>
```

那如何判断 miles 是否是 Dog 类的实例呢？可以使用内置的 isinstance()函数：

```
>>> isinstance(miles, Dog)
True
```

要注意 isinstance()函数有两个参数，一个是对象，一个是类。在上面的例子中 isinstance()检查了 miles 是不是 Dog 类的实例，最后返回了 True。

miles、buddy、jack、jim 这 4 个对象都是 Dog 类的实例，但 miles 不是 Bulldog 类的实例，而 jack 不是 Dachshund 类的实例：

```
>>> isinstance(miles, Bulldog)
False

>>> isinstance(jack, Dachshund)
False
```

更一般地来说，所有子类的实例都是父类的实例，但它们可能不是某些子类的实例。

现在我们已经为不同的犬种创建了子类，接下来要让不同种类的狗发出不同的叫声。

9.3.3　扩展父类的功能

不同种类的狗叫声也有些许不同，我们想为不同犬种的.speak()方法的 sound 参数提供一个默认值。为了达到这一目的，我们需要在每个犬种的定义中覆写.speak()。

要想覆写父类中定义的方法，只需要在子类中定义一个同名的方法。我们可以像这样修改 JackRussellTerrier 类：

```
class JackRussellTerrier(Dog):
    def speak(self, sound="Arf"):
        return f"{self.name} says {sound}"
```

现在定义在 JackRussellTerrier 类中的.speak()的 sound 参数的默认值为"Arf"。

按此修改 dog.py 中的 JackRussellTerrier 类，按下 F5 键保存并运行文件。现在我们在 JackRussellTerrier 实例上调用.speak()方法时就可以不为 sound 传递实参了：

```
>>> miles = JackRussellTerrier("Miles", 4)
>>> miles.speak()
'Miles says Arf'
```

狗的叫声有时候也会发生变化，如果 Miles 饿得咕咕叫了，你还可以用另一种叫声调用.speak()：

```
>>> miles.speak("Grrr")
'Miles says Grrr'
```

关于类的继承有一点需要注意：对父类的修改会自动传递给子类。只要被修改的属性或者方法没有在子类中被覆写，这些修改就会体现在子类上。

举例来说，在编辑器窗口中修改 Dog 类的.speak()方法返回的字符串：

```
class Dog:
    # 其他属性和方法保持不变

    # 修改.speak()返回的字符串
    def speak(self, sound):
        return f"{self.name} barks: {sound}"
```

保存文件并按下 F5 键。现在创建一个新的 Bulldog 实例 jim，jim.speak()便会返回修改后的字符串：

```
>>> jim = Bulldog("Jim", 5)
>>> jim.speak("Woof")
'Jim barks: Woof'
```

不过在 JackRussellTerrier 实例上调用.speak()并不会输出修改后的字符串：

```
>>> miles = JackRussellTerrier("Miles", 4)
>>> miles.speak()
'Miles says Arf'
```

有时候我们确实需要覆写父类的方法。但在这个例子中，我们不希望 JackRussellTerrier 类丢掉会影响 Dog.speak()输出格式的更改。

为了做到这一点，我们依然需要在 JackRussellTerrier 这个子类上定义.speak()方法。不过我们不需要显式定义输出字符串，只需要在子类的.speak()方法内部用传递给 JackRussellTerrier.

speak()的参数调用 Dog 类的.speak()方法。

我们可以在子类的方法中使用 super()访问父类：

```
class JackRussellTerrier(Dog):
    def speak(self, sound="Arf"):
        return super().speak(sound)
```

在 JackRussellTerrier 内部调用 super().speak(sound)时，Python 会在父类 Dog 中查找.speak()方法并用变量 sound 调用它。

按照上面的代码修改 dog.py 中的 JackRussellTerrier 类。保存文件并按下 F5 键，在交互式窗口中测试代码：

```
>>> miles = JackRussellTerrier("Miles", 4)
>>> miles.speak()
'Miles barks: Arf'
```

现在再调用 miles.speak()，就能看到输出内容已经反映出 Dog 类中的新格式。

重点

在上面的例子中，**类的层次结构**（class hierarchy）非常简单：JackRussellTerrier 类只有一个父类 Dog。在实际情况中，类的层次结构可能会非常复杂。

super()并非单单在父类中查找某个方法或者属性，它会遍历整个类的层次结构以查找这个方法或属性。如果不小心的话，super()可能会返回意料之外的结果。

在 9.4 节中，我们会实际运用所学知识对一个农场进行建模。在那之前，先来完成下面的巩固练习检查你的学习情况。

9.3.4　巩固练习

你可以在 realpython.com/python-basics/resources/上找到练习的答案以及其他各种资源。

(1) 创建一个继承 Dog 类的 GoldenRetriever（金毛寻回犬）类。为 GolderRetriever.speak()的 sound 参数设置默认值"Bark"。父类 Dog 的代码如下：

```
class Dog:
    species = "Canis familiaris"

    def __init__(self, name, age):
        self.name = name
        self.age = age

    def __str__(self):
        return f"{self.name} is {self.age} years old"
```

```
    def speak(self, sound):
        return f"{self.name} says {sound}"
```

(2) 编写一个 Rectangle（矩形）类。其实例必须使用.length 和.width 这两个属性实例化。再添加一个.area()方法来返回矩形的面积（length * width）。

然后编写一个继承 Rectangle 类的 Square（正方形）类，其实例只需要一个.side_length（边长）属性来实例化。测试代码时，实例化一个 Square，其.side_length 设置为 4，检查.area()方法是否返回 16。

将 Square 实例的.width 属性设置为 5，再次调用.area()，此时应该返回 20。

这个例子表明类继承并非总是能够很好地对子集关系进行建模。在数学中，所有的正方形都是矩形，但在计算机编程中并不一定是这样。

在定义行为和利用类的层次结构时需要小心谨慎，确保它们能按照预期工作。

9.4 挑战：建模农场

在本次的挑战中，你将会构建一个简单的农场模型。在完成挑战的过程中要记住正确答案并不唯一。

这一挑战更多地关注软件设计而非 Python 的类语法。软件设计是非常主观的，我们有意将这次的挑战设计得非常开放，鼓励你思考如何将代码组织成类。

在编写代码之前，拿出纸和笔，大概画一下农场的模型，提炼出有哪些类、属性、方法。思考一下继承关系，以及如何防止代码重复。花些时间慢慢来，只要你觉得有必要，可以多次修改。

实际上，本挑战的要求取决于你的想法，不过你也可以试着遵循下面几条规则。

(1) 应当至少创建 4 个类：Animal 作为父类，除此之外还有至少 3 个继承自 Animal 的子类。
(2) 每个类至少有几个属性和一个方法。这些属性和方法能够对特定动物或者所有动物的行为进行建模，比如走、跑、吃饭、睡觉，等等。
(3) 不宜复杂。充分利用继承，确保能够输出动物的细节及其行为。

你可以在 realpython.com/python-basics/resources/上找到这个挑战的答案以及其他各种资源。

9.5 总结和更多学习资源

在本章中，我们学习了面向对象编程（OOP）的相关知识。面向对象是被包括 Java、C#、C++、Python 在内的大多数现代编程语言采用的编程范式。

我们知道了如何定义对象的蓝图——类，以及如何从类实例化一个对象，还学习了属性和方法。属性对应对象的特征，而方法对应对象的行为和操作。

最后我们通过从父类创建子类学习了继承的工作原理。我们了解了如何使用 `super()`引用父类中的方法、如何用 `isinstance()`检查一个对象是否继承了另一个类。

> **交互式小测验**
>
> 本章配有免费在线小测验，以便你检查学习进度。你可以在手机或电脑上通过下面的网址访问小测验：
>
> realpython.com/quizzes/pybasics-oop

更多学习资源

现在你已经学习过了 OOP 的基础知识，但关于 OOP 还有很多东西需要学。参考如下资源继续你的学习之旅：

- Python 官方文档
- Real Python 上关于 OOP 的文章

可以访问 realpython.com/python-basics/resources/获得更多进一步提升 Python 技能的学习资源。

第 10 章

模块和包

随着编码经验日渐丰富，你终究会参与一些大型项目。对于大型项目来说，把所有代码放在同一个文件里就显得非常麻烦了。

你可以把相关的代码放在各自的文件中，而不是全部挤在同一个文件里。这样的文件就叫作**模块**（module）。模块就像是搭建大型应用程序的积木。

在本章中，你将会学习如何：

- 创建自己的模块
- 通过 `import` 语句使用来自其他文件的模块
- 将多个模块组织成**包**

我们开始吧！

10.1 使用模块

模块就是一个 Python 文件，其中包含了能够在其他 Python 文件中重复使用的代码。

从技术上来讲，你跟着本书内容创建的每一个 Python 文件都是一个模块，只不过你还没有看到如何在一个模块中使用来自另一个模块的代码。

将程序划分成模块有以下 4 大优势。

(1) **简单**：每个模块都只关注一个问题。
(2) **可维护**：小文件比大文件好维护。
(3) **可复用**：模块可减少重复代码。
(4) **区分作用域**：模块有各自的**命名空间**。

在本节中我们会深入探索模块。我们会学习如何使用 IDLE 创建模块、如何将模块导入另一个模块、模块如何构建起命名空间。

10.1.1　创建模块

打开 IDLE，在菜单中选择 File→New File 打开一个新的编辑器窗口，也可以直接按下快捷键 Ctrl + N。在编辑器窗口中定义一个返回两个参数之和的 add()函数：

```
# adder.py
def add(x, y):
    return x + y
```

在你的电脑上新建一个 myproject/文件夹，在菜单中选择 File→Save 或者按下 Ctrl + S 快捷键将上面的代码保存到这个文件夹中，文件名为 add.py。add.py 就是一个 Python 模块。这并不是一个完整的程序——模块可以不是一个完整的程序。

按下 Ctrl + N 快捷键打开一个新的编辑器窗口，输入如下代码：

```
# main.py
value = add(2, 2)
print(value)
```

将上面的代码保存为 main.py，放在你刚才创建的 myproject/文件夹中。按下 F5 键运行模块。

模块运行时，你会在 IDLE 的交互式窗口中看到一个 NameError：

```
Traceback (most recent call last):
  File "//Documents/myproject/main.py", line 1, in <module>
    value = add(2, 2)
NameError: name 'add' is not defined
```

发生了 NameError 并不奇怪，因为 add()定义在 adder.py 中而非 main.py 中。为了在 main.py 中使用 add()，我们必须先导入 adder 模块。

10.1.2　在模块中导入另一个模块

在 main.py 的编辑器窗口中，在文件顶部添加这样一行代码：

```
# main.py
import adder # <-- 加上这一行

# 下面的代码不变
value = add(2, 2)
print(value)
```

在导入另一个模块时，被导入的模块中的内容就可以在当前模块中使用了。包含 import 语句的模块被称为**主调模块**（calling module）。在本例中，adder.py 是被导入模块，而 main.py 是主调模块。

按下 Ctrl + S 快捷键保存 `main.py`，然后按下 F5 键运行模块。`NameError` 还是发生了，因为 `add()`只能通过 `adder` 命名空间访问。

命名空间（namespace）是变量名、函数名、类名等一系列名称的集合。每个 Python 模块都有自己的命名空间。

同一个模块中的变量、函数、类只需要写出它们的名字就可以使用——本书到目前为止我们一直都是这样做的。不过这对被导入的模块来说就不管用了。

为了在主调模块中访问被导入模块中的名称，我们需要先写出被导入模块的名称，然后加上一个点（`.`），再写出想要使用的名称：

```
<模块>.<名称>
```

比如想使用 `adder` 模块中的 `add()`，我们就需要写 `adder.add()`。

重点

导入模块时用的模块名和模块的文件名相同。

因此模块文件名必须是合法的 Python 标识符。也就是说，文件名只能包含大小写字母、数字、下划线（_），且不能以数字开头。

将 `main.py` 中的代码修改成下面这样：

```
# main.py
import adder

value = adder.add(2, 2) # 修改这一行
print(value)
```

保存文件并运行模块，交互式窗口中会输出值 `4`。

在文件开头写下 `import <module>`时，我们导入了模块的整个命名空间。任何追加到 `adder.py` 中的新变量、新函数都可以在 `main.py` 中使用，不需要导入这些新的名称。

打开 `adder.py` 的编辑器窗口，在 `add()`下面追加一个新函数：

```
# adder.py
# 这里的代码保持不变
def add(x, y):
    return x + y

def double(x): # <-- 追加这个函数
    return x + x
```

保存文件。打开 `main.py` 的编辑器窗口，追加如下代码：

```
# main.py
import adder

value = adder.add(2, 2)
double_value = adder.double(value) # <-- 追加这一行
print(double_value) # <-- 修改这一行
```

现在保存并运行 main.py。模块运行时，交互式窗口中会显示值 8。由于 double()位于 adder 命名空间中，因此没有发生 NameError。

10.1.3 import 语句的变体

import 语句十分灵活，你应当了解下面这两种变体：

(1) import <模块> as <别名>

(2) from <模块> import <名称>

我们分别看看这两种变体。

1. import <模块> as <别名>

我们可以通过 as 关键字修改被导入模块的名称：

```
import <模块> as <别名>
```

以这种方式导入模块后，需要通过<别名>而非<模块>来访问其命名空间。

比如我们可以这样修改 main.py 的 import 语句：

```
import adder as a # <-- 修改这一行

# 下面的代码保持不变
value = adder.add(2, 2)
double_value = adder.double(value)
print(double_value)
```

保存文件并按下 F5 键，NameError 发生了：

```
Traceback (most recent call last):
  File "//Mac/Home/Documents/myproject/main.py", line 3, in <module>
    value = adder.add(2, 2)
NameError: name 'adder' is not defined
```

由于模块现在被导入为名称 a 而不是 adder，因此 Python 无法识别 adder。

为了让 main.py 再次正常工作，我们需要把 adder.add()和 adder.double()分别替换成 a.add()和 a.double()：

```
import adder as a
```

```
value = a.add(2, 2) # <-- 修改这一行
double_value = a.double(value) # <-- 这一行也要改
print(double_value)
```

现在保存并运行文件。NameError 不再发生，值 8 也显示在交互式窗口中。

2. from <模块> import <名称>

你可以只导入模块中的指定名称而不是导入整个命名空间。为达到这一目的，我们需要将 import 语句改成下面这样：

```
from <模块> import <名称>
```

比如我们可以把 main.py 中的 import 语句改成这样：

```
# main.py
from adder import add # <-- 修改这一行

value = adder.add(2, 2)
double_value = adder.double(2, 2)
print(double_value)
```

保存文件并按下 F5 键，NameError 发生了：

```
Traceback (most recent call last):
  File "//Documents/myproject/main.py", line 3, in <module>
    value = adder.add(2, 2)
NameError: name 'adder' is not defined
```

上面的回溯信息表明名称 adder 并未定义。只有 adder.py 中的名称 add 被导入到了 main.py 模块的局部命名空间中。也就是说，我们可以直接使用 add()而不用写成 adder.add()。

把 main.py 中的 adder.add()和 adder.double()分别替换成 add()和 double()：

```
# main.py
from adder import add

value = add(2, 2) # <-- 修改这一行
double_value = double(value) # <-- 这一行也要改
print(double_value)
```

现在保存文件并运行模块，你觉得会发生什么？

NameError 再次发生了：

```
Traceback (most recent call last):
  File "//Documents/myproject/main.py", line 4, in <module>
    double_value = double(value)
NameError: name 'double' is not defined
```

这一次 NameError 告诉你 double 没有定义。这就证明只有 add 这个名称从 adder 导入进来了。

我们可以在 main.py 中的 import 语句中加上 double 将其导入：

```
# main.py
from adder import add, double # <-- 修改这一行

# 下面的代码不变
value = add(2, 2)
double_value = double(value)
print(double_value)
```

保存并运行模块。现在模块在运行时就不会发生 NameError 了，值 8 会显示在交互式窗口中。

3. import 语句的总结

表 10-1 总结了导入模块的相关知识。

表　10-1

import 语句	结　果
import <模块>	将<模块>的整个命名空间导入为<模块>。在主调模块中可以以<模块>.<名称>的形式访问被导入模块中的名称
import <模块> as <别名>	将<模块>的整个命名空间导入为<别名>。在主调模块中可以以<别名>.<名称>的形式访问被导入模块中的名称
from <模块> import <名称 1>, <名称 2>, ...	仅从<模块>中导入<名称 1>、<名称 2>等名称。被导入的名称会加入主调模块的局部命名空间中，可以直接访问

互不干扰的命名空间是将代码划分为模块之后带来的一大好处。接下来我们花点时间了解一下为什么命名空间这么重要，以及为什么需要关注命名空间。

10.1.4　为什么要用命名空间

假设地球上的每一个人都有一个身份证号。为了让人与人之间能够相互区分，每个身份证号必须是独一无二的。为此我们需要大量的身份证号。

世界被分成了一个个国家，那么我们就可以按照出生时所在国家将人们分组。如果为每个国家赋予一个独一无二的代码，我们就可以把它附加到每个人的身份证号前面。比如一个来自美国的人就可以有 US-357 这样的身份证号，而一个来自英国的人就可以有 GB-246 这样的身份证号。

现在来自不同国家的人可以有同样（号码）的身份证号。由于他们的国家代码不同，我们依然可以区分他们。同一个国家的人还是必须有不同的身份证号，但我们不需要这个号码是全球唯一的。

这个情景中的国家代码就是**命名空间**的例子，它揭示了使用命名空间的三大原因。

(1) 将名字按逻辑**分组**。

(2) **防止同名冲突**。
(3) 为名字**提供上下文**。

代码中的命名空间也带来了同样的优势。

我们已经看到如何将一个模块导入另一个模块中。要记住，命名空间带来的好处能够帮助你判断哪种 `import` 语句最合适。

一般来说 `import <模块>`更受欢迎，因为它能保证被导入模块的命名空间和主调模块的命名空间完全分离。此外，被导入模块中的名称都必须以`<模块>.<名称>`的形式在主调模块中访问，这样的语法能够直接表明这个名称来自哪个模块。

在这两种情况下，你可能需要使用 `import <模块> as <别名>`的形式。

(1) 模块名太长，你希望用缩写的别名导入它。
(2) 模块名和主调模块中现有的名称冲突。

`import <模块> as <别名>`也会将被导入模块的命名空间和主调模块的命名空间隔离。不过这种做法也有缺点，你给模块取的别名可能没有原本的名称识别度高。

从模块中导入指定的名称一般来说相对少见。以这种方式导入的名称直接加入主调模块的命名空间，它们的上下文被直接抹掉了。

有时候模块只有一个和模块同名的函数或者类。比如 Python 标准库中就有一个叫作 `datetime` 的模块，其中有一个 `datetime` 类。

假如你在代码中写了这样的 `import` 语句：

```
import datetime
```

这行代码将 `datetime` 导入代码的命名空间中，因此为了使用 `datetime` 模块中的 `datetime` 类，你需要这样写：

```
datetime.datetime(2020, 2, 2)
```

我们现在不需要关心 `datetime` 类有什么用。这里主要想说的是，在使用 `datetime` 类时如果总是需要写 `datetime.datetime`，那实在是冗长而乏味。

这个例子恰好说明了什么时候应该使用 `import` 的这两个变体。为了保留 `datetime` 包的上下文，Python 程序员常常会在导入它时将其重命名为 `dt`：

```
import datetime as dt
```

现在要使用 `datetime` 类只需要写 `dt.datetime`：

```
dt.datetime(2020, 2, 2)
```

把 datetime 类直接导入主调模块的命名空间中也很常见：

```
from datetime import datetime
```

这样做没有问题，由于类名和模块名是一样的，因此名称的上下文仍然明确。

如果直接导入了 datetime 类，就不再需要用模块名加点来引用这个类了：

```
datetime(2020, 2, 2)
```

这几种 import 语句能够让你不需要花大量时间输入冗长的加点模块名。不过滥用 import 语句也会导致上下文丢失，最终造成代码难以理解。

在导入模块时要三思而后行，尽最大可能保留名称的上下文。

10.1.5　巩固练习

你可以在 realpython.com/python-basics/resources/上找到练习的答案以及其他各种资源。

(1) 创建一个叫 greeter.py 的模块，其中只有一个 greet()函数。这个函数接收一个字符串参数 name，它会在交互式窗口中输出 Hello {name}!，{name}会被函数实参替换。

(2) 创建一个叫 main.py 的模块，将 greeter.py 中的 greet()导入这个模块中，以"Real Python"为实参调用 greet()函数。

10.2　使用包

模块可以将程序划分成一个个在需要时可以重复使用的文件。相关的代码被组织成一个模块，和其他的代码互不干扰。

包在这样的结构上更进一步，你可以让多个相关的模块在同一个命名空间下。

在本节中，我们会学习如何创建自己的 Python 包、如何将包中的代码导入另一个模块。

10.2.1　创建包

包（package）是含有一个或多个 Python 模块的文件夹。包中必须有一个叫作__init__.py 的特殊模块。图 10-1 展示了一个包的结构。

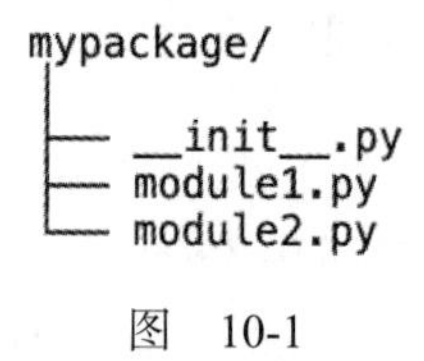

图　10-1

__init__.py 模块中可以没有任何代码。只要有这样一个模块，Python 就会将 mypackage/文件夹识别为一个 Python 包。

在你的电脑上使用文件管理器或者其他你喜欢的工具创建一个叫 packages_example/的新文件夹，在其中再创建一个 mypackage/文件夹。

packages_example/文件夹中包含了 packages_example 项目中的所有文件和文件夹，因此我们称其为**项目文件夹**（project folder）或者**项目根文件夹**（project root folder）。mypackage/最终会成为一个 Python 包，但它现在还不是一个包，因为其中没有任何模块。

打开 IDLE 并按下 Ctrl + N 快捷键创建一个新的编辑器窗口，在文件顶部添加如下注释：

```
# main.py
```

现在按下 Ctrl + S 快捷键将文件保存为 main.py，放到之前创建的 packages_example/文件夹中。

按下 Ctrl + N 快捷键再创建一个编辑器窗口，在文件顶部写上如下内容：

```
# __init__.py
```

然后按下 Ctrl + S 快捷键将文件保存为__init__.py，放到你的 packages_example/文件夹的 mypackage/子文件夹中。

最后再创建两个编辑器窗口。分别将这两个文件保存为 module1.py 和 module2.py 并放到 mypackage/文件夹中。在两个文件的顶部写上内容为文件名的注释。

完成之后你应该总共打开了 5 个 IDLE 窗口：1 个交互式窗口和 4 个编辑器窗口。

包的结构已经准备完毕，我们来写点儿代码。在 module1.py 文件中添加下面的函数：

```
# module1.py
def greet(name):
    print(f"Hello, {name}!")
```

在 module2.py 文件中添加下面的函数：

```
# module2.py
def depart(name):
    print(f"Goodbye, {name}!")
```

一定要记得保存 module1.py 和 module2.py 这两个文件。现在我们就可以在 main.py 中导入并使用这两个模块了。

10.2.2 导入包中的模块

在你的 main.py 文件中追加如下代码：

```
# main.py
import mypackage

mypackage.module1.greet("Pythonista")
mypackage.module2.depart("Pythonista")
```

保存 main.py，按下 F5 键运行模块，交互式窗口中提示发生了 AttributeError：

```
Traceback (most recent call last):
File "\MacHomeDocumentspackages_examplemain.py", line 5, in <module>
    mypackage.module1.greet("Pythonista")
AttributeError: module 'mypackage' has no attribute 'module1'
```

导入 mypackage 时并不会自动导入 module1 和 module2——你需要手动导入它们。

修改 main.py 顶部的 import 语句：

```
# main.py
import mypackage.module1 # <-- 修改这一行

# 下面的代码保持不变
mypackage.module1.greet("Pythonista")
mypackage.module2.depart("Pythonista")
```

保存并运行 main.py 模块，你应该会在交互式窗口中看到如下输出内容：

```
Hello, Pythonista!
Traceback (most recent call last):
  File "\MacHomeDocumentspackages_examplemain.py", line 6, in <module>
    mypackage.module2.depart("Pythonista")
AttributeError: module 'mypackage' has no attribute 'module2'
```

我们可以看出 mypackage.module1.greet()成功调用，因为 Hello, Pythonista!已经显示在了交互式窗口中。

然而 mypackage.module2.depart()没有成功调用。这是因为到目前为止只导入了 mypackage 中的 module1。

为了导入 module2，我们需要在 main.py 顶部添加如下 import 语句：

```
# main.py
import mypackage.module1
import mypackage.module2 # <-- 修改这一行

# 下面的代码保持不变
mypackage.module1.greet("Pythonista")
mypackage.module2.depart("Pythonista")
```

再次保存并运行 main.py，greet()和 depart()都成功调用：

```
Hello, Pythonista!
Goodbye, Pythonista!
```

总之，我们需要通过**带点模块名**导入包中的模块，格式如下：

```
import <包名>.<模块名>
```

首先写出包名，再写上一个点（.），最后写出想要导入的模块。

> **重点**
>
> 包文件夹名称和模块文件名一样，必须是合法的 Python 标识符。包名只允许包含大小写字母、数字、下划线（_），且不能以数字开头。

和模块一样，在导入包时也有几种 import 语句变体可用。

1. 导入包的 import 语句变体

我们已经学过从模块中导入名称的 3 种 import 语句变体。从包中导入模块时有相对应的 4 种变体：

(1) import <包>

(2) import <包> as <别名>

(3) from <包> import <模块>

(4) from <包> import <模块> as <别名>

这几种变体和从模块中导入名称时对应的变体作用类似。

举例来说，你可以在一行代码中导入两个模块，而不是分两行写 mypackage.module1 和 mypackage.module2。将 main.py 修改成这样：

```
# main.py
from mypackage import module1, module2

module1.greet("Pythonista")
module2.depart("Pythonista")
```

保存并运行模块，交互式窗口中会输出和之前一样的内容。

可以使用 as 关键字为导入的模块改名：

```
# main.py
from mypackage import module1 as m1, module2 as m2

m1.greet("Pythonista")
m2.depart("Pythonista")
```

你也可以从一个包的模块中导入单个名称。例如，你可以把 main.py 改写成下面这样，当你保存和运行该模块时，打印内容不变：

```
# main.py
from mypackage.module1 import greet
from mypackage.module2 import depart
```

```
greet("Pythonista")
depart("Pythonista")
```

有了这么多导入包的方法，我们自然想知道哪种方法才是最好的。

2. 导入包的准则

从模块中导入名称的准则在从包中导入模块时同样适用。应当优先选择更加明确的方式导入包，只有这样被导入主调模块中的模块和名称才能保持其上下文。

总的来说，下面的格式是最为明确的：

```
import <包>.<模块>
```

要访问模块中的名称，需要像这样写：

```
<包>.<模块>.<名称>
```

这样在遇到来自被导入模块中的名称时，我们可以立马识别出它来自哪个模块。不过有些时候包名和模块名太长了，你可能需要一次又一次地写<包>.<模块>。

下面这种形式可以让你省略包名，只将包中的模块导入主调模块的命名空间中：

```
from <包> import <模块>
```

现在我们只需要写<模块>.<名称>就可以访问模块中的名称。尽管我们无法从中看出名称来自哪个包，但模块的上下文依然清晰明了。

最后这种形式一般来说很容易造成混淆，只有在被导入模块中的名称和主调模块中的名称不会发生冲突时，才可以考虑使用这种形式：

```
from <包>.<模块> import <名称>
```

现在我们已经知道了如何从包中导入模块，接下来我们看看如何将包嵌入另一个包中。

10.2.3　从子包中导入模块

包只不过是包含一个或多个 Python 模块（其中一个必须为`__init__.py`）的文件夹，因此完全可以做到包中有包，如图 10-2 所示。

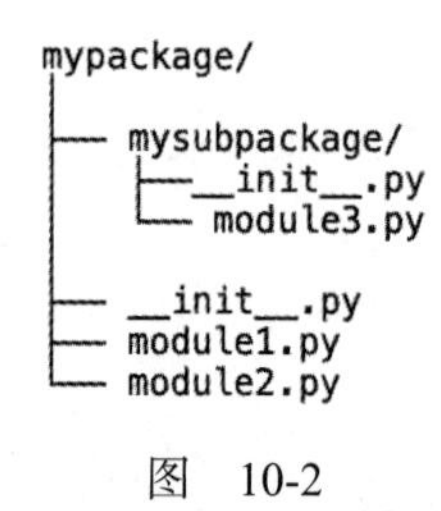

图　10-2

我们把嵌入另一个包中的包称为**子包**（subpackage）。比如 mysubpackage 文件夹就是 mypackage 的一个子包，因为这个文件夹中有一个__init__.py 模块以及一个 module3.py 模块。

在你的电脑上通过文件管理器或者其他工具创建一个 mysubpackage/文件夹，并确保它在你之前创建的 mypackage/里面。

在 IDLE 中打开两个新的编辑器窗口，创建__init__.py 和 module3.py 两个文件，保存到 mysubpackage/文件夹中。

在 module3.py 文件夹中添加如下代码：

```
# module3.py

people = ["John", "Paul", "George", "Ringo"]
```

现在打开 packages_examples/项目根文件夹中的 main.py，将其中的代码替换成下面的代码：

```
# main.py
from mypackage.module1 import greet
from mypackage.mysubpackage.module3 import people

for person in people:
    greet(person)
```

mysubpackage 包下的 module3 模块中的 people 列表通过加点模块名 mypackage.mysubpackage.module3 导入了进来。

保存并运行 main.py，交互式窗口中会显示如下内容：

```
Hello, John!
Hello, Paul!
Hello, George!
Hello, Ringo!
```

子包在组织大型包的代码时非常有用，它们能够保持包的文件夹结构条理清晰。

不过嵌套过深的子包会带来过长的带点模块名。你可以想象一下从一个包的子包的子包的子包中导入模块会写多长的 import 语句。

最好还是保证子包只嵌套了一层或者两层。

10.2.4 巩固练习

你可以在 realpython.com/python-basics/resources/上找到练习的答案以及其他各种资源。

(1) 新建一个叫 package_exercises/的项目文件夹，在其中创建一个叫作 helper 的包，其中有 3 个模块：__init__.py、string.py、math.py。

为 string.py 模块添加一个叫 shout()的函数，接收一个字符串参数，返回将参数字符串变成大写后的字符串。

为 math.py 模块添加一个 area()函数，接收 length 和 width 两个参数，返回两者的乘积 length * width。

(2) 在项目根文件夹中，创建一个叫 main.py 的模块，导入 shout()、area()两个函数。使用这两个函数输出如下内容：

```
THE AREA OF A 5-BY-8 RECTANGLE IS 40
```

10.3 总结和更多学习资源

在本章中，我们学习了如何创建自己的 Python 模块和包、如何将一个模块中的对象导入另一个模块中。将代码划分成包和模块是非常有益的，原因有以下 4 点。

- 短代码文件比长代码文件**简洁**。
- 短代码文件比长代码文件更**易于维护**。
- 模块可以在整个项目中**复用**。
- 模块将相关对象组织成相互隔离的**命名空间**。

交互式小测验

本章配有免费在线小测验，以便你检查学习进度。你可以在手机或电脑上通过下面的网址访问小测验：

realpython.com/quizzes/pybasic-modules-package

更多学习资源

若想进一步学习有关模块和包的知识，可以看一看下面的学习资源：

- “Python Modules and Packages”（Python 模块和包，课程）
- “Absolute vs Relative Imports”（绝对导入和相对导入，课程）

可以访问 realpython.com/python-basics/resources/获得更多进一步提升 Python 技能的学习资源。

第 11 章

文件输入与输出

到目前为止，我们编写的程序主要从两个渠道获得输入数据：用户和程序本身。而这些程序的输出也仅仅是在 IDLE 的交互式窗口中显示一些文本。

在一些场景中，这样的输入输出方式并不实用，比如：

- 在编写程序时输入值未知
- 程序所需要的数据量过大，用户难以手动输入
- 程序运行之后需要共享输出内容

这种情况下就该派文件出场了。

在本章中，你将会学习如何：

- 使用文件路径和文件元数据
- 读写文本文件
- 读写**逗号分隔值**（comma-separated values，CSV）文件
- 创建、删除、复制、移动文件和文件夹

我们开始吧！

11.1 文件和文件系统

可能你长期以来都在用电脑工作，但是即便如此，我们也需要了解程序员需要知道的和文件有关的一些知识——一般用户不需要知道这些知识。

在本节中，我们将学习一些在 Python 中处理文件时必须了解的概念。

11.1.1 文件的结构

文件的类型数不胜数，文本文件、图像文件、音频文件、PDF 文件，等等。但不管是哪种文件，它们都是由被称为**文件内容**（file content）的**字节**（byte）序列构成的。

一个字节就是一个在 0 到 255 之间的整数值。保存文件时，一系列的字节会被保存到物理存储设备上。访问计算机中的某个文件时，文件中的字节会以序列的形式从磁盘中读入。

文件本身并不会阐明应当如何解释其中的内容。作为程序员，在你的程序打开一个文件时，你需要负责按照正确的格式解释其中的字节。这听起来可能很难，但 Python 会替你完成各种复杂的工作。

举例来说，Python 会帮你将文本文件中的字节转换为文本字符。你不需要知道如何完成这样的转换操作。标准库中有很多可以处理各种类型文件的工具，其中包括处理图像文件和音频文件的工具。

要访问存储设备上的一个文件，你需要知道这个文件保存在哪个设备上、如何和这个设备互动、这个文件具体在设备上的哪个位置。这一系列繁重的工作都由**文件系统**（file system）负责。

11.1.2　文件系统

计算机的文件系统会完成两项工作：

(1) 为存储在计算机以及与其相连设备上的文件提供抽象表示；
(2) 作为从控制存储的设备中取回文件的接口。

Python 可以和你的计算机上的文件系统进行互动，Python 能够进行的具体操作受文件系统的限制。

> **重点**
>
> 不同的操作系统使用不同的文件系统。在编写可以在不同操作系统上运行的代码时需要注意这一点。

文件系统会管理计算机和物理存储设备之间的通信。这是一个好消息，这就意味着作为 Python 程序员，你不需要关心如何访问物理设备或者如何让硬盘运转起来之类的问题了。

1. 文件系统的层次结构

文件系统将文件组织成由**目录**（directory）构成的层次结构，目录也称**文件夹**（folder）。这个层次结构的顶层是一个称作**根目录**（root directory）的目录。文件系统中的所有文件和目录都包含在根目录中。

> **重点**
>
> 在 Windows 中，每个磁盘驱动器都有各自的文件层次结构，其根目录以驱动器文件名表示。
>
> macOS 和 Linux 则不同，每个驱动器都表现为同一个根目录下的一个子目录。

每个文件都有一个**文件名**（filename），这个名字不能和位于同一目录中的其他文件重复。目录中可以包含其他目录，这样的目录称为**子目录**（subdirectory）或者**子文件夹**（subfolder）。

图 11-1 所示的**目录树**（directory tree）展示了示例文件系统中的文件和目录的层次关系。

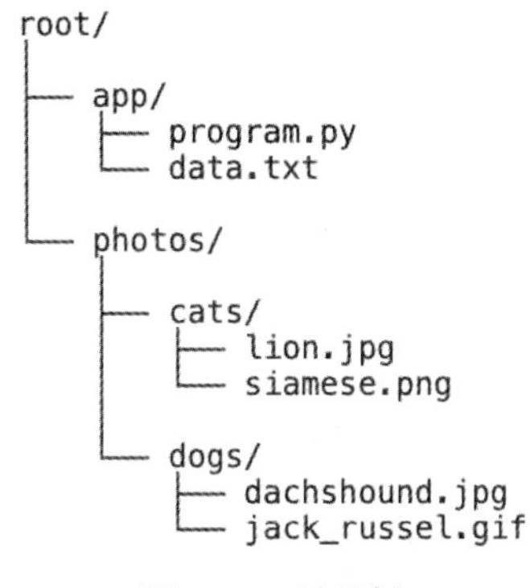

图 11-1 目录树

在这个文件系统中，根文件夹名为 root/。其中有两个子目录 app/和 photos/。app/子目录中有一个 program.py 文件和一个 data.text 文件。photos/目录中有两个子目录 cast/和 dogs/，它们分别保存了两个图片文件。

2. 文件路径

为了定位文件系统中的文件，我们可以从根目录开始依序列出各级目录，最后再加上文件名。以这种形式表示文件位置的字符串称为**文件路径**（file path）。

以上面的文件系统中的 jack_russel.gif 文件为例，它的文件路径就是 root/photos/dogs/jack_russel.gif。

文件路径的书写方式取决于操作系统。下面展示了 Windows、macOS、Linux 上的文件路径格式。

(1) Windows：C:\Users\David\Documents\hello.txt

(2) macOS：/Users/David/Documents/hello.txt

(3) Ubuntu Linux：/home/David/Documents/hello.txt

上面三个文件路径都定位了一个保存在 David 的用户目录下 Documents 子目录中的 hello.txt 文件。如你所见，有一个操作系统的文件路径和其他两个相比有非常明显的区别。

在 macOS 和 Ubuntu Linux 上，操作系统使用的是**虚拟文件系统**（virtual file system）。虚拟文件系统会把系统中所有设备的文件和目录放在统一的根目录之下，它们的根目录通常用斜杠（/）表示。来自外部存储设备的文件和文件夹通常位于一个叫作 media/的子目录中。

在 Windows 上并没有统一的根目录。每个设备都有一个单独的文件系统，并且各自有自己的根目录。它们的根目录以**盘符**为名，后面加上一个冒号（:）和反斜杠（\）。通常安装操作系统的磁盘驱动器盘符为 C，因此该驱动器的文件系统根目录为 `c:`。

Windows 和 macOS、Ubuntu 在文件路径方面还有一大区别是 Windows 的文件路径以反斜杠（\）分隔，而 macOS 和 Ubuntu 的文件路径用斜杠（/）分隔。

在编写需要在多种操作系统上运行的程序时，正确处理不同操作系统的文件路径非常关键。在 Python 3.4 之后的版本中，标准库中有一个 `pathlib` 模块专门用于减轻处理不同操作系统文件路径的痛苦。

11.2 在 Python 中处理文件路径

Python 的 `pathlib` 模块是处理文件路径的主要接口。在使用它进行各种操作之前，我们首先需要导入该模块。

打开 IDLE 的交互式窗口，输入如下代码导入 `pathlib`：

```
>>> import pathlib
```

`pathlib` 模块中有一个用来表示文件路径的 `Path` 类。

11.2.1 创建 Path 对象

有多种创建 `Path` 对象的方法：

(1) 从字符串创建
(2) 使用 `Path.home()`和 `Path.cwd()`两个类方法
(3) 使用/运算符

其中最直白的就是用字符串创建 `Path` 对象。

1. 用字符串创建 Path 对象

举例来说，下面的代码创建了一个表示 macOS 文件路径`"/Users/David/Documents/hello.txt"`的 `Path` 对象：

```
>>> path = pathlib.Path("/Users/David/Documents/hello.txt")
```

但是这对于 Windows 路径来说就有一个问题。在 Windows 上要用反斜杠（\）分隔目录，而 Python 会把反斜杠解释成**转义序列**（escape sequence）。转义序列用于表示字符串中的特殊字符，比如`\n` 就表示换行符。

如果用 Windows 文件路径"C:\Users\David\Desktop\hello.txt"创建 Path 对象，就会引发异常：

```
>>> path = pathlib.Path("C:\Users\David\Desktop\hello.txt")
SyntaxError: (unicode error) 'unicodeescape' codec can't decode bytes
in position 2-3: truncated \UXXXXXXXX escape
```

有两个方法可以避免这个问题。

第一种方法，你可以用斜杠（/）代替 Windows 文件路径中的反斜杠（\）：

```
>>> path = pathlib.Path("C:/Users/David/Desktop/hello.txt")
```

Python 能够正常解释这段代码。在和 Windows 操作系统对接时，Python 会自动地、正确地转换文件路径。

第二种方法，你可以在字符串前加上一个 r 把字符串转换成**原始字符串**（raw string）：

```
>>> path = pathlib.Path(r"C:\Users\David\Desktop\hello.txt")
```

这会告诉 Python 忽略字符串中的所有转义序列，将其按照原样读取。

2. 使用 Path.home()和 Path.cwd()

除了用字符串创建 Path 对象之外，Path 类也提供了一些返回代表特殊目录的 Path 对象的类方法。其中最有用的两个类方法是 Path.home()和 Path.cwd()。

每个操作系统都有一个特殊目录用来保存当前已登入用户的数据，称为用户的 **home 目录**。不同操作系统的 home 目录位置也不一样。

- Windows：C:\Users\<用户名>。
- macOS：/Users/<用户名>。
- Ubuntu Linux：/home/<用户名>。

无论代码在哪个操作系统上运行，Path.home()这个类方法都会创建一个表示 home 目录的 Path 对象：

```
>>> home = pathlib.Path.home()
```

在 Windows 上检查 home 变量时，你会看到这样的内容：

```
>>> home
WindowsPath("C:/Users/David")
```

这里创建的 Path 对象属于一个叫 WindowsPath 的类，它是 Path 的子类。在其他操作系统上，这里返回的 Path 对象属于一个叫 PosixPath 的子类。

比如在 macOS 上检查 home 变量就会显示这样的内容：

```
>>> home
PosixPath("/Users/David")
```

在接下来的内容中，你会在示例代码的输出内容中看到 WindowsPath 对象。不过，所有的示例对于 PosixPath 同样适用。

> **注意**
>
> WindowsPath 和 PosixPath 有相同的方法和属性。从编程的角度来看，这两种 Path 对象没有任何区别。

Path.cwd()类方法返回一个表示**当前工作目录**（current working directory，CWD）的 Path 对象。当前工作目录是动态的，它引用的具体目录取决于计算机上某个进程在何处工作。当前工作目录始终表示你在文件系统中的当前位置。

在运行 IDLE 时，当前工作目录通常被设置为当前用户的 home 目录中的 Documents 目录：

```
>>> pathlib.Path.cwd()
WindowsPath("C:/Users/David/Documents")
```

但并非总是如此，当前工作目录在一个程序的生命周期中可能发生变化。

Path.cwd()确实有用，但需要谨慎使用。在使用这个方法时，一定要弄清楚当前工作目录究竟代表哪一个目录。

3. 使用/运算符

如果你已经有了一个 Path 对象，就可以用/运算符为路径加上子目录或文件名。

比如下面的 Path 对象表示一个位于当前用户 home 目录中的 Documents 子目录下的 hello.txt 文件：

```
>>> home / "Desktop" / "hello.txt"
WindowsPath('C:/Users/David/Desktop/hello.txt')
```

/运算符的左边必须是一个 Path 对象。右边既可以是一个表示单个文件或目录的字符串，也可以是一个表示路径的字符串或者另一个 Path 对象。

11.2.2 绝对路径和相对路径

以文件系统根目录开头的路径称为**绝对文件路径**（absolute file path）。并非所有的路径都是绝对路径，不是绝对路径的路径即是**相对文件路径**（relative file path）。

下面是一个引用相对路径的 Path 对象：

```
>>> path = pathlib.Path("Photos/image.jpg")
```

要注意这里的路径字符串没有以 `C:\`或`/`开头。

可以用`.is_absolute()`判断一个文件路径是绝对路径还是相对路径：

```
>>> path.is_absolute()
False
```

只有在提及另一个目录的情况下相对路径才有意义。相对路径在描述相对于当前工作目录或者用户 home 目录的文件时最为常用。

我们可以用斜杠（`/`）运算符将相对路径扩展成绝对路径：

```
>>> home = pathlib.Path.home()
>>> home / pathlib.Path("Photos/image.png")
WindowsPath('C:/Users/David/Photos/image.png')
```

在斜杠（`/`）的左边放一个绝对路径，指向包含相对路径的目录，然后把相对路径放在斜杠的右边。

不过，你并不总是知道如何构建绝对路径。在这些情况下，你可以使用 `Path.resolve()`。

当你对一个现有的 `Path` 对象调用`.resolve()`时，会返回一个代表绝对路径的新 `Path` 对象：

```
>>> relative_path = pathlib.Path("/Users/David")
>>> absolute_path = relative_path.resolve()
>>> absolute_path
WindowsPath('C:/Users/David')
```

`Path.resolve()`会尽可能地构造出对应的绝对路径。

有时候相对路径存在歧义，这个时候`.resolve()`返回的也是一个相对路径。换句话说，`.resolve()`并不保证会返回一个绝对路径。

创建 `Path` 对象之后，我们就可以检查对应文件路径的各个分量。

11.2.3 访问文件路径分量

所有的文件路径都有一个目录的列表。`Path` 对象的`.parents` 属性会返回一个可迭代对象，其中含有文件路径上所有目录的列表：

```
>>> path = pathlib.Path.home() / "hello.txt"
>>> path
WindowsPath("C:/Users/David")
>>> list(path.parents)
[WindowsPath("C:/Users/David"), WindowsPath("C:/Users"),
WindowsPath("C:/")]
```

要注意返回的目录的顺序和其在文件路径中的顺序是相反的。也就是说，文件路径中最后一个目录是父目录列表中的第一个。

我们可以在 for 循环中迭代父目录：

```
>>> for directory in path.parents:
...     print(directory)
...
C:\Users\David
C:\Users
C:\
```

.parent 属性以字符串形式返回文件路径中的第一级父目录名称[①]：

```
>>> path.parent
WindowsPath('C:/Users/David')
```

.parent 是.parents[0]的简写。

对于绝对路径，你可以用.anchor 属性访问其根目录：

```
>>> path.anchor
'C:\'
```

要注意.anchor 返回的是字符串，而非另一个 Path 对象。

对于相对路径，.anchor 返回的是空字符串：

```
>>> path = pathlib.Path("hello.txt")
>>> path.anchor
''
```

.name 属性返回的是路径指向的文件或目录的名称：

```
>>> home = pathlib.Path.home()    # C:\Users\David
>>> home.name
'David'
>>> path = home / "hello.txt"
>>> path.name
'hello.txt'
```

文件名分为两个部分：点（.）左边的部分称为**主干**（stem），右边的部分称为**后缀**（suffix）或者**文件扩展名**（file extension）。

.stem 和.suffix 分别以字符串形式返回文件名的这两部分：

```
>>> path.stem
'hello'
>>> path.suffix
'.txt'
```

① 原文为“The .parent attribute returns the name of the first parent directory in the file path as a string”，但.parent 属性返回的其实是一个 Path 对象，而非字符串。——译者注

你可能很好奇要怎么才能真正地对 `hello.txt` 文件做点儿什么。我们会在 11.5 节中学习如何读写文件。在打开文件读取其中的数据之前，最好先检查一下这个文件究竟是否存在。

11.2.4　检查文件路径是否存在

即使一个路径并不存在，我们也可以构造出代表它的 `Path` 对象。当然，如果你没有计划在某个时候创建这样一个尚不存在的路径，这些 `Path` 对象也没什么用。

`Path` 对象有一个 `.exists()` 方法。它会根据这个路径是否存在于执行程序的机器上返回 `True` 或 `False`。

举例来说，如果你的 home 目录中并没有 `hello.txt` 文件，那么在表示这个路径的 `Path` 对象上调用 `.exists()` 就会返回 `False`：

```
>>> path = pathlib.Path.home() / "hello.txt"
>>> path.exists()
False
```

在你的 home 目录中使用文本编辑器或者其他办法创建一个叫作 `hello.txt` 的空白文本文件，然后再次运行上面的示例代码，确定 `path.exists()` 返回 `True`。

我们可以检查一个路径指向一个文件还是目录。要检查路径是否是一个文件，可以用 `.is_file()` 方法：

```
>>> path.is_file()
True
```

要注意 `.is_file()` 会在文件不存在时返回 `False`。

使用 `.is_dir()` 方法检查文件路径是否指向目录：

```
>>> # "hello.txt"不是目录
>>> path.is_dir()
False

>>> # home 是目录
>>> home.is_dir()
True
```

对于需要从磁盘驱动器或者其他存储设备中读写数据的编程项目来说，处理文件路径至关重要。作为既重要又实用的技能，我们应该理解不同操作系统上文件路径的区别、知道如何使用 `pathlib.Path` 对象让程序能够在任何操作系统上工作。

11.2.5　巩固练习

你可以在 realpython.com/python-basics/resources/ 上找到练习的答案以及其他各种资源。

(1) 创建一个 Path 对象，令其指向你的电脑上的 home 目录中的 my_folder/文件夹下的 my_file.txt 文件。将这个 Path 对象赋给变量名 file_path。
(2) 检查赋给 file_path 的路径是否存在。
(3) 输出赋给 file_path 的路径的名称。输出内容应当为 my_file.txt。
(4) 输出赋给 file_path 的父目录的名称。输出内容应当为 my_folder。

11.3　常见文件系统操作

现在我们已经知道了如何使用 pathlib 模块处理文件路径，接下来我们来了解一些常见的文件操作，以及如何在 Python 中执行这些操作。

11.3.1　常见目录和文件

使用 Path.mkdir()方法创建一个新目录。在 IDLE 的交互式窗口中，输入如下代码：

```
>>> from pathlib import Path
>>> new_dir = Path.home() / "new_directory"
>>> new_dir.mkdir()
```

在导入 Path 类之后，我们创建了一个新的 Path 对象并将其赋给了 new_dir 变量。它指向 home 文件夹中的 new_directory/目录。随后我们使用.mkdir()创建了这个新目录。

我们现在可以确定这个新目录确实存在，它也的确是个目录：

```
>>> new_dir.exists()
True
>>> new_dir.is_dir()
True
```

如果试图创建一个已经存在的目录，我们会得到一个错误：

```
>>> new_dir.mkdir()
Traceback (most recent call last):
  File "<pyshell#32>", line 1, in <module>
    new_dir.mkdir()
  File "C \Users\David\AppData\Local\Programs\Python\
  Python\lib\pathlib.py", line 1266, in mkdir
    self._accessor.mkdir(self, mode)
FileExistsError: [WinError 183] Cannot create a file when
that file already exists: 'C:\\Users\\David\\new_directory'
```

在调用.mkdir()时，Python 会试图再次创建 new_directory。由于这个目录已经存在，因此创建目录的操作就失败了，进而引发了 FileExistsError 异常。

如果你只想在目录不存在时才创建目录，并且在目录已经存在时希望能够避免引发 FileExistsError，应该怎么办？

在这种情况下，我们可以将.mkdir()的 exist_ok 参数设为 True：

```
>>> new_dir.mkdir(exist_ok=True)
```

在将 exist_ok 设为 True 时执行.mkdir()的话，只有在目录不存在时才会创建该目录。如果这个目录已经存在，那么什么都不会发生。

在调用.mkdir()时将 exist_ok 设为 True 等价于如下代码：

```
>>> if not new_dir.exists():
...     new_dir.mkdir()
```

尽管上面的代码没有问题，但是将 exist_ok 参数设为 True 更加简洁且不会牺牲可读性。

接下来我们看看在一个并不存在的目录中创建子目录会发生什么：

```
>>> nested_dir = new_dir / "folder_a" / "folder_b"
>>> nested_dir.mkdir()
Traceback (most recent call last):
  File "<pyshell#38>", line 1, in <module>
    nested_dir.mkdir()
  File "C:\Users\David\AppData\Local\Programs\Python\
  Python\lib\pathlib.py", line 1266, in mkdir
    self._accessor.mkdir(self, mode)
FileNotFoundError: [WinError 3] The system cannot findthe path
specified: 'C:\\Users\\David\\new_directory\\folder_a\\folder_b'
```

这里的问题在于父目录 folder_a 不存在。一般来说，目标目录（本例中为 folder_b）路径中的所有父目录都必须已经存在。

若想在创建目标目录时同时创建必需的父目录，需要将.mkdir()的可选参数 parents 设为 True：

```
>>> nested_dir.mkdir(parents=True)
```

这样.mkdir()就会同时创建父目录 folder_a/，这样就可以创建目标目录 folder_b/。

总之，在创建目录时常常会写成这样：

```
path.mkdir(parents=True, exist_ok=True)
```

如果将 parents 和 exist_ok 都设为 True，在必要时整个路径上的目录都会被创建，并且相应的路径即使已经存在也不会发生异常。

这种写法很实用，但也不是万金油。假设用户输入了一个不存在的路径，那么你可能想捕捉异常然后请求用户验证输入的路径，他们可能只是把一个已经存在的目录输错了。

接下来我们来看如何创建文件。首先为路径 new_directory/file1.txt 创建一个新的 Path 对象 file_path：

```
>>> file_path = new_dir / "file1.txt"
```

new_directory/中还没有一个叫 file1.txt 的文件，所以这个路径不存在：

```
>>> file_path.exists()
False
```

使用 Path.touch()方法创建文件：

```
>>> file_path.touch()
```

这行代码在 new_directory/文件夹中创建了一个叫作 file1.txt 的新文件。这个文件中还没有数据，但它确实存在：

```
>>> file_path.exists()
True
>>> file_path.is_file()
True
```

和.mkdir()不同，如果要创建的文件路径已经存在，.touch()方法并不会引发异常：

```
>>> # 再次调用.touch()并不会引发异常
>>> file_path.touch()
```

使用.touch()创建文件时，这个文件并不包含任何数据。我们会在 11.5 节中学习如何将数据写入文件。

我们无法在一个不存在的目录中创建文件：

```
>>> file_path = new_dir / "folder_c" / "file2.txt"
>>> file_path.touch()
Traceback (most recent call last):
  File "<pyshell#47>", line 1, in <module>
    file_path.touch()
  File "C:\Users\David\AppData\Local\Programs\Python\
  Python\lib\pathlib.py", line 1256, in touch
    fd = self._raw_open(flags, mode)
  File "C:\Users\David\AppData\Local\Programs\Python\
  Python\lib\pathlib.py", line 1063, in _raw_open
    return self._accessor.open(self, flags, mode)
FileNotFoundError: [Errno 2] No such file or directory:
'C:\\Users\\David \\new_directory \\folder_c\\file2.txt'
```

由于 new_directory/文件夹中并没有一个叫 folder_c/的子文件夹，因此引发了 FileNotFoundError。

和.mkdir()不同，.touch()方法并没有能够帮你自动创建父目录的 parents 参数。也就是说，在调用.touch()创建文件之前需要先创建所有必要的目录。

举例来说，你可以先用.parent 获得 file2.txt 父文件夹的路径，然后用.mkdir()创建这个目录：

```
>>> file_path.parent.mkdir()
```

由于.parent 返回的是一个 Path 对象，因此你可以紧接着调用.mkdir()方法，将这一系列操作写在一行代码中。

folder_c/目录创建之后，你就可以成功创建文件：

```
>>> file_path.touch()
```

现在我们已经知道了如何创建文件和目录，接下来看看如何获得目录中的内容。

11.3.2 遍历文件夹内容

我们可以利用 pathlib 遍历目录中的内容。如果你需要处理一个目录中的所有文件，那么就需要进行遍历。

“处理”这个词很模糊。它可能指的是读取文件并提取数据，也可以是压缩目录中的文件，又或者是一些其他的操作。

我们暂时先着眼于如何取得某个目录中的内容。在 11.5 节中我们会学习如何从文件中读取数据。

目录中的内容要么是文件，要么是子目录。Path.iterdir()方法会返回一个产生 Path 对象的可迭代对象，每个 Path 对象都表示目录中的一个项目。

要使用.iterdir()，首先需要一个表示目录的 Path 对象。我们在这里使用之前在 home 目录中创建的 new_directory/文件夹，也就是 new_dir 变量：

```
>>> for path in new_dir.iterdir():
...     print(path)
...
C:\Users\David\new_directory\file1.txt
C:\Users\David\new_directory\folder_a
C:\Users\David\new_directory\folder_c
```

现在 new_directory/文件夹中有 3 个项目：

(1) 一个名为 file1.txt 的文件

(2) 一个名为 folder_c/的目录

(3) 一个名为 folder_a/的目录

.iterdir()返回的是一个可迭代对象，因此我们可以把它转换成列表：

```
>>> list(new_dir.iterdir())
[WindowsPath('C:/Users/David/new_directory/file1.txt'),
WindowsPath('C:/Users/David/new_directory/folder_a'),
WindowsPath('C:/Users/David/new_directory/folder_c')]
```

很多时候我们没有必要把它转换成列表。一般来说，我们会像前一个例子中那样在 for 循环中使用.iterdir()。

需要注意的是，.iterdir()只会返回直接包含于 new_directory/文件夹中的项目。也就是说，你看不到 folder_c/目录中的文件。

也有办法可以遍历目录和子目录中的所有内容，但是用.iterdir()来实现并不方便。我们稍后再来研究这个问题，现在先来看看如何查找一个目录中的文件。

11.3.3　查找目录中的文件

有时候我们只需要遍历特定类型或者按照一定命名规范命名的文件。此时可以在表示目录的路径上调用 Path.glob()方法，它会返回一个可迭代对象，其中包含了目录中满足特定要求的所有项目。

一个查找文件的方法怎么叫.glob()呢？似乎有点儿奇怪。实际上，这个名字背后有它的历史原因。在 Unix 操作系统的早期版本中有一个叫作 glob 的程序，它的作用就是把文件路径模式展开成完整的路径。

.glob()方法发挥着类似的作用。调用这个方法时我们需要传递一个字符串，这个字符串是一个包含通配符的模式，.glob()会返回匹配该模式的文件路径列表。

通配符（wildcard character）是一种特殊字符，它在**模式**（pattern）中充当占位符。在进行模式匹配时，通配符会被其他字符替换掉从而产生具体的文件路径。比如"*.txt"这个模式中的星号（*）就是一个通配符，它可以被任意数量的其他字符替换。

"*.txt"这个模式会匹配任何以.txt 结尾的文件路径。也就是说，如果把模式中的*替换成某个文件路径中倒数第 4 个字符之前的所有内容可以得到原本的文件路径，我们就说这个文件路径**匹配**（match）"*.txt"这个模式。

我们来看看下面的例子，其中用到了之前赋给 new_dir 变量的 new_directory/文件夹：

```
>>> for path in new_dir.glob("*.txt"):
...     print(path)
...
C:\Users\David\new_directory\file1.txt
```

和.iterdir()一样，.glob()方法返回的也是包含路径的可迭代对象。不过.glob()只会返回匹配模式"*.txt"的路径。要注意.glob()只会返回直接包含于调用时所在文件夹中的路径。

可以将.glob()的返回值转换为列表：

```
>>> list(new_dir.glob("*.txt"))
[WindowsPath('C:/Users/David/new_directory/file1.txt')]
```

最常用的用法就是在 for 循环中使用.glob()。

表 11-1 列出了一些常用的通配符。

表 11-1

通 配 符	描 述	示 例	匹 配	不 匹 配
*	任意数量的字符	"*b*"	b, ab, bc, abc	a, c, ac
?	单个字符	"?bc"	abc, bbc, cbc	bc, aabc, abcd
[abc]	匹配括号中的任意一个字符	[CB]at	Cat, Bat	at, cat, bat

稍后我们会看到一些涉及上面每种通配符的例子。现在先在 new_directory/文件夹中创建几个文件，以方便我们进行实验。

输入如下代码：

```
>>> paths = [
...     new_dir / "program1.py",
...     new_dir / "program2.py",
...     new_dir / "folder_a" / "program3.py",
...     new_dir / "folder_a" / "folder_b" / "image1.jpg",
...     new_dir / "folder_a" / "folder_b" / "image2.png",
... ]
>>> for path in paths:
...     path.touch()
...
>>>
```

执行上面的代码之后，new_directory/文件夹的结构如图 11-2 所示。

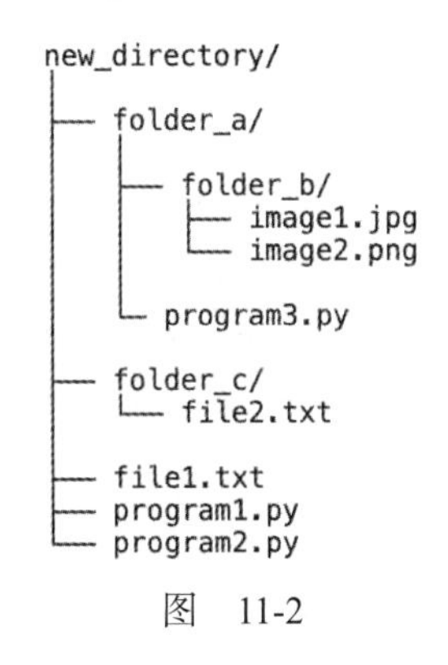

图 11-2

现在我们的文件夹结构已经复杂了起来，接下来就看看.glob()是怎样处理各个通配符的。

1. *通配符

通配符会在文件路径模式中匹配任意数量的字符。比如".py"这个模式会匹配所有以.py结尾的文件路径：

```
>>> list(new_dir.glob("*.py"))
[WindowsPath('C:/Users/David/new_directory/program1.py'),
WindowsPath('C:/Users/David/new_directory/program2.py')]
```

也可以在单个模式中多次使用*通配符：

```
>>> list(new_dir.glob("*1*"))
[WindowsPath('C:/Users/David/new_directory/file1.txt'),
WindowsPath('C:/Users/David/new_directory/program1.py')]
```

模式"*1*"会匹配任何包含数字 1 且在 1 前后有任意数量字符的文件路径。new_directory/文件夹中只有 file1.txt 和 program1.py 包含数字 1。

如果省掉模式"*1*"中的第一个*就得到模式"1*"，这个文件夹中没有任何文件路径与之匹配：

```
>>> list(new_dir.glob("1*"))
[]
```

模式"1*"匹配以数字 1 开头、其后有任意数量字符的文件路径。new_directory/文件夹中没有文件匹配该模式，因此.glob()没有返回任何东西。

2. ?通配符

?通配符在模式中匹配单个字符。比如模式"program?.py"会匹配任何以单词 program 开头、其后有一个字符、最后以.py 结尾的文件路径：

```
>>> list(new_dir.glob("program?.py"))
[WindowsPath('C:/Users/David/new_directory/program1.py'),
WindowsPath('C:/Users/David/new_directory/program2.py')]
```

也可以在单个模式中使用多次?：

```
>>> list(new_dir.glob("?older_?"))
[WindowsPath('C:/Users/David/new_directory/folder_a'),
WindowsPath('C:/Users/David/new_directory/folder_c')]
```

模式"?older_?"匹配以任何字母开头、其后为 older_、最后跟一个字符的路径。在 new_directory/文件夹中，folder_a/和 folder_b/匹配该模式。

也可以将*和?通配符结合起来使用：

```
>>> list(new_dir.glob("*1.??"))
[WindowsPath('C:/Users/David/new_directory/program1.py')]
```

模式"*1.??"会匹配任何包含 1.且其后有两个字符的文件路径。new_directory/中唯一匹配该模式的是 program1.py。要注意 file1.txt 并不与之匹配，因为点后面有 3 个字符。

3. []通配符

[]通配符有点儿类似于?通配符，因为它也只和一个字符匹配。二者的区别在于[]只匹配括

号中的字符，而?会匹配任意字符。

比如模式 program[13].py 匹配任何包含单词 program、其后有数字 1 或 3、最后是扩展名.py 的路径。在 new_directory/文件夹中，只有 program1.py 匹配该模式：

```
>>> list(new_dir.glob("program[13].py"))
[WindowsPath('C:/Users/David/new_directory/program1.py')]
```

和其他通配符一样，在单个模式中你既可以多次使用[]，也可以把它和其他通配符结合使用。

11.3.4 使用**通配符递归匹配

我们已经见识过.iterdir()和.glob()的局限性——它们只返回直接包含于调用时所在文件夹中的路径。

比如 new_dir.glob("*.txt")只返回 new_directory/中的 file1.txt 路径，并不返回 folder_c/子目录中的 file2.txt 路径——即使它能够和模式"*.txt"匹配。

有一个特殊的通配符**可以让模式递归匹配。最常见的做法是把它"**/"写在模式的前面，这样.glob()就会在当前目录及其子目录中进行模式匹配。

比如模式"**/*.txt"既能匹配 file1.txt，也能匹配 folder_c/file2.txt：

```
>>> list(new_dir.glob("**/*.txt"))
[WindowsPath('C:/Users/David/new_directory/file1.txt'),
WindowsPath('C:/Users/David/new_directory/folder_c/file2.txt')]
```

类似地，模式"**/*.py"会匹配 new_directory/及其所有子目录中任何以.py 为扩展名的文件：

```
>>> list(new_dir.glob("**/*.py"))
[WindowsPath('C:/Users/David/new_directory/program1.py'),
WindowsPath('C:/Users/David/new_directory/program2.py'),
WindowsPath('C:/Users/David/new_directory/folder_a/program3.py')]
```

对于递归匹配，还有一个叫.rglob()的简便写法。使用时直接写出模式，不需要加上"**/"前缀：

```
>>> list(new_dir.rglob("*.py"))
[WindowsPath('C:/Users/David/new_directory/program1.py'),
WindowsPath('C:/Users/David/new_directory/program2.py'),
WindowsPath('C:/Users/David/new_directory/folder_a/program3.py')]
```

.rglob()中的 r 代表“递归”（recursive）。一些人更愿意使用这个方法而不是在模式前加上"**/"，毕竟这种写法要简短一些。当然，两种做法都是完全合法的。

在本书中我们会使用.rglob()而不会加"**/"前缀。

11.3.5 移动、删除文件和文件夹

有时我们需要把文件或者目录移动到另一个位置，也可能需要删除文件或文件夹。我们可以用 pathlib 来完成这些操作，但是要记住，这些操作可能会造成数据丢失，因此必须非常小心。

使用.replace()方法来移动文件或文件夹。比如下面的代码就将 new_directory/文件夹中的 file1.txt 文件移动到了 folder_a/子文件夹中：

```
>>> source = new_dir / "file1.txt"
>>> destination = new_dir / "folder_a" / "file1.txt"
>>> source.replace(destination)
WindowsPath('C:/Users/David/new_directory/folder_a/file1.txt')
```

我们在源路径上调用了.replace()方法，以目标路径作为其参数。要注意.replace()会返回移动后的文件路径。

重点

如果目标路径已经存在，.replace()则会用源文件覆盖目标文件，且不会发生任何异常。如果你不小心的话就可能会造成数据丢失。

你可能要先检查目标文件是否已经存在，只在它不存在时才进行移动：

```
if not destination.exists():
    source.replace(destination)
```

也可以用.replace()移动或者重命名整个目录。举例来说，下面的代码将 new_directory/中的子目录 folder_c 重命名为 folder_d/：

```
>>> source = new_dir / "folder_c"
>>> destination = new_dir / "folder_d"
>>> source.replace(destination)
WindowsPath('C:/Users/David/new_directory/folder_d')
```

如果目标文件夹已经存在，那么它同样会完全被源文件夹替换，这可能会造成大量数据丢失。

使用.unlink()方法删除文件：

```
>>> file_path = new_dir / "program1.py"
>>> file_path.unlink()
```

上面的代码删除了 new_directory/文件夹中的 program1.py 文件，我们可以用.exists()检验：

```
>>> file_path.exists()
False
```

也可以用.iterdir()检查文件是否被删除：

```
>>> list(new_dir.iterdir())
[WindowsPath('C:/Users/David/new_directory/folder_a'),
WindowsPath('C:/Users/David/new_directory/folder_d'),
WindowsPath('C:/Users/David/new_directory/program2.py')]
```

如果调用.unlink()方法的路径不存在，就会引发 FileNotFoundError 异常：

```
>>> file_path.unlink()
Traceback (most recent call last):
  File "<pyshell#94>", line 1, in <module>
    file_path.unlink()
  File "C:\Users\David\AppData\Local\Programs\Python\
  Python\lib\pathlib.py", line 1303, in unlink
    self._accessor.unlink(self)
FileNotFoundError: [WinError 2] The system cannot find the file
specified: 'C:\\Users\\David\\new_directory\\program1.py'
```

如果想忽略这个异常，可以将可选参数 missing_ok 设为 True：

```
>>> file_path.unlink(missing_ok=True)
```

这样在 file_path 不存在时就不会发生任何异常。

注意

删掉的文件是找不回来的。删除文件之前一定要三思而后行！

只能在代表文件的路径上使用.unlink()。如果要删除目录，可以使用.rmdir()方法。要记住这个文件夹必须是空的，否则就会引发 OSError 异常：

```
>>> folder_d = new_dir / "folder_d"
>>> folder_d.rmdir()
Traceback (most recent call last):
  File "<pyshell#97>", line 1, in <module>
    folder_d.rmdir()
  File "C:\Users\David\AppData\Local\Programs\Python\
  Python\lib\pathlib.py", line 1314, in rmdir
    self._accessor.rmdir(self)
OSError: [WinError 145] The directory is not empty:
'C:\\Users\\David \\new_directory \\folder_d'
```

对于 folder_d/来说，其中只有一个叫 file2.txt 的文件。要删除 folder_d/，需要先删除其中的所有文件：

```
>>> for path in folder_d.iterdir():
...     path.unlink()
...
>>> folder_d.rmdir()
```

现在 folder_d/就被删除了：

```
>>> folder_d.exists()
False
```

如果目录不是空的你也想删掉它，那么 pathlib 就帮不上忙了。不过内置的 shutil 模块中的 rmtree()函数可以删掉装有文件的目录。

下面的代码展示了如何用 rmtree()删掉 folder_a/：

```
>>> import shutil
>>> folder_a = new_dir / "folder_a"
>>> shutil.rmtree(folder_a)
```

回想一下，folder_a/中有一个子文件夹 folder_b/，其中还有 image1.jpg 和 image2.jpg 两个文件。

将路径对象 folder_a 传递给 rmtree()之后，folder_a/本身和其中的内容都被删除了：

```
>>> # folder_a/目录不复存在
>>> folder_a.exists()
False
>>> # 用模式`image*.*`查找文件没有任何结果
>>> list(new_dir.rglob("image*.*"))
[]
```

前面讲到了不少内容，主要是如何进行一些常见的文件系统操作：

- 创建文件和目录
- 遍历目录的内容
- 使用通配符查找文件和文件夹
- 移动、删除文件和文件夹

这些都是很常见的工作。但千万要注意的是，你的程序到了其他人的电脑上就是客人。如果不小心的话，你可能会在无意间弄坏用户电脑，造成重要文件和其他数据丢失。

在操作文件系统时应当随时保持警惕。如果没有把握，在进行操作之前先确认一下文件是否存在，并且始终要询问用户这种操作是否有问题。

11.3.6 巩固练习

你可以在 realpython.com/python-basics/resources/上找到练习的答案以及其他各种资源。

(1) 在你的 home 目录中创建一个 my_folder/文件夹。

(2) 在 my_folder/中创建 3 个文件：

- file1.txt
- file2.txt

- image1.png

(3) 将文件 image1.png 移动到 my_directory/目录中的新文件夹 images/中。

(4) 删除文件 file1.txt。

(5) 删除 my_folder/文件夹。

11.4 挑战：将所有图片文件移动到一个新目录中

本章的 practice_files 文件夹中有一个叫作 documents/的子文件夹，它包含几个文件和子文件夹，其中一些是以.png、.gif、.jpg 为扩展名的图片文件。

在 practice_folder 中创建一个叫作 images/的新文件夹，将所有图片文件移动到这个文件夹中。完成之后，这个新文件夹中应当有如下 4 个文件：

(1) image1.png

(2) image2.gif

(3) image3.png

(4) image4.jpg

你可以在 realpython.com/python-basics/resources/上找到这个挑战的答案以及其他各种资源。

11.5 读写文件

现代世界有不计其数的文件。它们是数字化存储数据、传播数据的媒介。很有可能光是今天你就已经打开了不少文件——不说几百个，也有几十个。

在本节中我们将会学习如何使用 Python 读写文件。

11.5.1 什么是文件

文件（file）就是字节序列，而**字节**（byte）就是一个 0 到 255 之间的数。换句话说，文件就是一系列整数。

为了理解文件中的内容，文件中的字节必须被**解码**（decode）成有意义的信息。

Python 标准库中有用于处理文本、CSV、音频文件的模块。此外，还有大量的第三方包可以处理其他类型的文件。

我们会在 12 章中学习如何安装第三方包，在第 13 章中我们还会看到如何处理 PDF 文件。

接下来我们学习如何处理纯文本文件。

11.5.2　理解文本文件

文本文件只包含文本数据。文本文件可能是最好处理的文件了，但是在处理文本文件时可能会遇到两个棘手的问题：

(1) 字符编码

(2) 换行符

在读写文本文件之前，我们先来了解一下上面这两个问题，这样在遇到类似的问题时才能处理得当。

1. 字符编码

文本文件以字节序列的形式存储在磁盘上。文件中每一字节——有些时候也可能是几个字节，都代表不同的字符。

写入文本文件时，通过键盘输入的字符会通过一个叫作**编码**（encoding）的过程转换成字节。读取文本文件时，这些字节会反过来被**解码**成文本。

和字符对应的整数由文件的**字符编码**（character encoding）决定。字符编码有很多种，下面是应用最广泛的 4 种字符编码方式：

(1) ASCII

(2) UTF-8

(3) UTF-16

(4) UTF-32

一些字符编码以相同的方式编码字符。比如 ASCII 和 UTF-8 中数字和英文字母的编码方式就是一样的。

ASCII 和 UTF-8 的区别在于 UTF-8 可以编码更多的字符。ASCII 无法编码像 ñ 和 ü 这样的字符，但 UTF-8 可以。也就是说，你可以通过 UTF-8 解码用 ASCII 编码的文本，反之则不一定行得通。

重点

如果在编码和解码文本时使用了不同的编码，可能会造成严重的问题。

如果按照 UTF-16 解码用 UTF-8 编码的文本，可能会得到和原文本完全不同的语言。

若想完整了解字符编码的基础知识，可以参考 Real Python 上的“Unicode & Character Encodings in Python: A Painless Guide”（Python 中的 Unicode 与字符编码：轻松入门）一文。

知道文件的编码方式至关重要，但是答案并不总是那么显而易见。在如今的 Windows 电脑中，文本文件一般是以 UTF-16 或 UTF-8 编码的。在 macOS 和 Ubuntu Linux 上，默认的字符编码一般是 UTF-8。

在 12.1 节的剩余部分中，我们会假定所有要处理的文本文件都是以 UTF-8 编码的。如果你遇到了问题，那么可能需要使用不同的编码调整示例代码。

2. 换行符

文本文件中每一行的最后都以一个或两个字符表示该行结束。这些字符一般不会显示在文本编辑器中，但它们确实以字节形式存在于文件数据中。

用来结束一行的两个字符分别是**回车**（carriage return）和**换行**（line feed）。在 Python 字符串中，这两个字符分别用转义序列`\r`和`\n`表示。

在 Windows 上，行尾默认使用回车和换行两个字符表示。而在 macOS 和大多数 Linux 发行版上，行尾只用换行符表示。

在 macOS 和 Linux 上读取 Windows 文件时，有时候可能会在行与行之间看到额外的空行。这是因为在 macOS 和 Linux 上回车也表示行尾。

举例来说，下面的文本文件就是在 Windows 上创建的：

```
Pug\r\n
Jack Russell Terrier\r\n
English Springer Spaniel\r\n
German Shepherd\r\n
```

而在 macOS 或者 Ubuntu 上，这个文件就会被当成每行之间额外空了一行：

```
Pug\r
\n
Jack Russell Terrier\r
\n
English Springer Spaniel\r
\n
German Shepherd\r
\n
```

实际上不同操作系统在换行符上的区别很少造成问题。Python 可以自动帮你转换换行符，因此很多时候不需要担心这一点。

11.5.3 Python 文件对象

文件在 Python 中用**文件对象**（file object）表示，它们是用来处理不同类型文件的类的实例。

Python 有两种文件对象：

(1) **文本文件对象**用于和文本文件交互；
(2) **二进制文件对象**用于直接处理文件中的字节。

文本文件对象能够帮你编码和解码字节，你只需要指定要用哪种字符编码。而二进制文件对象并不会执行任何编码和解码。

在 Python 中有两种方式可以创建文件对象：

(1) `Path.open()`方法
(2) 内置的 `open()`函数

我们接下来看看如何用这两种方法创建文件。

1. Path.open()方法

要想调用 `Path.open()`方法，我们首先需要一个 `Path` 对象。在 IDLE 的交互式窗口中执行如下代码：

```
>>> from pathlib import Path
>>> path = Path.home() / "hello.txt"
>>> path.touch()
>>> file = path.open(mode="r", encoding="utf-8")
```

我们首先为 `hello.txt` 文件创建了一个 `Path` 对象，然后将其赋给了 `path` 变量，随后 `path.touch()`在 home 目录中创建了对应的文件，最后`.open()`返回了一个代表 `hello.txt` 的新文件对象，并将其赋给了 `file` 变量。

这里在打开文件时用到了两个关键字参数。

(1) `mode` 参数决定应该以何种模式打开文件。`"r"`代表以**读模式**（read mode）打开文件。
(2) `encoding` 参数决定应该以何种字符编码来解码文件。`"utf-8"`代表 UTF-8 字符编码。

检查 `file` 变量可以看到它被赋予了一个文本文件对象：

```
>>> file
<_io.TextIOWrapper name='C:\Users\David\hello.txt' mode='r' encoding='utf-8'>
```

文本文件对象是 `TextIOWrapper` 类的实例。由于 `Path.open()`方法的存在，我们完全不需要直接实例化这个类。

打开文件时有多种模式可选。表 11-2 列出了所有模式。

表 11-2

模式	描述
"r"	创建一个只读文本文件对象，如果文件不能打开，会发生错误
"w"	创建一个只写文本文件对象，文件中现有的数据会被覆盖
"a"	创建一个用于在文件末尾追加数据的文本文件对象
"rb"	创建一个只读二进制文件对象，如果文件不能打开，会发生错误
"wb"	创建一个只读二进制文件对象，文件中现有的数据会被覆盖
"ab"	创建一个用于在文件末尾追加数据的二进制文件对象

表 11-3 列出了最常用的字符编码在作为 encoding 参数时对应的字符串写法。

表 11-3

字符串	字符编码
"ascii"	ASCII
"utf-8"	UTF-8
"utf-16"	UTF-16
"utf-32"	UTF-32

在用.open()创建文件对象时，Python 会维护一个指向文件资源的链接，直到显式要求 Python 关闭文件或者程序结束时才会释放。

重点

始终应当显式要求 Python 关闭文件。

忘记关闭打开的文件就像乱丢垃圾。程序结束运行时不应该在系统中留下不必要的垃圾。

使用文件对象的.close()方法关闭文件：

```
>>> file.close()
```

如果你手里有一个 Path 对象，那么用 Path.open()打开文件是更好的选择。不过，除此之外，还有一个叫 open()的内置函数也可以用来打开文件。

2. 内置的 open()函数

内置的 open()函数和 Path.open()用法基本一致，只不过 open()函数的第一个参数是想要打开的文件的路径字符串。

首先创建一个叫 file_path 的变量，将前面创建的 hello.txt 文件的路径字符串赋给它：

```
>>> file_path = "C:/Users/David/hello.txt"
```

注意把路径修改成你的电脑上的路径。

接下来使用内置的 open()函数创建一个新的文件对象，然后将它赋给变量 file：

```
>>> file = open(file_path, mode="r", encoding="utf-8")
```

open()的第一个参数必须是路径字符串。mode 和 encoding 参数和 Path.open()中的参数作用相同。在本例中，mode 被设置为"r"，代表只读模式；encoding 被设为"utf-8"。

和 Path.open()返回的文件对象一样，open()返回的也是一个 TextIOWrapper 实例：

```
>>> file
<_io.TextIOWrapper name='C:/Users/David/hello.txt' mode='r'
encoding='utf-8'>
```

使用文件对象的.close()方法关闭文件：

```
>>> file.close()
```

大部分时候我们会使用 Path.open()方法从现有的 pathlib.Path 对象打开文件。不过，要是你不需要 pathlib 模块中的所有功能的话，open()函数也是快速创建文件对象的好办法。

3. with 语句

打开文件时，你的程序会访问外部的数据。操作系统必须负责管理程序和物理文件之间的连接。调用文件对象的.close()方法时，操作系统就知道要关闭这个连接了。

如果你的程序在打开文件之后、程序终止之前崩溃了，那么这个连接使用的系统资源会一直留存到操作系统认为没有程序需要用到它们为止。

为了确保即使程序崩溃时文件系统资源也能被清理，我们可以用 with 语句打开文件。with 语句的写法是这样的：

```
with path.open(mode="r", encoding="utf-8") as file:
    # 对文件进行一些操作
```

with 语句分为两部分：头部和主体。头部以 with 关键字开头，以冒号（:）结尾。path.open()的返回值会赋给 as 关键字后面的变量名。

with 语句头部下面是缩进代码块。缩进代码块执行完毕之后，赋给 file 的文件对象会被自动关闭——即使在执行代码块中的代码时发生异常也是如此。

内置的 open()函数也可以用在 with 语句中：

```
with open(file_path, mode="r", encoding="utf-8") as file:
    # 对文件执行一些操作
```

很难找到不用 with 语句打开文件的理由。用这种方式处理文件是比较 Pythonic 的。在本书的后续章节中，我们会一直使用这种模式打开文件。

11.5.4 从文件中读取数据

使用文本编辑器打开你之前在 home 目录中创建的 `hello.txt` 文件，然后在里面输入 `Hello, World`，最后保存文件。

在 IDLE 的交互式窗口中输入如下代码：

```
>>> path = Path.home() / "hello.txt"
>>> with path.open(mode="r", encoding="utf-8") as file:
...     text = file.read()
...
>>>
```

`path.open()`创建的文件对象赋给了 `file` 变量。在 `with` 块中，文件对象的`.read()`方法会读取文件中的文本并将结果赋给变量 `text`。

`.read()`返回的是一个字符串对象，其值为`"Hello, World"`：

```
>>> type(text)
<class 'str'>
>>> text
'Hello, World'
```

`.read()`方法会读取文件中的文本并以字符串形式返回。

如果文本文件中有多行文本，那么每一行文本在字符串中都会用换行符（`\n`）分隔。在文本编辑器中再次打开 `hello.txt`，然后在第二行输入`"Hello again"`，保存文件。

回到 IDLE 的交互式窗口中，再次从文件中读取文本：

```
>>> with path.open(mode="r", encoding="utf-8") as file:
...     text = file.read()
...
>>> text
'Hello, World\nHello again'
```

两行文本之间有一个`\n`。

也可以一行一行地读取文件，而不是一次性读取整个文件：

```
>>> with path.open(mode="r", encoding="utf-8") as file:
...     for line in file.readlines():
...         print(line)
...
Hello, World

Hello again
```

`.readlines()`方法返回一个可迭代对象，其中包含了文件中的一行行文本。在 `for` 循环的每一个步骤中，我们从中获得接下来的一行文本并将之输出。

注意两行文本之间额外的空行。这个空行并非由文件中的换行符造成，而是因为print()会自动在每次输出的字符串末尾加上换行符。

若想消除行与行之间额外的空行，可以将print()函数的可选参数end设为空字符串：

```
>>> with path.open(mode="r", encoding="utf-8") as file:
...     for line in file.readlines():
...         print(line, end="")
...
Hello, World
Hello again
```

很多时候我们会用到.readlines()而不是.read()。比如文件中的每一行可能都代表一条记录，我们可以用.readlines()遍历各行然后按需处理。

如果试图从一个不存在的文件中读取数据，Path.open()和内置的 open()函数都会引发FileNotFoundError：

```
>>> path = Path.home() / "new_file.txt"
>>> with path.open(mode="r", encoding="utf-8") as file:
...     text = file.read()
...
Traceback (most recent call last):
  File "<pyshell#197>", line 1, in <module>
    with path.open(mode="r", encoding="utf-8") as file:
  File "C:\Users\David\AppData\Local\Programs\Python\
  Python\lib\pathlib.py", line 1200, in open
    return io.open(self, mode, buffering, encoding, errors, newline,
  File "C:Users\David\AppData\Local\Programs\Python\
  Python\lib\pathlib.py", line 1054, in _opener
    return self._accessor.open(self, flags, mode)
FileNotFoundError: [Errno 2] No such file or directory:
'C:\\Users\\David\\new_file.txt'
```

接下来我们看看如何将数据写入文件。

11.5.5　向文件写入数据

若要将数据写入纯文本文件，可以将要写入的字符串传递给.write()方法。要执行写入操作的文件在打开时必须将"w"传递给mode参数，以**写模式**（write mode）打开。

在下面的例子中，"Hi there!"这段文本被写入了home目录中的hello.txt文件中：

```
>>> with path.open(mode="w", encoding="utf-8") as file:
...     file.write("Hi there!")
...
9
>>>
```

我们注意到在 with 块的代码执行之后输出了数字 9，这是因为.write()会返回它写入的字符数。"Hi there!"有 9 个字符，因此.write()返回了 9。

"Hi there!"被写入 hello.txt 文件时，文件中的所有现有内容都会被覆盖，就像是把旧的 hello.txt 删掉然后创建了一个新的一样。

重点

在.open()中设置 mode="w"时，原文件中的所有内容也会被覆盖，原文件中的所有数据也就丢失了。

我们可以通过读取并输出文件中的内容验证它现在的内容只有"Hi there!"这句话：

```
>>> with path.open(mode="r", encoding="utf-8") as file:
...     text = file.read()
...
>>> print(text)
Hi there!
```

以**追加模式**（append mode）打开文件可以向文件末尾**追加**（append）数据：

```
>>> with path.open(mode="a", encoding="utf-8") as file:
...     file.write("\nHello")
...
6
```

以追加模式打开文件时，新的数据会写到文件的末尾，而旧数据会原封不动。我们在字符串前面写了一个换行符，因此"Hello"这个单词会在文件末尾另起一行。

如果字符串前面没加这个换行符，"Hello"就会和文件末尾的内容位于同一行。

可以打开并读取这个文件验证"Hello"出现在第二行：

```
>>> with path.open(mode="r", encoding="utf-8") as file:
...     text = file.read()
...
>>> print(text)
Hi there!
Hello
```

可以使用.writelines()方法一次性写入多行内容。我们首先创建一个字符串列表：

```
>>> lines_of_text = [
...     "Hello from Line 1\n",
...     "Hello from Line 2\n",
...     "Hello from Line 3\n",
... ]
```

以读模式打开文件，用.writelines()将列表中的字符串写入文件：

```
>>> with path.open(mode="w", encoding="utf-8") as file:
...     file.writelines(lines_of_text)
...
>>>
```

lines_of_text 中的每个字符串都被写入了文件。要注意这里的每一个字符串都以换行符（\n）结尾。之所以这么做，是因为.writelines()并不会自动为每个字符串换行。

如果以写模式打开一个不存在的文件，只要路径中的父文件夹存在，Python 就会自行创建这个文件：

```
>>> path = Path.home() / "new_file.txt"
>>> with path.open(mode="w", encoding="utf-8") as file:
...     file.write("Hello!")
...
6
```

由于 Path.home()目录是存在的，因此 Python 会自动新建一个 new_file.txt 文件。不过，要是路径中的某个父级文件夹不存在，.open()会引发 FileNotFoundError：

```
>>> path = Path.home() / "new_folder" / "new_file.txt"
>>> with path.open(mode="w", encoding="utf-8") as file:
...     file.write("Hello!")
...
Traceback (most recent call last):
  File "<pyshell#172>", line 1, in <module>
    with path.open(mode="w", encoding="utf-8") as file:
  File "C:\Users\David\AppData\Local\Programs\Python\
  Python\lib\pathlib.py", line 1200, in open
    return io.open(self, mode, buffering, encoding, errors, newline,
  File "C:\Users\David\AppData\Local\Programs\Python\
  Python\lib\pathlib.py", line 1054, in _opener
    return self._accessor.open(self, flags, mode)
FileNotFoundError: [Errno 2] No such file or directory:
'C:\\Users\\David\\new_folder\\new_file.txt'
```

若想将数据写入一个父文件夹可能不存在的路径中，那么在以写模式打开文件之前可以先调用.mkdir()方法，同时将其 parents 参数设为 True：

```
>>> path.parent.mkdir(parents=True)
>>> with path.open(mode="w", encoding="utf-8") as file:
...     file.write("Hello!")
...
6
```

至此，我们了解到所有文件其实都是字节序列，字节就是一些取值为 0 到 255 的整数。

我们学习了字符编码的相关知识，字符编码用于字节和文本之间的转换；也了解到不同操作系统中换行符之间的区别。

最后我们了解了如何用 `Path.open()`方法和内置的 `open()`函数读写文本文件。

11.5.6 巩固练习

你可以在 realpython.com/python-basics/resources/上找到练习的答案以及其他各种资源。

(1) 将下面的文本写入 home 目录中的 `starships.txt` 文件：

```
Discovery
Enterprise
Defiant
Voyager
```

每个单词都应该单独占一行。

(2) 读取在练习(1)中创建的 `starships.txt` 文件，逐行输出文件中的文本。每行输出内容之间不应有额外的空行。

(3) 读取 `starships.txt` 文件，仅输出以字母 D 开头的战舰名。

11.6 读写 CSV 数据

假如你家里有一个温度传感器，每 4 小时记录一次温度，一天下来总共会记录 6 次温度。

可以把每次记录保存在列表中：

```
>>> temperature_readings = [68, 65, 68, 70, 74, 72]
```

这个传感器每天都会生成一个新的数字列表。若想把这些数据保存在文件中，可以把每天读到的值排成一行并用逗号分隔，然后一行一行地写到文本文件中：

```
>>> from pathlib import Path
>>> file_path = Path.home() / "temperatures.csv"
>>> with file_path.open(mode="a", encoding="utf-8") as file:
...     file.write(str(temperature_readings[0]))
...     for temp in temperature_readings[1:]:
...         file.write(f",{temp}")
...
2
3
3
3
3
3
```

上面的代码在 home 目录中创建了一个叫 `temperature.csv` 的文件并以追加模式将其打开。`temperature_readings` 列表的第一个值写入了文件末尾追加的新行中，随后列表中剩余的值被加上逗号，逐个写入同一行中。

最终"68,65,68,70,74,72"写入了文件中。可以通过读取该文件进行检验：

```
>>> with file_path.open(mode="r", encoding="utf-8") as file:
...     text = file.read()
...
>>> text
'68,65,68,70,74,72'
```

这种格式称为**逗号分隔值**（comma-separated values，CSV）。temperatures.csv 称为 **CSV 文件**。

CSV 文件很适合用来保存连续数据记录，我们可以很容易地把 CSV 的行恢复成列表：

```
>>> temperatures = text.split(",")
>>> temperatures
['68', '65', '68', '70', '74', '72']
```

在 8.2 节中，我们学习了如何通过字符串的.split()方法用字符串创建列表。在上面的例子中，我们用从 temperature.csv 文件中读到的 text 新建了一个列表。

temperatures 列表中的值是字符串，而不是原本写入文件时用的整数。这是因为从文本文件中读取的值永远都是字符串的形式。

我们可以用列表推导式把字符串列表转换成整数列表：

```
>>> int_temperatures = [int(temp) for temo in temperatures]
>>> int_temperatures
[68, 65, 68, 70, 74, 72]
```

至此，我们把原来写入 temperatures.csv 文件中的列表还原了出来。

这个例子想说的是 CSV 文件也是纯文本文件。利用 11.5 节中学到的技巧，我们可以将把值的序列保存为 CSV 文件中的行，然后从文件中恢复数据。

读写 CSV 文件的需求过于常见，因而 Python 在标准库中内置了一个 csv 模块用于减轻处理这类文件时的负担。在后面的章节中，我们会学习如何使用 csv 模块读写 CSV 文件。

11.6.1　csv 模块

csv 模块用于读写 CSV 文件。在本节中我们会用 csv 模块重做前面的例子，以便理解 csv 模块的工作方式及其发挥的作用。

首先在 IDLE 的交互式窗口中导入 csv 模块：

```
>>> import csv
```

我们首先来创建一个记录了数天温度数据的 CSV 文件。

1. 使用 csv.writer 写入 CSV 文件

创建一个列表，其中有数天的温度数据：

```
>>> daily_temperatures = [
...     [68, 65, 68, 70, 74, 72],
...     [67, 67, 70, 72, 72, 70],
...     [68, 70, 74, 76, 74, 73],
... ]
```

接下来以写模式打开 temperatures.csv 文件：

```
>>> file_path = Path.home() / "temperatures.csv"
>>> file = file_path.open(mode="w", encoding="utf-8", newline="")
```

在这里没有使用 with 语句，而是创建了一个文件对象并将其赋给 file 变量。这样我们就可以一步步地检查写入过程了。

> **重点**
>
> 在上面的例子中，需注意将.opne()的 newline 参数设为了""。
>
> 由于 csv 模块会自行进行换行符的转换，因此如果不在打开文件时指定 newline=""，在一些系统（如 Windows）上将无法正确处理换行符，进而会在文件中的各行前后插入空行。

现在将文件对象 file 传递给 csv.writer()新建一个 CSV 写入器：

```
>>> writer = csv.writer(file)
```

csv.writer()会返回一个 CSV 写入器对象，它有各种向 CSV 文件写入数据的方法可供使用。

比如你可以用 writer.writerow()将列表作为一行数据写入 CSV 文件：

```
>>> for temp_list in daily_temperatures:
...     writer.writerow(temp_list)
...
19
19
19
```

和文件对象的.write()方法一样，.writerow()会返回写入文件的字符数。daily_temperatures 中的每个列表都会转换成用逗号分隔的温度字符串，这些字符串的长度都是 19 个字符。

接下来关闭文件：

```
>>> file.close()
```

如果在文本编辑器中打开 temperatures.csv，你会看到文件中的如下文本：

```
68,65,68,70,74,72
67,67,70,72,72,70
68,70,74,76,74,73
```

在上面这个例子中，我们没有使用 with 语句写入文件。采用这种做法我们才能在 IDLE 的交互式窗口中一步步地检查操作过程。但在实际工作中，最好还是使用 with。

上面的代码可以用 with 语句改写成这样：

```
with file_path.open(mode="w", encoding="utf-8", newline="") as file:
    writer = csv.writer(file)
    for temp_list in daily_temperatures:
        writer.writerow(temp_list)
```

使用 csv.writer 写入 CSV 文件的好处在于，我们在写入前无须费工夫将各种值转换成字符串——csv.writer 对象会为你安排妥当，代码也变得更简洁了。

.writerow()方法会向 CSV 文件中写入单行数据，而.writerows()可以一次性写入多行。如果你的数据已经整理成列表的列表了，那么.witerows()可以进一步精简代码：

```
with file_path.open(mode="w", encoding="utf-8", newline="") as file:
    writer = csv.writer(file)
    writer.writerows(daily_temperatures)
```

接下来我们从 temperatues.csv 中读取数据并把它还原成写入文件时用的 daily_temperatures 嵌套列表。

2. 用 csv.reader 读取 CSV 文件

若想用 csv 模块读取 CSV 文件，则需要用到 csv.reader 类。

和 csv.writer 对象一样，csv.reader 也需要用文件对象实例化：

```
>>> file = file_path.open(mode="r", encoding="utf-8", newline="")
>>> reader = csv.reader(file)
```

csv.reader()会返回一个 CSV 读取器对象，我们可以用它来遍历 CSV 文件中的行：

```
>>> for row in reader:
...     print(row)
...
['68', '65', '68', '70', '74', '72']
['67', '67', '70', '72', '72', '70']
['68', '70', '74', '76', '74', '73']
>>> file.close()
```

CSV 文件中的各行以字符串列表的形式返回。为了还原 daily_temperature 嵌套列表，我们需要用列表推导式将每个字符串列表转换成整数列表。

在下面的例子中，我们用 with 语句打开了 CSV 文件，读取其中的行，然后把字符串列表转换成了整数列表，最后把这些列表放在了 daily _temperatures 这个嵌套列表中：

```
>>> # 创建空列表
>>> daily_temperatures = []
>>> with file_path.open(mode="r", encoding="utf-8", newline="") as file:
...     reader = csv.reader(file)
...     for row in reader:
...         # 将行转换成整数列表
...         int_row = [int(value) for value in row]
...         # 将整数列表追加到 daily_temperatures 列表中
...         daily_temperatures.append(int_row)
...
>>> daily_temperatures
[[68, 65, 68, 70, 74, 72], [67, 67, 70, 72, 72, 70],
[68, 70, 74, 76, 74, 73]]
```

和用标准库中处理纯文本文件的工具相比，用 csv 模块处理 CSV 文件会更加方便。

不过有些时候 CSV 文件中的行包含多种类型的值。行可能表示含有多个字段的记录，而第一行也可能是**表头行**（header row），其中记录着各个字段的名称。

3. 读写带有表头的 CSV 文件

下面展示了一个带有表头行的 CSV 文件，每行有不同类型的数据：

```
name,department,salary
Lee,Operations,75000.00
Jane,Engineering,85000.00
Diego,Sales,80000.00
```

文件中的第一行为字段的名称，接下来的每一行都是一条包含各字段值的记录。

也可以和前面一样用 csv.reader()读取这个 CSV 文件，不过要注意的是，你必须自行处理表头行，并且返回的每一行都没有相应的字段名。更好的做法是把每行以字典的形式返回，以字段名为键，值就是每行记录的字段值。这正是 csv.DictReader 对象完成的工作。

用文本编辑器在 home 目录中新建一个名为 employees.csv 的 CSV 文件,将上面的示例 CSV 文本保存在这个文件中。

在 IDLE 的交互式窗口中，打开 employees.csv 文件并创建一个新的 csv.DictReader 对象：

```
>>> file_path = Path.home() / "employees.csv"
>>> file = file_path.open(mode="r", encoding="utf-8", newline="")
>>> reader = csv.DictReader(file)
```

创建 DictReader 对象时，CSV 文件的第一行会被视作字段名。这些值会被保存到一个列表中并赋给 DictReader 实例的.filednames 属性：

```
>>> reader.fieldnames
['name', 'department', 'salary']
```

和 csv.reader 对象一样，DictReader 对象也是可迭代的：

```
>>> for row in reader:
...     print(row)
...
{'name': 'Lee', 'department': 'Operations', 'salary': '75000.000'}
{'name': 'Jane', 'department': 'Engineering', 'salary': '85000.00'}
{'name': 'Diego', 'department': 'Sales', 'salary': '80000.00'}
>>> file.close()
```

DictReader 会以字典而非列表的形式返回每一行。字典的键是字段名，而值是 CSV 文件中每行对应的值。

要注意 salary 字段也被视作字符串来读取。由于 CSV 文件是纯文本文件，因此其中的值始终以字符串的形式读取。不过你可以根据需要将它们转换成不同的类型。比如你可以用一个函数将每行的值转换成正确的类型：

```
>>> def process_row(row):
...     row["salary"] = float(row["salary"])
...     return row
...
>>> with file_path.open(mode="r", encoding="utf-8", newline="") as file:
...     reader = csv.DictReader(file)
...     for row in reader:
...         print(process_row(row))
...
{'name': 'Lee', 'department': 'Operations', 'salary': 75000.0}
{'name': 'Jane', 'department': 'Engineering', 'salary': 85000.0}
{'name': 'Diego', 'department': 'Sales', 'salary': 80000.0}
```

process_row()函数以从 CSV 文件中读取的行作为参数，返回一个新的字典。字典中与键"salary"对应的值会被转换成浮点数。

使用 csv.DictWriter 类可以向带有表头的 CSV 文件中写入数据，它会把拥有相同键的字典当作一行行数据写入文件中。

下面的字典列表代表一个记录了人们姓名及其年龄的小数据库：

```
>>> people = [
...     {"name": "Veronica", "age": 29},
...     {"name": "Audrey", "age": 32},
...     {"name": "Sam", "age": 24},
... ]
```

为了将 people 列表中的数据保存为 CSV 文件，首先以写模式打开一个叫 people.csv 的新文件，然后用这个文件对象创建一个新的 csv.DictWriter 对象：

```
>>> file_path = Path.home() / "people.csv"
>>> file = file_path.open(mode="w", encoding="utf-8", newline="")
>>> writer = csv.DictWriter(file, fieldnames=["name", "age"])
```

实例化新的 DictWriter 对象时，第一个参数为 CSV 数据将会写入的文件对象。fieldnames 是必须提供的参数，它是包含所有字段名的字符串列表。

注意

在上面的例子中，filednames 参数被设为列表字面量["name", "age"]。

也可以将 fieldnames 设为 people[0].keys()，因为字典 people[0]的键就是字段名。如果我们不知道字段名，或者字段太多，用列表字面量不现实的话，这种写法就很有用。

和 csv.writer 对象类似，DictWriter 对象也有.writerow()和.writerows()方法可以将行数据写入文件中。DictWriter 对象还有一个.writeheader()方法可以将表头行写入 CSV 文件中：

```
>>> writer.writeheader()
10
```

.writeheader()会返回写入文件的字符数，在这个例子中返回值为 10。虽然写入表头不是必需的，但仍然推荐这么做。表头有助于解释一个 CSV 文件中保存的是什么样的数据。同时，在使用 DictReader 类从 CSV 文件中读取行时，表头也可以简化相关工作。

写入表头之后，就可以用.writerows()将 people 列表中的数据写入 CSV 文件：

```
>>> writer.writerows(people)
>>> file.close()
```

现在你的 home 目录中就有一个叫 people.csv 的文件，其中有如下数据：

```
name,age
Veronica,29
Audrey,32
Sam,24
```

CSV 文件是一种灵活且方便的数据存储方式。CSV 文件在商业领域有广泛的应用，知道如何处理它们是一项宝贵的技能。

11.6.2 巩固练习

你可以在 realpython.com/python-basics/resources/上找到练习的答案以及其他各种资源。

(1) 编写一个程序，将下面的嵌套列表写入 home 目录中的 numbers.csv 文件中：

```
numbers = [
    [1, 2, 3, 4, 5],
    [6, 7, 8, 9, 10],
    [11, 12, 13, 14, 15],
]
```

(2) 编写一个程序读取练习(1)中 number.csv 文件中的数字，将读到的数字保存在一个嵌套列表中，并将其赋值给变量 numbers。输出这个嵌套列表，输出内容应当是这样的：

```
[[1, 2, 3, 4, 5], [6, 7, 8, 9, 10], [11, 12, 13, 14, 15]]
```

(3) 编写一个程序，将下面的字典列表写入 home 目录中的 favorite_colors.csv 文件中：

```
favorite_colors = [
    {"name": "Joe", "favorite_color": "blue"},
    {"name": "Anne", "favorite_color": "green"},
    {"name": "Bailey", "favorite_color": "red"},
]
```

输出的 CSV 文件的格式应当如下所示：

```
name,favorite color
Joe,blue
Anne,green
Bailey,red
```

(4) 编写一个程序读取练习(3)中的 favorites_colors.csv 文件，将读到的数据保存到一个字典列表中，将其赋给变量 favorites_colors。输出这个字典列表，输出内容应当是这样的：

```
[{"name": "Joe", "favorite_color": "blue"},
{"name": "Anne", "favorite_color": "green"},
{"name": "Bailey", "favorite_color": "red"}]
```

11.7　挑战：创建高分榜

practice_folder 文件夹中有一个叫作 scores.csv 的 CSV 文件，里面记录了一些游戏玩家和他们的最高分。文件的其中几行是这样子的：

```
name, score
LLCoolDave,23
LLCoolDave,27
red,12
LLCoolDave,26
tom123,26
```

编写一个程序读取这个 CSV 文件中的数据，然后创建一个叫 high_scores.csv 的新文件，其中的每行记录了玩家的名字及其最高分。

输出的 CSV 文件应当是这样的：

```
name,high_score
LLCoolDave,27
red,12
tom123,26
```

```
O_O,22
Misha46,25
Empiro,23
MaxxT,25
L33tH4x,42
johnsmith,30
```

你可以在 realpython.com/python-basics/resources/上找到这个挑战的答案以及其他各种资源。

11.8 总结和更多学习资源

在本章中我们学习了有关文件系统和文件路径的知识，知道了如何使用 Python 标准库中的 `pathlib` 模块操作文件系统和文件路径，如何创建新 `Path` 对象，如何访问路径分量，如何创建、移动、删除文件和文件夹。

此外，我们还学习了如何用 `Path.open()`方法和内置的 `open()`函数读写纯文本文件，以及如何用 Python 标准库中的 `csv` 模块读写逗号分隔值（CSV）文件。

交互式小测验

本章配有免费在线小测验，以便你检查学习进度。你可以在手机或电脑上通过下面的网址访问小测验：

realpython.com/quizzes/pybasics-files

更多学习资源

若想更进一步练习文件处理方面的技巧，可以看一下这些内容：

- “Reading and Writing Files in Python (Guide)”（在 Python 中读写文件（指南））
- “Working with Files in Python”（在 Python 中处理文件）

可以访问 realpython.com/python-basics/resources/获得更多进一步提升 Python 技能的学习资源。

第12章

使用 pip 安装包

到目前为止，我们一直都在 Python **标准库**的范围内活动。从本章开始，我们会用到各种非 Python 自带的**包**。

很多编程语言提供了**包管理器**（package manager），这是一种能够自动安装、更新、移除第三方包的工具。当然，Python 也有自己的包管理器。

Python 事实上的包管理器是 `pip`。过去 `pip` 必须单独下载和安装，在 Python 3.4 之后，大部分 Python 发行版包含 `pip`。

在本章中，你将会学习：

- 如何用 `pip` 安装、管理第三方包
- 第三方包有何好处、有何风险

我们开始吧！

12.1 使用 pip 安装第三方包

Python 的包管理器 `pip` 用于安装和管理第三方包。尽管在下载安装 Python 的时候 `pip` 也可能会一并安装，但它依然是独立于 Python 的程序。

`pip` 是一个**命令行工具**（command-line tool）。也就是说，你必须在命令行或者终端中运行它。不同的操作系统打开终端的方法也不同。

1. Windows

按下 Windows 键，输入 `cmd` 并按下回车键打开命令提示符程序。这时会弹出一个窗口，如图 12-1 所示。

图 12-1

你也可以按下 Windows 键，输入 `powershell` 并按下回车键打开 PowerShell。PowerShell 的窗口如图 12-2 所示。

图 12-2

2. macOS

按下 Cmd[①] + 空格快捷键打开聚焦搜索窗口，输入 `terminal` 并按下回车键启动终端。此时会打开如图 12-3 所示的窗口。

① 现在的 Mac 键盘上标注为 command。——译者注

图　12-3

3. Ubuntu Linux

点击工具栏底部的“Show Application”按钮，搜索 `terminal`。点击 Terminal 应用程序的图标打开终端。此时会打开如图 12-4 所示的窗口。

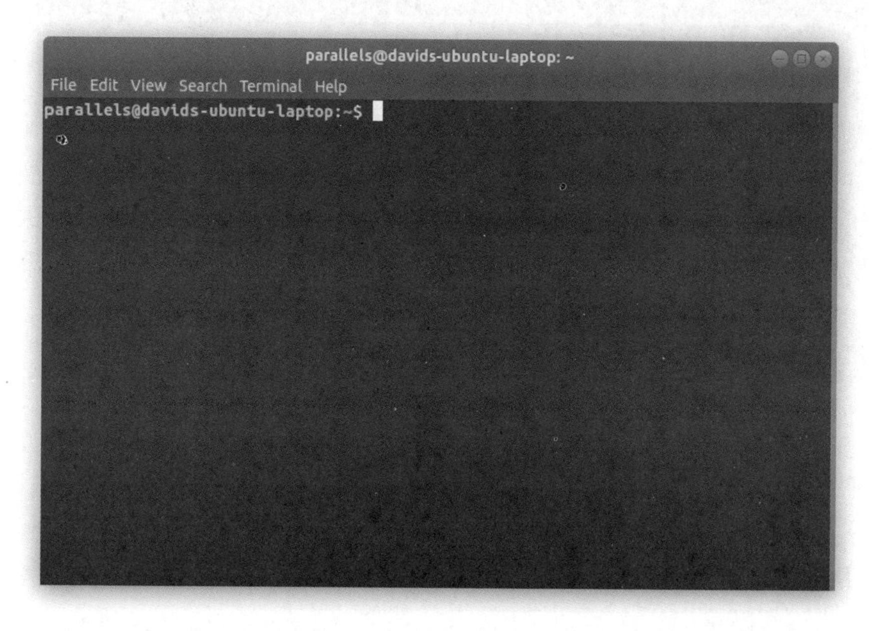

图　12-4

4. 检查 pip 的安装情况

打开终端之后，我们来检查一下 pip 有没有在你的电脑上正确安装。不同的操作系统有不同的检查方法。

在 Windows 上，输入如下命令检查 pip：

```
$ python -m pip --version
```

在 macOS 和 Linux 上，可以用下面的命令检查 pip 的安装情况：

```
$ python3 -m pip --version
```

如果 pip 已经安装，你应该可以在终端中看到类似这样的输出内容：

```
pip 20.2.3 from c:\users\David\appdata\local\programs\python\python\lib\site-packages\pip (python
3.9)
```

这段输出内容表明版本为 20.2.3 的 pip 已经安装且链接到了 Python 3.9。

> **重点**
>
> 如果在检查 pip 安装情况时没有看到任何输出内容或者发生了错误，可以试着执行 python3.9 -m pip –version 命令。你可能需要根据实际的版本号用 python3.x 替换 python3.9。

12.1.1 将 pip 更新至最新版本

在进入下一步之前，我们先来把 pip 更新至最新版本。在终端中输入如下命令并按下回车键以更新 pip：

```
$ python3 -m pip install --upgrade pip
```

如果有更新版本的 pip，Python 便会下载并安装，否则你会看到一条消息说已经安装了最新版本。这条消息一般来说是这样的：Requirement already satisfied（需求已满足）。

> **重点**
>
> 在这一部分，所有的命令前面都是 python3 -m pip。对于 macOS 和 Linux 用户来说这是必不可少的，因为 python -m pip 可能会给另一个版本的 Python 安装包。
>
> 如果你是 Windows 用户，就要用 python -m pip，python3 -m pip 在 Windows 上不起作用。

现在 pip 已更新至最新版本，我们来看看可以用它做些什么。

12.1.2　列出所有已安装的包

可以用 pip 列出所有已安装的包。我们来看一下现在有哪些包可以用。在终端中输入如下命令：

```
$ python3 -m pip list
```

如果还没有安装任何包（如果你是跟随本书从头安装 Python 3.9，就应该是这样），你应该在终端中看到这样的内容：

```
Package    Version
---------- -------
pip        19.3.1
setuptools 41.2.0
```

如你所见，这里还没有多少东西。pip 自己也在这里，因为 pip 也是一个包。我们还能看到 setuptools，pip 会用这个包配置和安装其他包。

使用 pip 安装包之后，我们就能在这个列表中看到它。任何时候都可以用 pip list 查看安装了哪些包以及各个包的版本。

12.1.3　安装包

我们来动手安装第一个 Python 包。在这个练习中，我们要安装 requests 包。requests 是迄今为止最受欢迎的 Python 包之一。

在终端中输入如下命令：

```
$ python3 -m pip install requests
```

在 pip 安装 requests 包的过程中，你会看到一大堆输出内容：

```
Collecting requests
  Downloading https://.../requests-2.22.0-py2.py3-none-any.whl (57kB)
     |................................| 61kB 2.0MB/s
Collecting urllib3!=1.25.0,!=1.25.1,<1.26,>=1.21.1
  Downloading https://...urllib3-1.25.7-py2.py3-none-any.whl (125kB)
     |................................| 133kB 3.3MB/s
Collecting certifi>=2017.4.17
  Downloading https://...certifi-2019.11.28.py3-none-any.whl (156kB)
     |................................| 163kB ...
Collecting chardet<3.1.0,>=3.0.2
  Downloading https://...chardet-3.0.4-py2.py3-none-any.whl (133kB)
     |................................| 143kB 6.8MB/s
Collecting idna<2.9,>=2.5
  Downloading https://...idna-2.8-py2.py3-none-any.whl (58kB)
     |................................| 61kB 3.8MB/s
Installing collected packages: urllib3, certifi, chardet, idna,
     requests
Successfully installed certifi-2019.11.28 chardet-3.0.4 idna-2.8
     requests-2.22.0 urllib3-1.25.7
```

注意

我们调整了上面的输出内容的格式，这样它们在书页上会好看一点。你的电脑上的输出内容可能看起来会有点儿不一样。

注意到 pip 首先会告诉你它在 “Collecting requests”（正在获取 requests）。我们可以看到 pip 获取包的 URL，以及一个表示下载进度的进度条。

在下面我们可以看到 pip 还安装了 4 个包：chardet、certifi、idna、urllib3。这些包是 requests 的**依赖项**（dependency）。也就是说，requests 需要安装这些包才能正常工作。

在 pip 成功安装了 requests 及其依赖项之后，再次在终端中执行 pip list 命令，你应该能看到这样的列表：

```
$ python3 -m pip list
Package    Version
---------- ----------
certifi    2019.11.28
chardet    3.0.4
idna       2.8
pip        19.3.1
requests   2.22.0
setuptools 41.2.0
urllib3    1.25.7
```

可以看到版本为 2.22.0 的 requests 已经安装完毕，其依赖项 chardet、certifi、idna、urllib3 也一起安装好了。

默认情况下 pip 会安装包的最新版本。我们可以用一些可选的修饰符来控制要安装的版本。

使用版本修饰符安装指定版本的包

有多种方式可以控制要安装的包的版本。比如你可以：

(1) 安装高于某个版本的最新版本

(2) 安装低于某个版本的最新版本

(3) 安装指定版本

要安装版本号大于或等于 2 的 requests 的最新版本，可以执行如下命令：

```
$ python3 -m pip install requests>=2.0
```

注意包名 requests 后面的>=2.0，这会告诉 pip 安装版本号大于或等于 2.0 的最新版本。

>=符号称为**版本修饰符**（version specifier），它能够指定要安装的包的版本。有几种不同的版本修饰符可供使用。表 12-1 列出了最常用的几个。

表　12-1

版本修饰符	描　述
<=，>=	低于等于或高于等于指定版本
<，>	高于或低于指定版本
==	等于指定版本

我们来看几个例子。

若要安装低于等于某个版本号的最新版本，需使用<=版本修饰符：

```
$ python3 -m pip install requests<=3.0
```

这条命令会安装低于等于 3.0 版本的 requests 的最新版本。

<=和>=两个版本修饰符是**包容性的**，因为它们包含了后面指定的版本号，而>和<则是**排他性的**。

举例来说，下面这条命令只会安装严格低于 3.0 版本的 requests 的最新版本：

```
$ python3 -m pip install requests<3.0
```

也可以结合多种修饰符使得 pip 安装某个区间内的最新版本。比如下面的命令会安装 2.0 以下的最高的 1.*x* 版本：

```
$ python3 -m pip install requests>=1.0,<2.0
```

如果你的项目只兼容某个包的 1.*x* 版本，并且你想用可以兼容的最高版本，那么就可以用上面这样的命令。

最后，你还可以用==版本修饰符**锁定**（pin）指定版本的依赖项：

```
$ python3 -m pip install requests==2.22.0
```

这条命令只会安装 2.22.0 版本的 requests 包。

12.1.4　展示包的详情

在安装好 requests 包之后，我们就可以用 pip 查看关于包的详细信息：

```
$ python3 -m pip show requests
Name: requests
Version: 2.22.0
Summary: Python HTTP for Humans.
Home-page: https://requests.readthedocs.io
Author: Kenneth Reitz
Author-email: me@kennethreitz.org
License: Apache 2.0
```

```
Location: c:\users\David\...\python\python\lib\site-packages
Requires: chardet, idna, certifi, urllib3
Required-by:
```

python3 -m pip show 命令会显示已安装包的相关信息，其中包括作者姓名、电子邮箱以及包的主页——你可以在浏览器中访问主页以了解关于该包的更多信息。

requests 用于在 Python 程序中进行 HTTP 请求。requests 在很多领域能派上用场，它也是大量 Python 包的依赖项。

12.1.5　卸载包

既然 pip 能安装包，那么它肯定也能卸载包。现在我们来卸载 requests 包。

若要卸载 requests 包，需在终端中输入如下命令：

```
$ python3 -m pip uninstall requests
```

重点

如果你有项目已经用到了 requests 或者它的依赖项，那么不建议运行本节后续内容中的命令。

随后你会看到这样的提示内容：

```
Uninstalling requests-2.22.0:
  Would remove:
    c:\users\damos\...\requests-2.22.0.dist-info\*
    c:\users\damos\a...\requests\*
Proceed (y/n)?
```

pip 在切实删除电脑中的东西之前首先会征求你的同意。想得多么周到。

输入 y 并按下回车键继续。你应该能够看到下面的消息，它表明 requests 已经被删除：

```
Successfully uninstalled requests-2.22.0
```

再次检查你的包列表：

```
$ python3 -m pip list
Package    Version
---------- ---------
certifi    2018.4.16
chardet    3.0.4
idna       2.7
pip        10.0.1
setuptools 39.0.1
urllib3    1.23
```

需要注意的是，虽然 pip 卸载了 requests，但是它没有移除 requests 的依赖项，这种做法是特性而非 bug。

试想一下，你用 pip 在工作环境中安装了几个包，其中一些包有同样的依赖项。如果 pip 卸载一个包时同时卸载了它的依赖项，那么其他需要用到这些依赖项的包就会发现找不到需要的包了。

不过，在这里我们还是要继续用 pip uninstall 移除剩下的包。你可以在一条命令中一次性卸载 4 个包：

```
$ python3 -m pip uninstall certifi chardet idna urllib3
```

完成之后再次执行 pip list，检查一下所有的包是否都已经移除。现在的包列表应当和第一次运行该命令时看到的一样：

```
Package    Version
---------- -------
pip        10.0.1
setuptools 39.0.1
```

Python 第三方包生态是它的一大优势。这些包能够大幅提高 Python 程序员的生产力。和一些编程语言（如 C++）相比，用 Python 构建起功能齐全的软件要快得多。

不过，在你的代码中使用第三方包也会带来一些必须谨慎处理的问题。我们会在下一节中了解关于第三方包的一些陷阱。

12.2　第三方包的陷阱

第三方包的好处在于，你可以直接把各种功能添加到自己的项目中，无须从头实现每个功能，生产力飞升。

不过能力越大，责任也就越大。只要你把别人的包引入了自己的项目中，就意味着你把整颗心都交给了这些开发和维护包的人。

一旦用到了别人开发的包，你就或多或少丧失了对项目的部分控制权。特别是在某些情况下，包的维护者可能会在新版本中引入一些变化，更新之后的版本和你在项目中用的版本可能就不兼容了。

pip 在默认情况下会安装包的最新版本。如果你要把自己的代码分发给别人，而他们安装了一个更新的版本的依赖项，那么代码有可能就无法运行了。

这对你和你的用户来说都是一个难题。不过好在 Python 自带一个解决这类老大难问题的方法：虚拟环境。

虚拟环境是一个用于项目开发的独立的、可重现的环境——关键就在于它的可重现性。虚拟环境不仅可以包含特定版本的 Python，还可以指定项目所需的特定版本的依赖项。

在把你的代码分发给他人时，他们可以在虚拟环境中重现你开发时所用的环境，这样他们就能够无所畏惧地运行代码。

虚拟环境是相对进阶的内容，不在本书的讨论范围之内。如果想要了解更多关于虚拟环境的知识，想要知道怎么使用虚拟环境，可以看看 Real Python 上的“Managing Python Dependencies”（管理 Python 依赖项）这门课程。在这门课程中你会学习如何：

- 在 Windows、macOS、Linux 上利用 `pip` 包管理器安装、使用、管理第三方 Python 包
- 使用虚拟环境隔离依赖项，以规避 Python 项目中的版本冲突
- 分 7 个步骤查找、识别能够用于项目中的高质量第三方包（同时向你的团队或负责人证明你的决定是正确的）
- 使用 `pip` 包管理器和必要的文件配置可重现的开发环境以及应用程序部署方案

在完成本书的学习之后，你可以继续学习“Managing Python Dependencies with Pip and Virtual Environment”（使用 `pip` 管理 Python 依赖项和虚拟环境）这门课程。

12.3 总结和更多学习资源

在本章中我们学习了如何用 Python 的包管理器 `pip` 安装第三方包。我们学到了一些很有用的 `pip` 命令：`pip install`、`pip list`、`pip uninstall`。

此外，我们还了解了一些第三方包带来的陷阱。并非每个通过 `pip` 下载的包都适用于你的项目。我们无法控制安装的包的代码，因此必须确定这个包是安全的，并且用户在运行程序时它能正常工作。

交互式小测验

本章配有免费在线小测验，以便你检查学习进度。你可以在手机或电脑上通过下面的网址访问小测验：

realpython.com/quizzes/pybasics-installing-packages/

更多学习资源

若想了解更多关于管理第三方包的知识，可以看看下面这些资源：

- “Managing Python Dependencies”（管理 Python 依赖项，课程）
- “Python Virtual Environments: A Primer”（Python 虚拟环境入门）

可以访问 realpython.com/python-basics/resources/获得更多进一步提升 Python 技能的学习资源。

第 13 章

创建、修改 PDF 文件

PDF（portable document format，便携文档格式）是在互联网上分享文档时最常用的格式之一。PDF 可以把文字、图片、表格、表单，以及诸如视频、动画的富媒体文件全部放在一个文件中。

正是由于 PDF 可以包含不同类型的内容，因此为处理 PDF 文件也带来了一定困难。在打开 PDF 文件时需要对大量不同类型的数据进行解码。好在 Python 的生态系统中有一些很好用的包可以用来读取、操作、创建 PDF 文件。

在本章中，你将会学习如何：

- 从 PDF 文件中读取文本
- 将一个 PDF 文件分成多个文件
- 拼接、合并多个 PDF 文件
- 旋转、裁剪 PDF 文件中的页面
- 使用密码加密、解密 PDF 文件
- 从头创建一个 PDF 文件

我们开始吧！

13.1 从 PDF 文件中提取文本

在本节中，我们会学习如何读取 PDF 文件并用 `PyPDF2` 包提取其中的文本。不过在进行操作之前，我们首先要用 `pip` 安装这个包：

```
$ python3 -m pip install PyPDF2
```

在终端中运行如下命令验证安装是否成功：

```
$ python3 -m pip show PyPDF2
Name: PyPDF2
Version: 1.26.0
Summary: PDF toolkit
Home-page: http://mstamy2.github.com/PyPDF2
```

```
Author: Mathieu Fenniak
Author-email: biziqe@mathieu.fenniak.net
License: UNKNOWN
Location: c:\users\david\python\lib\site-packages
Requires:
Required-by:
```

特别要注意其中的版本信息。在撰写本书时，`PyPDF2` 的最新版本是 1.26.0[1]。如果你已经打开了 IDLE，那么需要重新启动 IDLE 才能使用 `PyPDF2` 包。

13.1.1 打开 PDF 文件

我们先来打开一个 PDF 文件并读取它的相关信息。这里会用到本章的 `practice_files` 文件夹中的 `Pride_and_Prejudice.pdf`。

> **注意**
>
> 如果你还没有下载配套的练习和答案文件，可以通过如下的 URL 下载：
>
> https://github.com/realpython/python-basics-exercises

打开 IDLE 的交互式窗口并导入 `PyPDF2` 包中的 `PdfFileReader` 类：

```
>>> from PyPDF2 import PdfFileReader
```

为了创建一个 `PdfFileReader` 类的新实例，我们需要给出想要打开的 PDF 文件的路径。我们用 `pathlib` 模块创建路径：

```
>>> from pathlib import Path
>>> pdf_path = (
...     Path.home() /
...     "python-basics-exercises" /
...     "ch14-interact-with-pdf-files" /
...     "practice_files" /
...     "Pride_and_Prejudice.pdf"
... )
```

现在 `pdf_path` 变量保存着这个 PDF 文件的路径，这是简・奥斯汀所著的《傲慢与偏见》的 PDF 版。

> **注意**
>
> 你可能需要根据具体情况调整 `pdf_path` 的位置，使其指向你的电脑上的 `python-basics-exercises/` 文件夹。

① 翻译本书时最新版本为 2.5.0。——译者注

接下来创建 PdfFileReader 的实例：

```
>>> pdf = PdfFileReader(str(pdf_path))
```

由于 PdfFileReader 无法从 pathlib.Path 对象读取文件，因此这里把 pdf_path 转换成了字符串。

回想一下第11章的内容，我们提到所有打开的文件都应该在程序终止前被关闭。PdfFileReader 对象会为我们处理好这些事情，因此不需要担心打开和关闭 PDF 文件。

现在我们已经创建了一个 PdfFileReader 实例，接下来就可以利用它获得 PDF 文件的相关信息了。比如.getNumPages()[①]会返回 PDF 文件中页面的总数：

```
>>> pdf.getNumPages()
234
```

你可能注意到.getNumPages()使用的是混合大小写（mixedCase），而非 PEP 8 建议的全小写加下划线（lower_case_with_underscores）。要记住 PEP 8 的内容是建议而非规定。就 Python 自身的语法规则来说，混合大小写也是完全可以接受的。

注意

PyPDF2 改写自 pyPdf 包。pyPdf 完成于 2005 年，4 年后 PEP 8 才发布。

当时很多 Python 程序员还在逐步从混合大小写更为常见的其他语言迁移过来。

我们可以用.documentInfo 属性访问文档的相关信息：

```
>>> pdf.documentInfo
{'/Title': 'Pride and Prejudice, by Jane Austen',
'/Author': 'Chuck', '/Creator': 'Microsoft® Office Word 2007',
'/CreationDate': 'D:20110812174208', '/ModDate': 'D:20110812174208',
'/Producer': 'Microsoft® Office Word 2007'}
```

.documentInfo 返回的对象看起来很像字典，但实际上并不是。我们可以以属性的形式访问.documentInfo 中的项目。

以获取标题为例，可以使用.title 属性：

```
>>> pdf.documentInfo.title
'Pride and Prejudice, by Jane Austen'
```

① 该方法在 PyPDF2 的文档中已被注明在 1.28.0 版本后弃用，同时功能相同的 numPages 属性也被注明为弃用。文档建议使用 len(reader.pages)（其中 reader 指 PdfFileReader 的实例）获得文件页数。不过我们仍然可以使用这些弃用的属性和方法。在目前最新版本的 PyPDF2 中，这些属性没有被完全移除。——译者注

.documentInfo 对象中存储的是 PDF **元数据**（metadata），这是在创建 PDF 文档时设置的。

PdfFileReader 类提供了访问 PDF 文件数据所需的各种必要方法和属性。接下来我们来研究可以对 PDF 进行哪些操作，具体又该怎么做。

13.1.2 提取页面中的文本

在 PyPDF2 中，PDF 页面以 PageObject 类表示。我们可以利用 PageObject 实例和 PDF 文件中的页面互动。一般不需要直接创建 PageObject 实例，而是可以通过 PdfFileReader 对象的.getPage()方法访问页面。

提取 PDF 页面中的文本需要两步：

(1) 用 PdfFileReader.getPage()获得 PageObject；

(2) 使用 PageObject 实例的.extractText()方法提取文本。

Pride_and_Prejudice.pdf 有 234 页。每一页都有一个位于 0 到 233 之间的索引。我们可以把索引传递给 PdfFileReader.getPage()以获得一个表示对应页面的 PageObject：

```
>>> first_page = pdf.getPage(0)
```

.getPage()返回的是一个 PageObject：

```
>>> type(first_page)
<class 'PyPDF2.pdf.PageObject'>
```

可以用 PageObject.extractText()提取页面中的文本：

```
>>> first_page.extractText()
'\n \nThe Project Gutenberg EBook of Pride and Prejudice, by Jane
Austen\n \n\nThis eBook is for the use of anyone anywhere at no cost
and with\n \nalmost no restrictions whatsoever. You may copy it,
give it away or\n \nre\n-\nuse it under the terms of the Project
Gutenberg License included\n \nwith this eBook or online at
www.gutenberg.org\n \n \n \nTitle: Pride and Prejudice\n \n
\nAuthor: Jane Austen\n \n \nRelease Date: August 26, 2008
[EBook #1342]\n\n[Last updated: August 11, 2011]\n \n \nLanguage:
Eng\nlish\n \n \nCharacter set encoding: ASCII\n \n \n***
START OF THIS PROJECT GUTENBERG EBOOK PRIDE AND PREJUDICE ***\n \n
\n \n \n \nProduced by Anonymous Volunteers, and David Widger\n
\n \n \n \n \n \n \nPRIDE AND PREJUDICE \n \n \nBy Jane
Austen \n \n\n \n \nContents\n \n'
```

注意，为了本页能够放得下输出内容，我们对格式进行了一些调整。你在自己的电脑上看到的输出格式可能有些不一样。

注意

由于 PDF 编码方式的不同，从 PDF 中提取的文本可能会包含异常的字符，也可能没有换行。这是从 PDF 中读取文本时会出现的问题之一。

在实际工作中读取 PDF 文件的文本时，你可能需要自行进行一些手动的清理工作。

每个 PdfFileReader 对象都有.pages 属性，你可以用它来依次遍历 PDF 文件中的所有页面。

在下面的例子中，这个 for 循环会输出《傲慢与偏见》PDF 中每一页上的文本：

```
>>> for page in pdf.pages:
...     print(page.extractText())
...
```

接下来我们结合前面所学的知识编写一个程序，把 Pride_and_Prejudice.pdf 文件中的所有文本都提取出来，然后保存到一个.txt 文件中。

13.1.3　汇总

在 IDLE 中打开一个新的编辑器窗口并输入如下代码：

```
from pathlib import Path
from PyPDF2 import PdfFileReader

# 根据你的电脑的具体情况修改对应路径。
pdf_path = (
    Path.home() /
    "python-basics-exercises" /
    "ch14-interact-with-pdf-files" /
    "practice-files" /
    "Pride_and_Prejudice.pdf"
)

# 1
pdf_reader = PdfFileReader(str(pdf_path))
output_file_path = Path.home() / "Pride_and_Prejudice.txt"

# 2
with output_file_path.open(mode="w") as output_file:
    # 3
    title = pdf_reader.documentInfo.title
    num_pages = pdf_reader.getNumPages()
    output_file.write(f"{title}\nNumber of pages: {num_pages}\n\n")

    # 4
    for page in pdf_reader.pages:
        text = page.extractText()
        output_file.write(text)
```

我们来逐步分析上面的代码。

(1) 首先将新的 PdfFileReader 实例赋值给变量 pdf_reader。然后创建了一个指向 home 目录中 Pride_and_Prejudice.txt 文件的 Path 对象，将其赋给变量 ouput_file_path。

(2) 接下来以写模式打开 ouput_file_path 文件，.open()返回的文件对象赋值给了变量 ouput_file。我们在第 11 章中学过，with 语句可以确保下方代码块执行完毕之后相关的文件能够被正确关闭。

(3) 在 with 块中，我们利用 output_file.write()将 PDF 的标题和页数写入了文本文件。

(4) 最后的 for 循环遍历 PDF 文件的所有页面。在每次循环中，新的 PageObject 都赋给了 page 变量。page.extractText()将页面中的文本提取出来，然后写入 output_file 中。

保存并运行程序。程序运行完毕后，你的 home 目录中就出现了一个叫作 Pride_and_Prejudice.txt 的文件，里面是 Pride_and_Prejudice.pdf 文件中的所有文本内容。打开看看！

13.1.4 巩固练习

你可以在 realpython.com/python-basics/resources/上找到练习的答案以及其他各种资源。

(1) 本章的 practice_files 文件夹中有一个叫作 zen.pdf 的 PDF 文件，用这个文件创建一个 PdfFileReader 实例。

(2) 利用练习(1)中创建的 PdfFileReader 实例输出这个 PDF 文件的总页数。

(3) 输出练习(1)中 PDF 文件第一页上的文本。

13.2 提取 PDF 中的页面

在前面章节中，我们学习了如何提取 PDF 文件中的文本并将其保存到.txt 文件中。接下来我们会学习如何提取现有 PDF 文件中的页面并将其另存为新的 PDF。

我们可以用 PdfFileWriter 创建新的 PDF 文件。接下来就来研究一下如何使用这个类，如何用 PyPDF2 创建 PDF 文档。

13.2.1 使用 PdfFileWriter 类

PdfFileWriter 类能够新建 PDF 文件。在 IDLE 的交互式窗口中导入 PdfFileWriter 类，创建一个名为 pdf_writer 的实例：

```
>>> from PyPDF2 import PdfFileWriter
>>> pdf_writer = PdfFileWriter()
```

PdfFileWriter 就好比一个空白的 PDF 文件。我们首先需要添加一些页面，才能把页面保存到 PDF 文件中。现在为 pdf_writer 添加一个空白页面：

```
>>> page = pdf_writer.addBlankPage(width=72, height=72)
```

width 和 height 是必需参数，它们共同决定了页面的尺寸，单位为**点**（point）。1 点为 1/72 英寸①，因此上面的代码为 pdf_writer 添加了一个 1 英寸见方的空白页面。

.addBlankPage()会返回一个 PageObejct 实例，它就是你刚刚添加到 PdfFileWriter 中的页面：

```
>>> type(page)
<class 'PyPDF2.pdf.PageObject'>
```

在这个例子中，我们把.addBlankPage()返回的 PageObject 实例赋给了 page 变量，不过实际工作中一般不需要这么做。一般直接调用.addBlankPage()，不需要将返回值赋给其他变量：

```
>>> pdf_writer.addBlankPage(width=72, height=72)
```

要将 pdf_writer 的内容写入 PDF 文件，需要将文件对象以二进制写模式传递给 pdf_writer.write()：

```
>>> from pathlib import Path
>>> with Path("blank.pdf").open(mode="wb") as output_file:
...     pdf_writer.write(output_file)
...
>>>
```

这段代码会在当前工作目录中创建一个叫作 blank.pdf 的文件。如果用 PDF 阅读器（如 Adobe Acrobat）打开这个文件，你会看到这个文档里只有一个 1 英寸见方的页面。

重点

需要注意，我们要把文件对象传递给 PdfFileWriter 对象的.write()方法才能保存 PDF 文件，而不是传递给文件对象的.write()方法。

特别是这种写法，它是无法达到目的的：

```
>>> with Path("blank.pdf").open(mode="wb") as output_file:
...     output_file.write(pdf_writer)
```

这种写法是新手程序员常犯的错误，一定要避免出现这种错误。

虽然 PdfFileWriter 对象可以写入 PDF 文件，但它们只能创建空白页面。

虽然感觉上这是一个大问题，但很多时候我们并不需要创建新的内容。我们常常只是需要用 PdfFileReader 实例打开的 PDF 文件，然后处理从中提取的页面。

① 点为印刷用的长度单位，1 点为 127/360 毫米，约为 0.35 毫米。——译者注

> **注意**
>
> 我们会在 13.8 节中介绍如何从头创建 PDF 文件。

通过上面的例子，我们可以把用 PyPDF2 新建 PDF 文件归纳为三个步骤。

(1) 创建 PdfFileWriter 实例。

(2) 向 PdfFileWriter 实例添加一个或多个页面。

(3) 使用 PdfFileWriter.write()写入文件。

我们会学习多种为 PdfFileWriter 实例添加页面的方法。在这个过程中，我们会一次又一次地看到这种三段式写法。

13.2.2 从 PDF 中提取单个页面

现在回过头来看看 13.1 节中用到的《傲慢与偏见》PDF。在本节中我们会打开这个 PDF，提取第一页，然后用这一页创建一个新的 PDF 文件。

打开 IDLE 的交互式窗口，从 PyPDF2 中导入 PdfFileReader 和 PdfFileWriter，从 pathlib 中导入 Path：

```
>>> from pathlib import Path
>>> from PyPDF2 import PdfFileReader, PdfFileWriter
```

现在用 PdfFileReader 打开 Pride_and_Prejudice.pdf 文件：

```
>>> # 按需修改路径，使其在你的电脑上有效
>>> pdf_path = (
...     Path.home() /
...     "python-basics-exercises" /
...     "ch14-interact-with-pdf-files" /
...     "practice_files" /
...     "Pride_and_Prejudice.pdf"
... )
>>> input_pdf = PdfFileReader(str(pdf_path))
```

将索引 0 传递给.getPage()，获得代表 PDF 第 1 页的 PageObject：

```
>>> first_page = input_pdf.getPage(0)
```

接下来创建 PdfFileWriter 实例，用.addPage()将 first_page 添加进去：

```
>>> pdf_writer = PdfFileWriter()
>>> pdf_writer.addPage(first_page)
```

.addPage()方法将页面添加到 pdf_writer 对象的页面集合中——就像.addBlankPage()那样。两者的区别在于，.addPage()需要传递一个现有的 PageObject。

现在把 pdf_writer 的内容写入新文件：

```
>>> with Path("first_page.pdf").open(mode="wb") as output_file:
...     pdf_writer.write(output_file)
...
>>>
```

这样我们就在当前工作目录中新建了一个叫作 first_page.pdf 的 PDF 文件，其中保存了《傲慢与偏见》PDF 的封面页。真不错！

13.2.3　从 PDF 中提取多个页面

现在我们来把 Pride_and_Prejudice.pdf 的第 1 章提取出来，然后把它们保存到一个新的 PDF 文件中。

如果用 PDF 阅读器打开 Pride_and_Prejudice.pdf，我们能看到第 1 章由 PDF 的第 2、第 3、第 4 页组成。由于页索引是从 0 开始的，因此我们需要提取索引为 1、2、3 的页面。

我们首先导入需要用到的类，然后打开这个 PDF 文件：

```
>>> from PyPDF2 import PdfFileReader, PdfFileWriter
>>> from pathlib import Path
>>> pdf_path = (
...     Path.home() /
...     "python-basics-exercises" /
...     "ch14-interact-with-pdf-files" /
...     "practice_files" /
...     "Pride_and_Prejudice.pdf"
... )
>>> input_pdf = PdfFileReader(str(pdf_path))
```

我们的目标是提取索引 1、2、3 的页面，把它们添加到新的 PdfFileWriter 实例中，最后写入新的 PDF 文件。

做法之一是在 1 到 3 的区间上进行循环，每次循环过程中提取对应的页面，然后将其添加到 PdfFileWriter 实例中：

```
>>> pdf_writer = PdfFileWriter()
>>> for n in range(1, 4):
...     page = input_pdf.getPage(n)
...     pdf_writer.addPage(page)
...
>>>
```

由于 range(1, 4)并不包括右端点，因此这里的循环在 1、2、3 上进行。在每次循环中，我们用.getPage()提取位于当前索引的页面，然后用.addPage()将其添加到 pdf_writer 中。

现在 pdf_writer 有 3 个页面了，你可以用.getNumPages()检验：

```
>>> pdf_writer.getNumPages()
3
```

最后，我们可以将提取出来的页面写入新的 PDF 文件：

```
>>> with Path("chapter1.pdf").open(mode-"wb") as output_file:
...     pdf_writer.write(output_file)
...
>>>
```

现在我们可以打开当前工作目录中的 chapter1.pdf 阅读《傲慢与偏见》的第 1 章了。

PdfFileReader.pages 也支持切片语法。利用这一特性，我们还有另一种方法可以从 PDF 文件中提取多个页面。下面我们用.pages 重做前面的例子，不再用 range 对象进行循环。

首先实例化一个新的 PdfFileReader：

```
>>> pdf_writer = PdfFileWriter()
```

然后遍历.pages 索引从 1 到 4 的切片：

```
>>> for page in input_pdf.pages[1:4]:
...     pdf_writer.addPage(page)
...
>>>
```

要记住切片区间包含第一个索引但不包含第二个索引。因此.pages[1:4]返回的可迭代对象只包含索引为 1、2、3 的页面。

最后将 pdf_writer 的内容写入输出文件：

```
>>> with Path("chapter1_slice.pdf").open(mode="wb") as output_file:
...     pdf_writer.write(output_file)
...
>>>
```

现在打开当前工作目录中的 chapter1_slice.pdf 文件。和之前用 range 对象循环得到的 chapter1.pdf 进行对比，我们会发现它们包含相同的页面。

有时候你可能需要提取 PDF 中的每一个页面，这时也可以用前面展示的方法，不过 PyPDF2 提供了一种更方便的做法。PdfFileWriter 实例有一个.appendPagesFromReader()方法，你可以借此用 PdfFileReader 实例为其添加页面。

使用.appendPagesFromReader()方法时需传递一个 PdfFileReader 作为 reader 参数的实参。举例来说，下面的代码将《傲慢与偏见》PDF 中的每个页面都添加到了 PdfFileWriter 实例中：

```
>>> pdf_writer = PdfFileWriter()
>>> pdf_writer.appendPagesFromReader(pdf_reader)
```

现在 pdf_writer 保存了 pdf_reader 中的每个页面。

13.2.4　巩固练习

你可以在 realpython.com/python-basics/resources/上找到练习的答案以及其他各种资源。

(1) 提取 `Pride_and_Prejudice.pdf` 文件的最后一页，将其以 `last_page.pdf` 为名保存到 home 目录中。

(2) 提取 `Pride_and_Prejudice.pdf` 中的偶数索引页（注意是索引，不是页码），把它们以 `every_other_page.pdf` 为名保存到 home 目录中。

(3) 将 `Pride_and_Prejudice.pdf` 分成两个 PDF 文件。第一个文件应当包含前 150 页，第二个文件应当包含剩余页。将两个文件分别以 `part_1.pdf` 和 `part_2.pdf` 为名保存到 home 目录中。

13.3　挑战：PdfFileSplitter 类

创建一个名为 `PdfFileSplitter` 的类，该类会从现有的 `PdfFileReader` 实例中读取 PDF 并将其分成两个新的 PDF。应使用路径字符串实例化该类。

举例来说，如果要用当前工作目录中的 `mydoc.pdf` 创建 `PdfFileSplitter` 实例，需要这样写：

```
pdf_splitter = PdfFileSplitter("mydoc.pdf")
```

`PdfFileSplitter` 类需包含两个方法。

(1) `.split()`：有一个 `breakpoint` 参数，其实参应为一个整数，代表在哪一页分割 PDF。

(2) `.write()`：有一个 `filename` 参数，其实参应为路径字符串。

在调用`.spliy()`后，`PdfFileSplitter` 类应当将包含原 PDF 中分割点之前（不包含分割点）的所有页面的 `PdfFileWriter` 赋值给`.writer1` 属性，同时需将包含原 PDF 中剩余页面的 `PdfFileWriter` 赋值给`.writer2` 属性。

调用`.write()`时，两个 PDF 应当写入指定路径。第一个 PDF 命名为 `filename + "_1.pdf"`，第二个 PDF 命名为 `filename + "_2.pdf"`。

举例来说，如果你想把 `mydoc.pdf` 从第 4 页剪开，分成 `mydoc_split_1.pdf` 和 `mydoc_split_2.pdf` 两个文件，可以像下面这样写：

```
pdf_splitter.split(breakpoint=4)
pdf_splitter.write("mydoc_split")
```

试着把本章的 `practice_files` 文件夹中的 `Pride_and_Prejudice.pdf` 从第 150 页分成两个文件，检验这个 PDF 分割程序能否正常工作。

你可以在 realpython.com/python-basics/resources/上找到这个挑战的答案以及其他各种资源。

13.4 拼接、合并 PDF

在处理 PDF 文件时，我们经常需要将多个 PDF 拼接、合并成单个文件。

在**拼接**（concatenate）多个 PDF 时，我们把一个个文件首尾相连成一个文档。以公司的报表为例，在每个月末可能需要将每日的报表拼接成一个月度报表。

合并（merge）也会把两个 PDF 文件组合成单个文件。不过合并操作不会让文件首尾相连，你可以把第二个文件插入到第一个 PDF 中的某一页后面，然后将第一个 PDF 中位于插入点后面的所有页面插入到第二个 PDF 的末尾。

在本节中，我们会学习如何通过 `PyPDF2` 包的 `PdfFileMerger` 对 PDF 进行拼接和合并。

13.4.1 使用 `PdfFileMerger` 类

`PdfFileMerger` 类和前一节中的 `PdfFileWriter` 类非常类似，它们都可以用来写入 PDF 文件。在使用这两个类时，我们都会将页面添加到它们的实例中然后写入文件。

两者之间的主要区别在于，`PdfFileWriter` 只能将页面追加——或者说拼接到写入器中现有页面列表的末尾，而 `PdfFileMerger` 可以在任意位置插入、合并页面。

现在我们来创建一个 `PdfFileMerger` 实例。在 IDLE 中的交互式窗口中输入以下代码，导入 `PdfFileMerger` 类并创建一个新的实例：

```
>>> from PyPDF2 import PdfFileMerger
>>> pdf_merger = PdfFileMerger()
```

`PdfFileMerger` 对象在刚初始化时内无一物。我们需要在进行各种操作之前往其中添加一些页面。

有多种方法可以往 `pdf_merger` 对象中添加页面，可以根据具体的目标来选择对应的方法。

- `.append()`会将现有 PDF 文档中的每一页拼接到 `PdfFileMerger` 中页面的末尾。
- `.merge()`会将现有 PDF 文档中的所有页面插入到 `PdfFileMerger` 中某一页的后面。

接下来我们会介绍这两种方法，首先来看`.append()`。

13.4.2 使用`.append()`拼接 PDF

本章的 `practice_files` 文件夹中有一个名为 `expense_report` 的子目录，其中有 Peter Python 这名员工的 3 张报销单。

Peter 需要把这 3 个 PDF 拼接成一个文件交给他的老板，这样他就可以报销工作上产生的一些开销。

我们可以先用 pathlib 模块获得 expense_reports/文件夹中 3 张报销单的 Path 对象列表：

```
>>> from pathlib import Path
>>> reports_dir = (
...     Path.home() /
...     "python-basics-exercises" /
...     "ch14-interact-with-pdf-files" /
...     "practice_files" /
...     "expense_reports"
... )
```

在导入 Path 类之后，需要构建起指向 expense_reports/的路径。这里要注意的是，你可能需要根据自己电脑上的路径调整上面的代码。

在将指向 expense_reports/目录的路径赋值给 reports_dir 变量之后，我们可以利用.glob()获得目录中 PDF 文件路径的可迭代对象。

来看看目录中有什么内容：

```
>>> for path in reports_dir.glob("*.pdf"):
...     print(path.name)
...
Expense report 1.pdf
Expense report 3.pdf
Expense report 2.pdf
```

Python 列出了 3 个文件的文件名，但是顺序是乱的，并且这个顺序可能和你在自己的电脑上看到的不一样。

一般来说.glob()返回路径的顺序是不一定的，你需要自行调整顺序。我们可以用这 3 个文件路径创建一个列表，然后调用.sort()：

```
>>> expense_reports = list(reports_dir.glob("*.pdf"))
>>> expense_reports.sort()
```

要记得.sort()会就地对列表排序，不需要将返回值赋给变量。在.list()调用之后，expense_reports 会将文件名按字典顺序排序。

为了确认一下排序结果，再次遍历 expense_reports 输出文件名：

```
>>> for path in expense_reports:
...     print(path.name)
...
Expense report 1.pdf
Expense report 2.pdf
Expense report 3.pdf
```

看起来没问题。

现在我们可以把 3 个 PDF 拼接起来了。这里需要用到 PdfFileMerger.append()方法，需要传递给它一个代表 PDF 文件路径的字符串参数。在调用.append()时，PDF 文件中的所有页面都会被追加到 PdfFileMerger 对象的页面集合末尾。

我们来实际操作一下。首先导入 PdfFileMerger 类并新建实例：

```
>>> from PyPDF2 import PdfFileMerger
>>> pdf_merger = PdfFileMerger()
```

接下来遍历 expense_reports 列表并将页面追加到 pdf_merger 中：

```
>>> for path in expense_reports:
...     pdf_merger.append(str(path))
...
>>>
```

注意，在把 expense_reports/中的每个 Path 对象传给 pdf_merger.append()之前，都使用了 str()将其转换成字符串。

在将 expense_reports/目录中所有 PDF 文件拼接到 pdf_merger 对象之后，最后一件要做的事就是将所有页面输出到 PDF 文件中。PdfFileMerger 实例有一个.write()方法，其作用类似于 PdfFileWriter.write()。

以二进制写模式打开一个新文件，然后将文件对象传递给 pdf_merger.write()方法：

```
>>> with Path("expense_reports.pdf").open(mode="wb") as output_file:
...     pdf_merger.write(output_file)
...
>>>
```

当前工作目录中有了一个名为 expense_reports.pdf 的 PDF 文件。在 PDF 阅读器中打开它，你能看到 3 张报销单出现在了同一个 PDF 文件中。

13.4.3 使用.merge()合并 PDF

若想合并两个或多个 PDF，需使用 PdfFileMerger.merge()。该方法类似于.append()，只不过你必须指明要在输出 PDF 的哪个位置插入待合并 PDF 中的内容。

下面来看一个例子。Goggle 股份有限公司准备了一份季度报告，但是忘了把内容表放进去。Peter Python 注意到了这个问题，并且立马把缺少的内容表做成了 PDF。现在他需要把这个 PDF 合并到原来的报告中。

报告 PDF 和内容表 PDF 都可以在本章的 practice_files 文件夹中的 quarterly_report/子目录中找到。报告在名为 report.pdf 文件里面，内容表在 toc.pdf 里面。

在 IDLE 的交互式窗口中，导入 PdfFileMerger 类并创建 report.pdf 和 toc.pdf 的 Path 对象：

```
>>> from pathlib import Path
>>> from PyPDF2 import PdfFileMerger
>>> report_dir = (
...     Path.home() /
...     "python-basics-exercises" /
...     "ch14-interact-with-pdf-files" /
...     "practice_files" /
...     "quarterly_report"
... )
>>> report_path = report_dir / "report.pdf"
>>> toc_path = report_dir / "toc.pdf"
```

首先要做的是用.append()把报告 PDF 追加到新建的 PdfFileMerger 实例中：

```
>>> pdf_merger = PdfFileMerger()
>>> pdf_merger.append(str(report_path))
```

现在 pdf_merger 中已经有一些页面了，那么我们就可以把内容表 PDF 合并到正确的位置上。如果用 PDF 阅读器打开 report.pdf，我们可以看到报告的第 1 页是标题页，第 2 页是简介，剩下的页面是报告的各个部分。

我们想在标题页之后、简介之前插入内容表。PyPDF2 的 PDF 页面索引从 0 开始，因此我们需要将内容表插入索引 0 处的页面之后、索引 1 处的页面之前。

此时我们需要提供两个参数来调用 pdf_merger.merge()：

(1) 整数 1，它代表插入内容表的位置对应的页面索引
(2) 内容表 PDF 的路径字符串

代码写出来就是这个样子：

```
>>> pdf_merger.merge(1, str(toc_path))
```

内容表中的每一页都会插入到索引 1 处的页面之前。由于内容表 PDF 只有一页，因此它就插入到了索引 1 处。当前在索引 1 处的页面就被移到了索引 2 处，索引 2 处的页面移到了索引 3 处，以此类推。

接下来将合并后的 PDF 写入输出文件：

```
>>> with Path("full_report.pdf").open(mode="wb") as output_file:
...     pdf_merger.write(output_file)
...
>>>
```

当前工作目录中有了一个 full_report.pdf 文件。在 PDF 阅读器中打开这个文件，检查一下内容表是否插入到了正确的位置。

拼接和合并 PDF 是非常常见的操作。虽然这几个例子确实有点儿不自然，但是一想到可以编写出能够合并上千个 PDF 的程序，将耗费大量时间的例行任务自动化，我们就能够体会到这样的程序有多么方便。

13.4.4 巩固练习

你可以在 realpython.com/python-basics/resources/上找到练习的答案以及其他各种资源。

(1) 本章的 `practice_files` 文件夹中有 `merge1.pdf`、`merge2.pdf`、`merge3.pdf` 这样 3 个 PDF。利用 `PdfFileMerger` 实例通过`.append()`方法将 `merge1.pdf` 和 `merge2.pdf` 拼接到一起。

将拼接后的 PDF 保存为 home 目录中的 `concatenated.pdf` 文件。

(2) 创建一个新的 `PdfFileMerger` 实例，使用`.merge()`方法将 `merge3.pdf` 插入到练习(1)中的 `concatenated.pdf` 文件的两页之间。将新的文件保存为 home 目录中的 `merged.pdf`。

最终应该得到一个有 3 页的 PDF。第 1 页上有数字 1，第 2 页上有数字 2，第 3 页上有数字 3。

13.5 旋转、裁剪 PDF 页面

到目前为止，我们已经学习了如何从 PDF 中提取文本和页面，以及如何拼接、合并多个 PDF 文件。这些都是 PDF 的常见操作，而 `PyPDF2` 还有更多实用的功能。

在本节中，我们会学习如何旋转、裁剪 PDF 文件中的页面。

13.5.1 旋转页面

我们首先学习如何旋转页面。在本例中，我们会用到本章的 `practice_files` 文件夹中的 `ugly.pdf`。

`ugly.pdf` 里面是汉斯・克里斯汀・安徒生所著的《丑小鸭》，这一版挺不错的，只不过所有奇数页都逆时针旋转了 90 度。

我们来修正这一问题。打开一个新的 IDLE 交互式窗口，首先从 `PyPDF2` 中导入 `PdfFileReader` 和 `PdfFileWriter` 类，同时从 `pathlib` 模块中导入 `Path` 类：

```
>>> from pathlib import Path
>>> from PyPDF2 import PdfFileReader, PdfFileWriter
```

接下来为 `ugly.pdf` 文件创建 `Path` 对象：

```
>>> pdf_path = (
...     Path.home() /
...     "python-basics-exercises" /
...     "ch14-interact-with-pdf-files" /
...     "practice_files" /
...     "ugly.pdf"
... )
```

最后创建新的 PdfFileReader 和 PdfFileWriter 实例：

```
>>> pdf_reader = PdfFileReader(str(pdf_path))
>>> pdf_writer = PdfFileWriter()
```

我们的目标是用 pdf_writer 创建一个新的 PDF 文件，其中的页面方向都是正确的。《丑小鸭》PDF 中的偶数页方向是正确的，但奇数页的方向逆时针旋转了 90 度。

为了纠正这一问题，需要用到 PageObject.rotateClockwise()。该方法以一个整数为参数，其单位为度，页面会根据这个参数顺时针旋转对应的度数。举例来说，.rotateClockwise(90)会把 PDF 的页面顺时针旋转 90 度。

注意

除了.rotateClockwise()方法之外，PageObject 类还有一个.rotateCounterClockwise()方法用于逆时针旋转页面。

有多种方法来旋转 PDF 中的页面，在这里我们讨论其中的两种。这两种方法都依赖.rotateClockwise()，不过它们有不同的方法来判断要旋转哪些页面。

第一种方法是遍历 PDF 中页面的索引，检查对应的页面是否需要旋转。如果确实需要，就调用.rotateClockwise()旋转页面，然后将页面添加到 pdf_writer 中。

代码写出来是这样：

```
>>> for n in range(pdf_reader.getNumPages()):
...     page = pdf_reader.getPage(n)
...     if n % 2 == 0:
...         page.rotateClockwise(90)
...     pdf_writer.addPage(page)
...
>>>
```

注意，只有当页面的索引为偶数时才会旋转页面。这可能会显得有点儿奇怪，因为实际上是 PDF 中的奇数页方向不对。不过 PDF 的页码从 1 开始，而页面的索引从 0 开始。也就是说，PDF 的奇数页索引为偶数。

如果你觉得晕头转向也不要着急，即便是有多年经验的专业程序员也会被这种问题磕绊。

注意

执行上面的 for 循环时，我们会在 IDLE 的交互式窗口中看到大量输出内容。这是因为.rotateClockwise()会返回 PageObject 实例。

现在可以忽略这些输出内容，从 IDLE 编辑器窗口中执行程序时不会产生这些内容。

现在 PDF 中所有的页面已经旋转完毕，我们可以把 pdf_writer 的内容写入新文件中检查是否完成了目标：

```
>>> with Path("ugly_rotated.pdf").open(mode="wb") as output_file:
...     pdf_writer.write(output_file)
...
>>>
```

此时当前工作目录中应当出现了一个名为 ugly_rotated.pdf 的文件，其中的页面是将 ugly.pdf 文件中的页面归位之后得到的。

刚才这种调整 ugly.pdf 页面的方法有一个问题，那就是我们必须事先知道哪些页面需要旋转。在实际情况中，翻遍整个 PDF 记下哪些页面需要旋转并不现实。

实际上，我们可以在事先不知道的情况下判断哪些页面需要旋转。嗯，至少有些时候可以。

我们来看看怎么做到这一点。首先创建一个新的 PdfFileReader 实例：

```
>>> pdf_reader = PdfFileReader(str(pdf_path))
```

这么做的原因是，我们在前面旋转了 PdfFileReader 中的页面，它已经被修改了，因此我们需要新建一个实例从头开始。

PageObject 实例维护着一个字典，其中有页面的相关信息：

```
>>> pdf_reader.getPage(0)
{'/Contents': [IndirectObject(11, 0), IndirectObject(12, 0),
IndirectObject(13, 0), IndirectObject(14, 0), IndirectObject(15, 0),
IndirectObject(16, 0), IndirectObject(17, 0), IndirectObject(18, 0)],
'/Rotate': -90, '/Resources': {'/ColorSpace': {'/CS1':
IndirectObject(19, 0), '/CS0': IndirectObject(19, 0)}, '/XObject':
{'/Im0': IndirectObject(21, 0)}, '/Font': {'/TT1':
IndirectObject(23, 0), '/TT0': IndirectObject(25, 0)}, '/ExtGState':
{'/GS0': IndirectObject(27, 0)}}, '/CropBox': [0, 0, 612, 792],
'/Parent': IndirectObject(1, 0), '/MediaBox': [0, 0, 612, 792],
'/Type': '/Page', '/StructParents': 0}
```

嗨呀！这堆莫名其妙的东西里面有一个叫/Rotate 的键，就在上面的输出内容中的第 4 行，其值为-90。

我们可以在 PageObject 上用下标语法访问/Rotate 键，就和 Python 的 dict 对象一样：

```
>>> page = pdf_reader.getPage(0)
>>> page["/Rotate"]
-90
```

检查一下 pdf_reader 第 2 页的/Rotate 键，我们会发现它的值为 0：

```
>>> page = pdf_reader.getPage(1)
>>> page["/Rotate"]
0
```

这就告诉我们索引 0 处的页面被旋转了-90 度，换句话说就是逆时针旋转了 90 度。而索引 1 处的页面旋转的度数为 0，因此它并没有被旋转过。

如果用.rotateClockwise()旋转第 1 页，则/Rotate 的值就从–90 变成了 0：

```
>>> page = pdf_reader.getPage(0)
>>> page["/Rotate"]
-90
>>> page.rotateClockwise(90)
>>> page["/Rotate"]
0
```

我们已经知道如何检查/Rotate 键，因此可以利用它来旋转 ugly.pdf 文件中的页面。

首先要做的是重新实例化 pdf_reader 和 pdf_writer 对象，这样我们就可以重新开始了：

```
>>> pdf_reader = PdfFileReader(str(pdf_path))
>>> pdf_writer = PdfFileWriter()
```

接下来编写一个循环来遍历可迭代对象 pdf_reader.pages 中的页面，检查各自的/Rotate 值，当其值为-90 时就旋转页面：

```
>>> for page in pdf_reader.pages:
...     if page["/Rotate"] == -90:
...         page.rotateClockwise(90)
...     pdf_writer.addPage(page)
...
>>>
```

和第一种做法的循环相比，这里的循环要简短一些，并且我们不需要事先知道哪些页面需要旋转。我们可以在任何 PDF 上用这样的循环来旋转页面，完全不需要打开文件一页页地检查。

作为收尾工作，我们把 pdf_writer 中的内容写入新文件：

```
>>> with Path("ugly_rotated2.pdf").open(mode="wb") as output_file:
...     pdf_writer.write(output_file)
...
>>>
```

现在可以打开当前工作目录中的 ugly_rotated2.pdf 文件，将其和之前生成的 ugly_rotated.pdf 文件进行对比。这两个文件应当是一模一样的。

重点

关于/Rotate 键有一点需要注意：页面中并不一定存在这个键。

如果/Rotate 键不存在，一般来说就意味着这一页没有被旋转过。但这个假设并不总是成立。

如果 PageObject 没有/Rotate 键，那么在尝试访问它时会引发 KeyError。你可以用 try ... except 块捕获这个异常。

/Rotate 键的值可能会出乎你的意料。如果你在扫描纸质文档时页面逆时针旋转了 90 度，那么 PDF 中的内容也会朝向对应的方向，不过/Rotate 键的值可能还是 0。

这类问题让 PDF 文件处理起来非常麻烦。有时候你可能需要在 PDF 阅读器中打开文件手动调整一下。

13.5.2 裁剪页面

裁剪页面是处理 PDF 文件时的另一种常见操作。我们可能需要将单个页面分割成多个页面，或是需要从页面中的一小部分中提取内容，比如签名或者表格。

举个例子，practice_folder 中有一个叫 half_and_half.pdf 的文件。这个 PDF 中是汉斯·克里斯汀·安徒生所著的《小美人鱼》选段。

这个 PDF 中的每一页都有两列。我们来把每一页都分成两页，一列一页。

首先从 PyPDF2 中导入 PdfFileReader 和 PdfFileWriter 类，从 pathlib 模块中导入 Path 类：

```
>>> from pathlib import Path
>>> from PyPDF2 import PdfFileReader, PdfFileWriter
```

现在来创建指向 half_and_half.pdf 文件的 Path 对象：

```
>>> pdf_path = (
...     Path.home() /
...     "python-basics-exercises" /
...     "ch14-interact-with-pdf-files" /
...     "practice_files" /
...     "half_and_half.pdf"
... )
```

接下来创建新的 PdfFileReader 对象，获得 PDF 的第一页：

```
>>> pdf_reader = PdfFileReader(str(pdf_path))
>>> first_page = pdf_reader.getPage(0)
```

要裁剪这个页面，首先需要了解一下页面是如何构成的。像 first_page 这样的 PageObject 实例有一个.mediaBox 属性，它代表定义页面边界的矩形区域。

在裁剪页面之前，我们可以在 IDLE 的交互式窗口中研究一下.mediaBox：

```
>>> first_page.mediaBox
RectangleObject([0, 0, 792, 612])
```

.mediaBox 属性会返回一个 RectangleObject。这个对象在 PyPDF2 包中定义，它代表页面上的一个矩形区域。

输出内容中的列表[0, 0, 792, 612]定义了这个矩形区域，前两个数字代表矩形左下角的 x 和 y 坐标。第三个和第四个数字分别代表矩形的宽度和高度。它们的单位为点，也就是 1/72 英寸。

RectangleObject([0, 0, 792, 612])表示一个左下角位于原点处的矩形区域，其宽度为 792 点（即 11 英寸），高度为 612 点（即 8.5 英寸）。这是标准信纸[①]大小的页面在横放时的尺寸，本例中的《小美人鱼》PDF 正是采用了这种尺寸的页面。竖放的信纸大小的 PDF 页面应当返回 RectangleObject([0, 0, 612, 792])。

RectangleObject 有 4 个返回矩形顶点坐标的属性：.lowerLeft、.lowerRight、.upperLeft、.upperRight。和宽度、高度一样，它们的单位也是点。

我们可以利用这 4 个属性获得 RectangleObject 的顶点坐标：

```
>>> first_page.mediaBox.lowerLeft
(0, 0)
>>> first_page.mediaBox.lowerRight
(792, 0)
>>> first_page.mediaBox.upperLeft
(0, 612)
>>> first_page.mediaBox.upperRight
(792, 612)
```

每个属性都会返回一个包含对应顶点坐标的元组。和 Python 中的其他元组一样，我们可以用方括号访问某个坐标的值：

```
>>> first_page.mediaBox.upperRight[0]
792
>>> first_page.mediaBox.upperRight[1]
612
```

通过为这些属性赋予新的元组，我们可以调整 mediaBox 的坐标：

```
>>> first_page.mediaBox.upperLeft = (0, 480)
>>> first_page.mediaBox.upperLeft
(0, 480)
```

修改.upperLeft 的坐标时，.upperRight 也会自动调整以保持矩形形状：

---

① 这指的是由 ANSI（美国国家标准学会）制定的一种纸张尺寸标准，也称 ANSI Letter。其尺寸为 8.5 英寸×11 英寸（215.9 毫米×279.4 毫米）。——译者注

```
>>> first_page.mediaBox.upperRight
(792, 480)
```

调整.mediaBox 返回的 RectangleObject 实际上就是在裁剪页面。first_page 对象现在只包含位于新的 RectangleObject 范围内的信息。

现在将裁剪后的页面写入新的 PDF 文件中：

```
>>> pdf_writer = PdfFileWriter()
>>> pdf_writer.addPage(first_page)
>>> with Path("cropped_page.pdf").open(mode="wb") as output_file:
...     pdf_writer.write(output_file)
...
>>>
```

打开当前工作目录中的 cropped_page.pdf，你会看到页面的顶部已经不见了。

那要怎么裁剪页面才能让右边的内容消失？我们需要让页面的宽度减半。为了达到这一目的，可以对.mediaBox 的.upperRight 属性进行修改。下面来看看怎么做。

由于在前面我们修改了 pdf_reader 的第一页并将其添加到了 pdf_writer，因此首先要做的是拿到新的 PdfFileReader 和 PdfFileWriter 对象：

```
>>> pdf_reader = PdfFileReader(str(pdf_path))
>>> pdf_writer = PdfFileWriter()
```

接下来获取 PDF 的第一页：

```
>>> first_page = pdf_reader.getPage(0)
```

这次我们来操作第一页的副本，这样一来之前提取出来的页面就会原封不动。我们可以用 Python 标准库 copy 模块中的 deepcopy()函数来创建页面的副本：

```
>>> import copy
>>> left_side = copy.deepcopy(first_page)
```

现在修改 left_side 就不会影响 first_page 的属性了。这样一来，稍后我们就可以用 first_page 类提取页面右边的文本了。

接下来就需要做点儿算术了。很容易得出我们需要将.mediaBox 右上角移动到页面顶边的中点。为此我们需要创建一个新的元组，第一个分量等于原来的一半。然后将这个元组赋给.upperRight 属性。

首先获得当前.mediaBox 的右上角坐标：

```
>>> current_coords = left_side.mediaBox.upperRight
```

然后创建一个新的元组，它的第一个坐标等于当前坐标的一半，第二个坐标保持原样：

```
>>> new_coords = (current_coords[0] / 2, current_coords[1])
```

最后将新的坐标赋给.upperRight 属性：

```
>>> left_side.mediaBox.upperRight = new_coords
```

裁剪之后的页面只包含左边的文本了。接下来我们来提取页面右边的内容。

首先创建 first_page 的副本：

```
>>> right_side = copy.deepcopy(first_page)
```

移动.upperLeft 而不是.upperRight：

```
>>> right_side.mediaBox.upperLeft = new_coords
```

这行代码将左上角坐标设为提取页面左半边时使用的右上角坐标。因此 right_side.mediaBox 现在的左上角位于页面顶边的中点，右上角位于页面的右上角。

最后将 left_side 和 right_side 添加到 pdf_writer，写入新的 PDF 文件：

```
>>> pdf_writer.addPage(left_side)
>>> pdf_writer.addPage(right_side)
>>> with Path("cropped_pages.pdf").open(mode="wb") as output_file:
...     pdf_writer.write(output_file)
...
>>>
```

在 PDF 阅读器中打开 cropped_pages.pdf 文件。你应该能够看到文件中有两页，第一页是原页面的左半边的文本，第二页是右半边的文本。

13.5.3　巩固练习

你可以在 realpython.com/python-basics/resources/上找到练习的答案以及其他各种资源。

(1) 本章的 practice_files 文件夹中有一个名为 split_and_rotate.pdf 的 PDF 文件。在 home 目录中创建一个新的 PDF，命名为 rotated.pdf。将 split_and_rotate.pdf 中的所有页面逆时针旋转 90 度后保存到该文件中。

(2) 使用练习(1)中创建的 rotated.pdf，将 PDF 中的每一页沿垂直中线分割开来。在 home 目录中创建一个新的 PDF，命名为 split.pdf。将分割后得到的页面保存在该文件中。

split.pdf 应该有 4 页，上面的数字依次为 1、2、3、4。

13.6　加密、解密 PDF

有些 PDF 文件受密码保护。我们既可以利用 PyPDF2 处理加密过的 PDF 文件，也可以用它为现有的 PDF 添加密码保护。

13.6.1 加密 PDF

我们可以利用 PdfFileWriter()实例的.encrypt()方法为 PDF 文件添加密码保护。该方法主要有两个参数。

(1) user_pwd 设置用户密码。通过该密码可以打开、读取 PDF 文件。

(2) owner_pwd 设置所有者密码。通过该密码打开 PDF 文件后不会受到任何限制，甚至可以编辑 PDF。

我们来用.encrypt()为 PDF 文件添加密码。首先打开本章的 practice_files 目录中的 newsletter.pdf：

```
>>> from pathlib import Path
>>> from PyPDF2 import PdfFileReader, PdfFileWriter
>>> pdf_path = (
...     Path.home() /
...     "python-basics-exercises" /
...     "ch14-interact-with-pdf-files" /
...     "practice_files" /
...     "newsletter.pdf"
... )
>>> pdf_reader = PdfFileReader(str(pdf_path))
```

然后创建一个新的 PdfFileWriter 实例，将 pdf_reader 中的页面添加到里面：

```
>>> pdf_writer = PdfFileWriter()
>>> pdf_writer.appendPagesFromReader(pdf_reader)
```

接下来用 pdf_writer.encrypt()添加密码"SuperSecret"：

```
>>> pdf_writer.encrypt(user_pwd="SuperSecret")
```

如果只设置了 user_pwd，则 owner_pwd 参数的值就默认为和 user_pwd 同样的值。因此上面这行代码同时设置了用户密码和所有者密码。

最后将加密后的 PDF 写入 home 目录中名为 newsletter_protected.pdf 的文件：

```
>>> output_path = Path.home() / "newsletter_protected.pdf"
>>> with output_path.open(mode="wb") as output_file:
...     pdf_writer.write(output_file)
```

在 PDF 阅读器中打开这个文件时会要求你输入密码，输入"SuperSecret"打开文件。

如果需要为 PDF 的所有者单独设置密码，那么要给 owner_pwd 参数传入另外一个字符串：

```
>>> user_pwd = "SuperSecret"
>>> owner_pwd = "ReallySuperSecret"
>>> pdf_writer.encrypt(user_pwd=user_pwd, owner_pwd=owner_pwd)
```

在本例中，用户密码为"SuperSecret"，所有者密码为"ReallySuperSecret"。

如果想打开一个加过密的 PDF 文件，那么必须在查看其内容之前输入密码。这种保护措施的适用范围也包括在 Python 程序中读取 PDF 文件。下面我们来看如何用 PyPDF2 解密 PDF 文件。

13.6.2　解密 PDF

若要解密加密过的 PDF 文件，需使用 PdfFileReader 实例的.decrypt()方法。

.decrypt()只有一个 password 参数，需要为这个参数传递解密所需的密码。打开 PDF 后能够获得的权限取决于你传入的 password 参数值。

我们来打开上一节中创建的加了密的 newsletter_protected.pdf 文件，并用 PyPDF2 解密。

首先用指向加密 PDF 的路径创建 PdfFileReader 实例：

```
>>> from pathlib import Path
>>> from PyPDF2 import PdfFileReader, PdfFileWriter
>>> pdf_path = Path.home() / "newsletter_protected.pdf"
>>> pdf_reader = PdfFileReader(str(pdf_path))
```

在解密 PDF 之前，我们先来看看如果试图获取 PDF 的第一页会发生什么：

```
>>> pdf_reader.getPage(0)
Traceback (most recent call last):
  File "c:\realpython\venv\lib\site-packages\PyPDF2\pdf.py",
      line 1617, in getObject
    raise utils.PdfReadError("file has not been decrypted")
PyPDF2.utils.PdfReadError: file has not been decrypted
```

PdfReadError 异常发生了，它表明这个 PDF 文件尚未解密。

> **注意**
>
> 为了凸显最重要的部分，我们缩短了异常的回溯信息。你在自己的电脑上看到的回溯信息要长得多。

为了解密文件，我们需要创建一个新的 PdfFileReader 实例：

```
>>> pdf_reader = PdfFileReader(str(pdf_path))
```

现在解密文件：

```
>>> pdf_reader.decrypt(password="SuperSecret")
1
```

.decrypt()会返回一个表示解密是否成功的整数。

- 0 代表密码错误。
- 1 代表成功匹配用户密码。

- 2 代表成功匹配所有者密码。

一旦成功解密文件，我们就可以访问 PDF 的内容了：

```
>>> pdf_reader.getPage(0)
{'/Contents': IndirectObject(7, 0), '/CropBox': [0, 0, 612, 792],
'/MediaBox': [0, 0, 612, 792], '/Parent': IndirectObject(1, 0),
'/Resources': IndirectObject(8, 0), '/Rotate': 0, '/Type': '/Page'}
```

现在就可以随心所欲地提取文本、裁剪、旋转页面了。

13.6.3 巩固练习

你可以在 realpython.com/python-basics/resources/上找到练习的答案以及其他各种资源。

(1) 本章的 `practice_files` 文件夹中有一个名为 `top_secret.pdf` 的 PDF 文件。使用 `PdfFileWriter.encrypt()`解密文件，密码为 `Unguessable`。

将解密后的文件保存到 home 目录中，命名为 `top_secret_encrypted.pdf`。

(2) 打开练习(1)中创建的 `top_secret_encrypted.pdf`，解密文件后输出 PDF 第一页上的文本。

13.7 挑战：整理 PDF

本章的 `practice_files` 文件夹中有一个名为 `scrambled.pdf` 的 PDF 文件，其中有 7 页内容。每一页上都有一个 1 到 7 的数字，但顺序是乱的。

此外，部分页面顺时针或逆时针地旋转了 90、180、270 度。

编写一个程序对这个 PDF 进行整理，使页面按其上的数字进行排序。如有必要，对页面进行旋转使其方向转正。

> **注意**
>
> 可以假定从 `scrambled.pdf` 中读取的每个 `PageObject` 都有`/Rotate` 键。

将整理后的 PDF 保存到 home 目录中，命名为 `unscrambled.pdf`。

你可以在 realpython.com/python-basics/resources/上找到这个挑战的答案以及其他各种资源。

13.8 从头创建 PDF 文件

`PyPDF2` 这个包对于读取、修改现有的 PDF 文件来说很好用，不过它也有局限性：不能用来创建新的 PDF 文件。在本节中我们会使用 ReportLab Toolkit 从头创建 PDF 文件。

ReportLab 是创建 PDF 所需的全能解决方案。它的商业版是收费的，不过有限制了部分功能的开源版可用。

13.8.1 安装 reportlab

首先需要用 pip 安装 reportlab：

```
$ python3 -m pip install reportlab
```

可以用 pip show 验证是否成功安装：

```
$ python3 -m pip show reportlab
Name: reportlab
Version: 3.5.34
Summary: The Reportlab Toolkit
Home-page: http://www.reportlab.com/
Author: Andy Robinson, Robin Becker, the ReportLab team
        and the community
Author-email: reportlab-users@lists2.reportlab.com
License: BSD license (see license.txt for details),
         Copyright (c) 2000-2018, ReportLab Inc.
Location: c:\realpython\venv\lib\site-packages
Requires: pillow
Required-by:
```

在编写本书时，reportlab 的最新版本为 3.5.34。如果你已经打开了 IDLE，那么在使用 reportlab 包之前需要重启 IDLE。

13.8.2 使用 Canvas 类

reportlab 提供的用于创建 PDF 的主要接口是 Canvas（画布）类。该类位于 report.pdfgen.canvas 模块之中。

打开新的 IDLE 交互式窗口，输入如下代码导入 Canvas 类：

```
>>> from reportlab.pdfgen.canvas import Canvas
```

创建新的 Canvas 实例时，需要提供新建 PDF 的文件名字符串。

下面为 hello.pdf 文件创建一个新的 Canvas 实例：

```
>>> canvas = Canvas("hello.pdf")
```

现在我们有了一个 Canvas 实例，并且将其赋给了变量 canvas。这个 Canvas 和当前工作目录中的 hello.pdf 文件联系在了一起，只不过 hello.pdf 还不存在。

我们为 PDF 添加一些文字，此时需要用到.drawString()：

```
>>> canvas.drawString(72, 72, "Hello, World")
```

.drawString()的前两个参数确定了文本在画布中的位置。第一个参数指明了文本到画布左边缘的距离，第二个参数指明了到底边的距离。

传递给.drawString()的参数单位为点。1 点等于 1/72 英寸，因此.drawString(72, 72, "Hello, World")会把"Hello, World"绘制到距离左边 1 英寸、距离底边 1 英寸的位置。

使用.save()将 PDF 保存到文件：

```
>>> canvas.save()
```

当前工作目录中就有了一个名为 hello.pdf 的 PDF 文件。用 PDF 阅读器打开它，你会看到页面底部有一行 Hello, World!

关于刚才创建的这个 PDF 有两点需要注意：

(1) 页面的默认尺寸为 A4，这和美国标准信纸的大小不一样；
(2) 默认字体为 12 点大小的 Helvetica。

这些设置也是可以调整的。

13.8.3 设置页面尺寸

实例化 Canvas 对象时可以利用可选参数 pagesize 修改页面尺寸。该参数接收一个浮点数元组，元组中的分量代表页面的宽度和高度，单位为点。

在下面的例子中，为了将页面尺寸设置为 8.5 英寸宽、11 英寸高，我们需要像这样创建 Canvas：

```
canvas = Canvas("hello.pdf", pagesize=(612.0, 792.0))
```

元组(612.0, 792.0)代表一张标准信纸大小的纸张，因为 8.5 乘 72 得 612，11 乘 72 得 792。

如果你不喜欢计算 1 点等于多少英寸或者厘米，也可以用 reportlab.lib.units 模块来帮你完成。.unit 模块中有一些诸如 inch 和 cm 的辅助对象，它们可以简化单位转换的过程。

首先从 reportlab.lib.units 模块中导入 inch 和 cm 对象：

```
>>> from reportlab.lib.units import inch, cm
```

现在我们可以看到这两个对象究竟是什么：

```
>>> cm
28.346456692913385
>>> inch
72.0
```

cm 和 inch 都是浮点数值。它们代表对应的单位等于多少点。1 cm（厘米）是 28.346456692913385 点，1 inch（英寸）是 72.0 点。

使用这些单位时，需要将单位名和要转换成点数的数字相乘。比如要将页面尺寸设置成 8.5 英寸宽、11 英寸高，我们可以这样使用 inch：

```
>>> canvas = Canvas("hello.pdf", pagesize=(8.5 * inch, 11 * inch))
```

通过将元组传递给 pagesize 参数，我们可以按需设置页面尺寸。不过 reportlab 包中内置了一些标准的页面尺寸以便使用。

这些尺寸定义在 reportlab.lib.pagesizes 模块中。以标准信纸尺寸为例，我们可以从 pagesize 模块中导入 LETTER 对象。在实例化 Canvas 时，可以把 LETTER 传递给 pagesize 参数：

```
>>> from reportlab.lib.pagesizes import LETTER
>>> canvas = Canvas("hello.pdf", pagesize=LETTER)
```

检查一下 LETTER 对象，我们可以看到它就是一个浮点数元组：

```
>>> LETTER
(612.0, 792.0)
```

reportlab.lib.pagesizes 模块内含有多种标准页面尺寸。表 13-1 列出其中的几种标准及其尺寸。

表　13-1

页面尺寸标准	尺　寸
A4	210 mm × 297 mm
LETTER	8.5 in × 11 in
LEGAL	8.5 in × 14 in
TABLOID	11 in × 17 in

除了这些尺寸以外，该模块中还包含了 ISO 制定的所有 216 种标准纸张尺寸。

13.8.4　设置字体属性

在向 Canvas 写入文本时，我们也可以调整字体、字号大小、字体颜色。

我们可以用.setFont()修改字体和字号大小。首先以 font-example.pdf 为文件名创建一个新的 Canvas 实例，页面尺寸设置为信纸大小：

```
>>> canvas = Canvas("font-example.pdf", pagesize=LETTER)
```

然后将字体设置为 18 点的 Times New Roman：

```
>>> canvas.setFont("Times-Roman", 18)
```

最后将字符串"Times New Roman (18 pt)"写入画布并保存：

```
>>> canvas.drawString(1 * inch, 10 * inch, "Times New Roman (18 pt)")
>>> canvas.save()
```

这样设置之后，这段文字就会被写到距离左边 1 英寸、距离底边 10 英寸的位置。打开当前目录中的 font-example.pdf 看一看。

有 3 种默认可用的字体：

(1) "Courier"

(2) "Helvetica"

(3) "Times-Roman"

每种字体都有粗体和斜体的变体。以下是 reportlab 中所有可用的字体及其变体：

- "Courier"
- "Courier-Bold"
- "Courier-BoldOblique"
- "Courier-Oblique"
- "Helvetica"
- "Helvetica-Bold"
- "Helvetica-BoldOblique"
- "Helvetica-Oblique"
- "Times-Bold"
- "Times-BoldItalic"
- "Times-Italic"
- "Times-Roman"

还可以用.setFillColor()设置字体颜色。在下面的例子中，我们创建了一个写有蓝色文字的、名为 font-colors.pdf 的 PDF 文件：

```
from reportlab.lib.colors import blue
from reportlab.lib.pagesizes import LETTER
from reportlab.lib.units import inch
from reportlab.pdfgen.canvas import Canvas

canvas = Canvas("font-colors.pdf", pagesize=LETTER)

# 将字体设置为 Times New Roman，大小为 12 点
canvas.setFont("Times-Roman", 12)
```

```
# 在离左边 1 英寸、底边 10 英寸处绘制蓝色文本
canvas.setFillColor("blue")
canvas.drawString(1*inch, 10*inch, "Blue text")

# 保存 PDF 文件
canvas.save()
```

blue 对象来自 reportlab.lib.colors 模块。该模块中有一些常见的颜色。在 reportlab 的源代码中可以看到完整的内置颜色列表。

这几个案例主要是为了展示 Canvas 的基本用法，不过这里介绍的这些内容只是冰山一角。利用 reportlab 可以从头创建表格、表单甚至高质量的图像内容。

ReportLab 用户指南提供了大量的示例，介绍如何从头创建 PDF 文档。如果你有兴趣进一步学习如何用 Python 创建 PDF，可以从该用户指南看起。

13.9　总结和更多学习资源

在本章中，我们学习了如何用 PyPDF2 和 reportlab 这两个包创建、修改 PDF 文件。

我们学习了如何用 PyPDF2：

- 读取 PDF 文件并用 PdfFileReader 类提取文本
- 使用 PdfFileWriter 类写入新的 PDF 文件
- 使用 PdfFileMerger 类拼接、合并 PDF 文件
- 旋转、裁剪 PDF 页面
- 用密码加密、解密 PDF 文件

我们还简单了解了如何用 reportlab 包从头创建 PDF 文件，学习了如何：

- 使用 Canvas 类
- 使用.drawString()向 Canvas 写入文本
- 使用.setFont()设置字体和字号大小
- 使用.setFillColor()修改字体颜色

reportlab 是十分强大的 PDF 创建工具，这里讲到的只是它的一部分功能。

交互式小测验

本章配有免费在线小测验，以便你检查学习进度。你可以在手机或电脑上通过下面的网址访问小测验：

realpython.com/quizzes/pybasics-pdf/

更多学习资源

若想了解更多关于在 Python 中处理 PDF 的相关知识，可以看看下面这些资源：

- "How to Work with a PDF in Python"（如何在 Python 中处理 PDF）
- ReportLab PDF 库用户指南

可以访问 realpython.com/python-basics/resources/获得更多进一步提升 Python 技能的学习资源。

第 14 章

操作数据库

我们在第 11 章中学习了如何在 Python 中通过文件存取数据。除了文件之外，数据库也是一种常见的数据存储方式。

数据库（database）是一种结构化的数据存储系统。它既可以是按目录保存的一个个 CSV 文件，也可以是更为精密的系统。而**数据库管理系统**（database management system）则是一种用于管理、操作数据库的软件。

Python 自带一个轻量化的数据库管理系统——SQLite。我们正好用它来学习如何操作数据库。

在本章中，你将会学习：

- 如何创建 SQLite 数据库
- 如何存取 SQLite 数据库中的数据
- 有哪些常用的数据库包

> **重点**
>
> SQLite 使用**结构化查询语言**（structured query language，SQL）和数据库交互。有 SQL 的使用经验有助于阅读本章。

我们开始吧！

14.1 SQLite 简介

SQL 数据库引擎数不胜数，有些数据库引擎在特定情况下会更有优势。SQLite 是最简单、最轻量级的 SQL 数据库引擎之一。它直接在本机上运行，并且标准的 Python 安装配置已经包含了 SQLite。

在本节中，我们会学习如何使用 `sqlite3` 包创建新的 SQLite 数据库、如何存取数据库中的数据。

14.1.1 SQLite 基础

使用 SQLite 有 4 个基本步骤。

(1) 导入 `sqlite3` 包。

(2) 连接到现有的数据库或者新建数据库。

(3) 在数据库中执行 SQL 语句。

(4) 关闭数据库连接。

我们首先在 IDLE 交互式窗口中研究一下这 4 个步骤。打开 IDLE 并输入如下代码：

```
>>> import sqlite3
>>> connection = sqlite3.connect("test_database.db")
```

`sqlite3.connect()`函数用于连接现有数据库或新建数据库。

执行`.connect("test_database.db")`时，Python 会查找名为`"test_database.db"`的数据库。如果没有叫这个名字的数据库，则会在当前工作目录中新建一个。

如果想在其他目录中创建数据库，则必须为`.connect()`提供完整的路径作为参数。

> **注意**
>
> 将字符串`":memory:"`传递给`.connect()`可以创建**内存数据库**（in-memory database）：
>
> ```
> connection = sqlite3.connect(":memory:")
> ```
>
> 如果你只需要在程序运行时存储数据，这也不失为一种好方法。

`.connet` 会返回一个 `sqlite3.Connection` 对象。可以使用 `type()`验证它的类型：

```
>>> type(connection)
<class 'sqlite3.Connection'>
```

`Connection` 对象代表程序和数据库之间的连接。我们可以利用它的一些属性和方法来与数据库交互。

我们需要使用 `Cursor` 对象来存取数据库中的数据。通过 `connection.cursor()`可以获得 `Cursor` 对象：

```
>>> cursor = connection.cursor()
>>> type(cursor)
<class 'sqlite3.Cursor'>
```

`sqlite3.Cursor` 对象是和数据库交互的大门。利用 `Cursor` 我们可以创建数据库、执行 SQL 语句、获得查询结果。

> **注意**
>
> 用数据库的行话来说，**游标**（cursor）指的是用于获得数据库查询结果的对象，同一时间一个游标只对应结果中的一行。

接下来我们用 SQLite 的 datetime()函数获得当前的本地时间：

```
>>> query = "SELECT datetime('now', 'localtime');"
>>> results = cursor.execute(query)
>>> results
<sqlite3.Cursor object at 0x000001A27EB85E30>
```

"SELECT datetime('now', 'localtime');"是一句 SQL 语句，它会返回当前的日期和时间。我们将这条查询语句赋值给变量 query，然后传递给 cursor.execute()。.execute()方法会在数据库中执行查询并返回 Cursor 对象，返回的 Cursor 赋值给了 results 变量。

你可能会好奇 datetime()返回的时间到哪去了。为了获得查询结果，我们需要使用 results.fetchone()。该方法会以元组形式返回第一行结果：

```
>>> row = results.fetchone()
>>> row
('2018-11-20 23:07:21',)
```

由于.fetchone()返回的是元组，因此我们需要访问它的第一个元素来获得包含日期时间信息的字符串：

```
>>> time = row[0]
>>> time
'2018-11-20 23:09:45'
```

最后调用 connection.close()关闭数据库连接：

```
>>> connection.close()
```

为了防止程序完成执行后一些系统资源没有被及时释放，不要忘了在用完数据库之后关闭数据库连接。

14.1.2 使用 with 管理数据库连接

回忆第 11 章中讲过的内容，我们可以将 with 语句和 open()搭配使用。在 with 块完成执行之后，open()打开的文件就会被自动关闭。这种写法也可以用到 SQLite 数据库连接上，并且这也是推荐的做法。

下面的代码重写了前面 datetime()的例子，这里用 with 语句来管理数据库连接：

```
>>> with sqlite3.connect("test_database.db") as connection:
...     cursor = connection.cursor()
```

```
...     query = "SELECT datetime('now', 'localtime');"
...     results = cursor.execute(query)
...     row = results.fetchone()
...     time = row[0]
...
>>> time
'2018-11-20 23:14:37'
```

在这个例子中，我们将 sqlite3.connect()返回的 Connection 对象赋给了 with 语句中的 connection 变量。with 块中的代码使用 connection.cursor()创建了一个新的 Cursor 对象，然后用 Cursor 对象的.execute()和.fetchone()方法获得了当前的时间。

使用 with 语句管理数据库连接有不少好处，它在很多时候能够让代码更加有条理、更加简短。在下一个案例中我们还将看到，with 块中对数据库做出的任何更改也会被自动保存。

14.1.3 操作数据库表

一般来说，我们不会只是为了获得当前时间而去建一个数据库。数据库是用来存取信息的，为了在数据库中存储数据，我们需要创建一张表并写入一些值。

我们来创建一张名为 People 的表，它有 3 列：FirstName、LastName、Age。创建该表的 SQL 查询如下：

```
CREATE TABLE People(FirstName TEXT, LastName TEXT, Age INT);
```

需要注意，FirstName 和 LastName 后面有一个 TEXT，而 Age 后面是 INT。这些单词会告诉 SQLite FirstName 和 LastName 列记录的是文本值，而 Age 列记录的是整数值。

创建表之后我们就可以用 SQL 的 INSERT INTO 命令为表填充数据。下面的查询将值 Ron、Obvious、42 分别插入 FirstName、LastName、Age 列中：

```
INSERT INTO People VALUES('Ron', 'Obvious', 42);
```

注意字符串'Ron'和'Obvious'是用单引号界定的。Python 中的字符串也可以用单引号表示，但是重点在于 SQLite 中只有单引号引用的字符串是合法的。

重点

用 Python 字符串表示 SQL 查询时一定要使用双引号界定字符串。这样我们就可以直接在字符串中使用单引号表示 SQLite 的字符串。

不只是 SQLite 的 SQL 数据库管理系统采用单引号语法，使用 SQL 数据库时一定要多加注意。

接下来我们一步步学习如何执行 SQL 语句并保存数据库更改。我们先不使用 with 语句。

在新的编辑器窗口中输入如下程序：

```
import sqlite3

create_table = """
CREATE TABLE People(
    FirstName TEXT,
    LastName TEXT,
    Age INT
);"""

insert_values = """
INSERT INTO People VALUES(
    'Ron',
    'Obvious',
    42
);"""

connection = sqlite3.connect("test_database.db")
cursor = connection.cursor()
cursor.execute(crate_table)
cursor.execute(insert_values)

connection.commit()
connection.close()
```

我们首先创建了两个字符串，字符串的内容是 SQL 语句。一条语句创建 `People` 表，一条向表中插入数据。这两个字符串分别赋给了 `create_table` 和 `insert_values` 两个变量。

这里使用了三引号字符串编写 SQL 语句，这样可以方便我们调整 SQL 语句的格式。SQL 会忽略空白，因此我们可以用各种空白来提升 Python 代码的可读性。

随后我们用 `sqlite3.connect()`创建了一个 `Connection` 对象然后将其赋给了 `connection` 变量，此外还用 `connection.cursor()`创建了一个 `Cursor` 对象并用它来执行这两条 SQL 语句。

最后我们用 `connection.commit()`将数据保存到数据库中。**提交**（commit）是数据库领域的专业术语，意思就是保存数据。如果不执行 `connection.commit()`，`People` 表也不会被创建。

保存文件并按下 F5 键运行程序。现在 `test_database.db` 中就有了一张 `People` 表，并且表中也有了一行数据。我们可以在交互式窗口中验证：

```
>>> connection = sqlite3.connect("test_database.db")
>>> cursor = connection.cursor()
>>> query = "SELECT * FROM People;"
>>> results = cursor.execute(query)
>>> results.fetchone()
('Ron', 'Obvious', 42)
```

接下来我们重写这个程序，用 `with` 管理数据库连接。

不过在进行操作之前，我们需要先删除 People 表才能重新创建表。在交互式窗口中输入如下代码，从数据库中移除 People 表：

```
>>> cursor.execute("DROP TABLE People;")
<sqlite3.Cursor object at 0x000001F739DB6650>
>>> connection.commit()
>>> connection.close()
```

回到编辑器窗口中，对程序做如下修改：

```
import sqlite3

create_table = """
CREATE TABLE People(
    FirstName TEXT,
    LastName TEXT,
    Age INT
);"""

insert_values = """
INSERT INTO People VALUES(
    'Ron',
    'Obvious',
    42
);"""

with sqlite3.connect("test_database.db") as connection:
    cursor = connection.cursor()
    cursor.execute(create_table)
    cursor.execute(insert_values)
```

这里既不需要 connection.close()，也不需要 connection.commit()。with 块执行完毕后，任何对数据库做出的更改都会自动提交。这是使用 with 语句管理数据库连接的又一大好处。

14.1.4 执行多条 SQL 语句

SQL 脚本（SQL script）是可以一次性全部执行的一系列 SQL 语句，语句与语句之间用分号（;）分隔。Cursor 对象有一个用于执行 SQL 脚本的.executescript()方法。

下面的程序会执行一段 SQL 脚本，这个脚本会创建 People 表并向其中插入一些值：

```
import sqlite3

sql = """
DROP TABLE IF EXISTS People;
CREATE TABLE People(
    FirstName TEXT,
    LastName TEXT,
    Age INT
);
```

```
INSERT INTO People VALUES(
    'Ron',
    'Obvious',
    '42'
);"""

with sqlite3.connect("test_database.db") as connection:
    cursor = connection.cursor()
    cursor.executescript(sql)
```

我们也可以用.executemany()方法执行多条类似的语句。调用该方法时，可以提供一个嵌套元组作为参数，为各条命令提供必要的信息。

举例来说，假设你有大量的人员信息要插入 People 表中，可以把这些信息保存到这样一个嵌套元组中：

```
people_values = (
    ("Ron", "Obvious", 42),
    ("Luigi", "Vercotti", 43),
    ("Arthur", "Belling", 28)
)
```

只需要一行代码就可以把所有的人员信息插入表中：

```
cursor.executemany("INSERT INTO People VALUES(?, ?, ?)", people_values)
```

这里的问号用作 people_values 中元组的占位符。这样的 SQL 语句称为**参数化语句**（parameterized statement）。

每一个?都代表一个**参数**（parameter），在该方法执行时，这些问号会被 people_values 中的值替换。各个参数会按顺序被替换。也就是说，第一个?会被 people_values 中的第一个值替换，第二个?会被第二个值替换，以此类推。

14.1.5　使用参数化语句避免安全问题

出于安全考虑，我们应当始终使用参数化的SQL语句——特别是需要根据用户输入操作SQL表的时候。这是因为用户有可能会输入类似于 SQL 代码的值，这会让你的 SQL 语句出现意料之外的行为。这种做法被称为 SQL 注入攻击，即使你没遇到恶意用户，SQL 注入也可能意外发生。

举个例子，假设你想根据用户提供的信息将一个人插入 People 表中。一开始你可能会写出这样的代码：

```
import sqlite3

# 从用户处获得人员信息
first_name = input("Enter your first name: ")
last_name = input("Enter your last name: ")
```

```
age = int(input("Enter your age: "))

# 为输入的人员数据执行插入语句
query = (
    "INSERT INTO People Values"
    f"('{first_name}', '{last_name}', {age});"
)
with sqlite3.connect("test_database.db") as connection:
    cursor = connection.cursor()
    cursor.execute(query)
```

要是用户输入的名字里有撇号，会怎么样？试着把 Flannery O'Connor 插入表中，你会发现程序直接崩溃了。这是因为名字里的撇号和那行 SQL 语句中的单引号发生了混淆，这行 SQL 代码出乎意料地提早结束了。

在这种情况下，这样的代码只是引发了一个错误罢了，还没那么糟糕。而在某些情况下，异常的输入内容会毁掉整张表。很多难以预测的情况有可能损坏 SQL 表，甚至删除数据库的各个部分。为了避免这种问题，我们应当始终使用参数化 SQL 语句。

下面的代码利用参数化 SQL 语句安全地将用户输入的数据插入数据库：

```
import sqlite3

first_name = input("Enter your first name: ")
last_name = input("Enter your last name: ")
age = int(input("Enter your age: "))
data = (first_name, last_name, age)

with sqlite3.connect("test_database.db") as connection:
    cursor = connection.cursor()
    cursor.execute("INSERT INTO People VALUES(?, ?, ?);", data)
```

参数化在使用 SQL 的 `UPDATE` 语句更新数据库的行数据时也很有用：

```
cursor.execute(
    "UPDATE People SET Age=? WHERE FirstName=? AND LastName=?;",
    (45, 'Luigi', 'Vercotti')
)
```

这段代码将 `FirstName` 为`'Luigi'`、`LastName` 为`'Vercotti'`的行的 `Age` 列的值更新为 45。

14.1.6 获得数据

如果不能从数据库中获得数据，那么往里面插入数据、更新数据也没什么用。

若要获取数据库中的数据，可以使用游标的`.fetchone()`和`.fetchall()`方法。`.fetchone()`方法返回查询结果中的某一行，而`.fetchall()`会一次性取得查询的所有结果。

下面的程序展示了如何使用`.fetchall()`：

```
import sqlite3

values = (
    ("Ron", "Obvious", 42),
    ("Luigi", "Vercotti", 43),
    ("Arthur", "Belling", 28),
)

with sqlite3.connect("test_database.db") as connection:
    cursor = connection.cursor()
    cursor.execute("DROP TABLE IF EXISTS People")
    cursor.execute("""
        CREATE TABLE People(
            FirstName TEXT,
            LastName TEXT,
            Age INT
        );"""
    )
    cursor.executemany("INSERT INTO People VALUES(?, ?, ?);", values)

    # 选择年龄在 30 岁以上的人的姓名
    cursor.execute(
        "SELECT FirstName, LastName FROM People WHERE Age > 30;"
    )
    for row in cursor.fetchall():
        print(row)
```

在上面的程序中，我们首先删除了 People 表以便抹掉在之前的例子中做出的修改。然后我们重新创建了 People 表并往里面插入了一些值。接下来使用.execute()执行了一条 SELECT 语句，返回了年龄在 30 岁以上的人的姓名。

最后.fetchall()以元组列表的形式返回了查询结果。列表中的每个元组都是查询结果中的一行数据。

如果在新的编辑器窗口中输入上面的程序并保存、运行，你会在交互式窗口中看到如下输出内容：

```
('Ron', 'Obvious')
('Luigi', 'Vercotti')
```

没错，数据库中只有 Ron 和 Luigi 的年龄超过了 30 岁。

14.1.7　巩固练习

你可以在 realpython.com/python-basics/resources/上找到练习的答案以及其他各种资源。

(1) 创建一个新的数据库，并创建一张名为 Roster 的表，表中有 3 个字段：Name（名字）、Species（种族）、Age（年龄）。Name 和 Species 两列应为文本字段，Age 列应为整数字段。

(2) 在表中填入这些值，如表 14-1 所示。

表 14-1

Name	Species	Age
Benjamin Sisko	Human	40
Jadzia Dax	Thrill	300
Kira Nerys	Bajoran	29

(3) 将 `Jadzia Dax` 的 `Name` 改为 `Ezri Dax`。

(4) 展示表中所有种族为 `Bajoran` 的人的 `Name` 和 `Age`。

14.2 操作其他 SQL 数据库的库

如果你想用 Python 访问特定类型的 SQL 数据库，大部分基本语法和刚才操作 SQLite 数据库时所用到的一模一样。不过由于 Python 只内置了对 SQLite 的支持，因此需要安装额外的包来和你所用的数据库进行交互。

SQL 有很多种变体，对应的 Python 包也有很多。下面列出几个 SQLite 以外最常用的、可靠的开源数据库包。

- pyodbc 可连接到 ODBC（open database connectivity）数据库，比如 Microsoft SQL Server。
- psycopg2 可连接到 PostgreSQL 数据库。
- PyMySQL 可连接到 MySQL 数据库。

SQLite 和其他数据库引擎相比——除了 SQL 代码的具体语法（SQLite 的 SQL 风格和大多数风格有一点儿差异）之外还有一个区别。大部分数据库引擎在连接时需要用户名和密码，而 SQLite 不需要。记得查阅所使用的包的文档，确保使用正确的语法连接数据库。

SQLAlchemy 也是一个热门数据库包。SQLAlchemy 是一个**对象关系映射器**（object-relational mapper，ORM），它会使用面向对象的范式构建数据库查询。我们可以对其进行配置，连接各种各样的数据库。SQLAlchemy 所使用的面向对象的思想能够在不直接编写 SQL 语句的情况下执行查询。

14.3 总结和更多学习资源

在本章中我们学习了如何使用 Python 自带的库和 SQLite 数据库引擎交互。SQLite 是一种轻量化的 SQL 数据库管理系统，我们可以在 Python 程序中用它来存取数据。要在 Python 中和 SQLite 交互，需要导入 `sqlite3` 模块。

为了操作 SQLite 数据库，我们首先需要使用 `sqlite3.connect()`函数连接到现有的数据库或者创建新的数据库。该函数会返回一个 `Connection` 对象，我们可以调用 `connection.cursor()`方法获得一个新的 `Cursor` 对象。

`Cursor` 对象用于执行 SQL 语句、取得查询结果。举例来说，`cursor.execute()`和 `cursor.executescript()`用于执行 SQL 查询，而 `cursor.fetchone()`和 `cursor.fetchall()`两个方法用于取得查询结果。

最后我们了解了一些用来连接其他 SQL 数据库的第三方包。psycopg2 用于连接 PostgreSQL，pyodbc 用于连接 Microsoft SQL Server。此外还有 SQLAlchemy，它为各种 SQL 数据库的连接提供了统一的接口。

交互式小测验

本章配有免费在线小测验，以便你检查学习进度。你可以在手机或电脑上通过下面的网址访问小测验：

realpython.com/quizzes/pybasics-databases/

更多学习资源

下面是一些有关数据库操作的学习资源：

- "Introcudtion to Python SQL Libraries"（Python SQL 库简介）
- "Preventing SQL Injection Attacks with Python"（使用 Python 防止 SQL 注入攻击）

可以访问 realpython.com/python-basics/resources/获得更多进一步提升 Python 技能的学习资源。

第 15 章

和 Web 交互

互联网可能是世界上最大的信息源，同时也是最大的错误信息源。

诸如数据科学、商业智能、调查报道等许多学科，能在收集、分析网站数据的过程中获益匪浅。

网络抓取（Web scraping）指的是从 Web 上收集原始数据并进行解析的过程。Python 社区中涌现了许多功能强大的网络抓取工具。

在本章中，你将会学习如何：

- 使用字符串方法和正则表达式解析网站数据
- 使用 HTML 解析器解析网站数据
- 和表格以及其他网站组件交互

重点

有 HTML 的使用经验将有助于阅读本章。

我们开始吧！

15.1 抓取并解析网站中的文本

自动地从网站收集数据的过程称作网络抓取。一些网站明确禁止用户使用自动化工具（我们在本章中就会构建出这样的工具）抓取他们的数据。这样做的原因可能有二。

(1) 网站有充分的理由保护自己的数据。比如谷歌地图不允许你在短时间内请求大量数据。

(2) 对网站服务器发起大量重复请求可能会耗尽其带宽，进而导致其他用户的访问速度变慢，甚至可能导致服务器过载，使得网站彻底停止响应。

重点

在抓取网站数据之前，一定要查看网站允许的使用策略，了解使用自动化工具访问网站是否会违反网站使用条款。从法律上讲，在违背网站意愿的情况下实施网络抓取在很大程度上是一个灰色地带。

请注意，在禁止网络抓取的网站上使用下面的技术可能是违法的。

我们首先从单一的网站页面上抓取所有的HTML代码。这里用到的页面是Real Python专门为本章准备的。

15.1.1　你的第一个网络抓取器

Python标准库中有一个名为urllib的包，这个包提供了处理URL的各种工具。具体而言，urllib.request模块中有一个叫urlopen()的函数，我们可以在程序中用它来打开URL。

在IDLE的交互式窗口中，输入如下代码导入urlopen()：

```
>>> from urllib.request import urlopen
```

我们要打开的网页位于如下的URL：

```
>>> url = "http://olympus.realpython.org/profiles/aphrodite"
```

为了打开这个页面，需要将url传递给urlopen()：

```
>>> page = urlopen(url)
```

urlopen()会返回一个HTTPResponse对象：

```
>>> page
<http.client.HTTPResponse object at 0x105fef820>
```

为了提取页面中的HTML，我们首先需要利用HTTPResponse对象的.read()方法，这个方法会返回一个字节序列。随后再用.decode()方法按照UTF-8对字节序列进行解码：

```
>>> html_bytes = page.read()
>>> html = html_bytes.decode("utf-8")
```

现在我们可以输出页面的HTML代码查看网页内容：

```
>>> print(html)
<html>
<head>
<title>Profile: Aphrodite</title>
</head>
<body bgcolor="yellow">
<center>
```

```
<br><br>
<img src="/static/aphrodite.gif" />
<h2>Name: Aphrodite</h2>
<br><br>
Favorite animal: Dove
<br><br>
Favorite color: Red
<br><br>
Hometown: Mount Olympus
</center>
</body>
</html>
```

获得了字符串形式的 HTML 代码之后，我们就可以用各种方法提取其中的信息了。

15.1.2 使用字符串方法提取 HTML 中的文本

从网页的 HTML 代码中提取信息的方法之一便是使用字符串方法。举例来说，我们可以用`.find()`在 HTML 文本中搜索`<title>`标签，然后提取网页的标题。

我们来提取上一个例子中的网页标题。如果知道标题的第一个字符的索引以及结束标签`</title>`的第一个字符的索引，我们就可以用字符串切片提取出标题。

`.find()`会返回子字符串首次出现时所在的索引，我们可以将字符串`"<title>"`传递给`.find()`以获得开始标签`<title>`的索引：

```
>>> title_index = html.find("<title>")
>>> title_index
14
```

不过，我们想要的并不是`<title>`标签的索引，而是标题本身的索引。为了获得标题第一个字符的索引，这里还需要把字符串`"<title>"`的长度加到`title_index`上：

```
>>> start_index = title_index + len("<title>")
>>> start_index
21
```

接下来将字符串`"</title>"`传递给`.find()`以获得结束标签`</title>`的索引：

```
>>> end_index = html.find("</title>")
>>> end_index
39
```

最后通过对`html`字符串进行切片提取标题：

```
>>> title = html[start_index:end_index]
>>> title
'Profile: Aphrodite'
```

现实世界中的 HTML 要比这个阿佛洛狄忒[①]的页面复杂很多，并且更加难以预测。这里还有一个类似的网页可供你进行抓取，不过这个网页的 HTML 要复杂一些：http://olympus.realpython.org/profiles/poseidon。

试着用前面的方法提取这个 URL 中的标题：

```
>>> url = "http://olympus.realpython.org/profiles/poseidon"
>>> page = urlopen(url)
>>> html = page.read().decode("utf-8")
>>> start_index = html.find("<title>") + len("<title>")
>>> end_index = html.find("</title>")
>>> title = html[start_index:end_index]
>>> title
'\n<head>\n<title >Profile: Poseidon'
```

糟糕！标题里还混入一些 HTML 代码。这是怎么回事？

`/profiles/poseidon` 这个页面的 HTML 看起来和 `/profiles/aphrodite` 页面差不多，不过两者之间有一处细小的区别。前者的开始标签 `<title>` 在结束尖括号（`>`）前面多了一个空格，变成了 `<title >`。

`html.find("<title>")` 返回的是-1，因为子串 `"<title>"` 并不存在。-1 加上 `len("<title>")`（值为 7）得到 6，`start_index` 变量也就被赋值 6。

字符串 `html` 在索引 6 处的字符是位于 `<head>` 标签的开始尖括号（`<`）前面的换行符（`\n`）。也就是说，`html[start_index:end_index]` 会返回从换行符开始一直到 `</title>` 标签之间的所有 HTML 代码。

这类问题会以各种难以预测的方式出现。我们需要一种更加可靠的方法来提取 HTML 中的文本。

15.1.3　正则表达式入门

正则表达式（regular expression），简称 **regex**，是一种可用于在字符串中查找特定文本的模式。Python 通过标准库中的 `re` 模块提供对正则表达式的支持。

> **注意**
>
> 正则表达式并不是 Python 特有的。这是一种通用的编程概念，可用于任何编程语言。

使用正则表达式之前首先需要导入 `re` 模块：

① 这个例子中的网页是阿佛洛狄忒的档案。阿佛洛狄忒是希腊神话中的爱神、美神，相当于罗马神话中的维纳斯。本章后续例子中的一些网页也和神话人物有关。——译者注

```
import re
```

正则表达式使用称为**元字符**（metacharacter）的特殊字符来表达各种模式。比如星号（*）表示星号前的内容需要重复0次或多次。

在下面的例子中，我们使用 findall()在字符串中查找和给定正则表达式相匹配的文本：

```
>>> re.findall("ab*c", "ac")
['ac']
```

re.findall()的第一个参数是用于匹配的正则表达式，第二个参数是要进行测试的字符串。在上面的例子中，我们在字符串"ac"中搜索和模式"ab*c"匹配的部分。

正则表达式"ab*c"匹配满足如下条件的子串：以"a"开头，以"c"结尾，在"a"和"c"之间有0个或多个"b"。re.findall()会返回所有匹配结果组成的列表。字符串"ac"和该模式匹配，因此它出现在了返回的列表中。

下面我们将同一个模式应用到不同的字符串上：

```
>>> re.findall("ab*c", "abcd")
['abc']

>>> re.findall("ab*c", "acc")
['ac']

>>> re.findall("ab*c", "abcac")
['abc', 'ac']

>>> re.findall("ab*c", "abdc")
[]
```

注意，如果没有匹配的子串，findall()会返回空列表。

模式匹配是区分大小写的。如果你想在模式匹配过程中无视大小写，可以为 re.findall()传递第三个参数 re.IGNORECASE：

```
>>> re.findall("ab*c", "ABC")
[]

>>> re.findall("ab*c", "ABC", re.IGNORECASE)
['ABC']
```

在正则表达式中可以使用句点（.）表示任意单个字符。比如你可以像下面这样找到所有包含字母"a"和"c"且在两个字母之间还有一个字符的字符串：

```
>>> re.findall("a.c", "abc")
['abc']

>>> re.findall("a.c", "abbc")
[]
```

```
>>> re.findall("a.c", "ac")
[]

>>> re.findall("a.c", "acc")
['acc']
```

正则表达式中的.*模式表示重复任意次数的任意字符。以"a.*c"为例，该模式可以找到任何以"a"开始、以"c"结尾、两个字母之间有任意数量任意字符的子串：

```
>>> re.findall("a.*c", "abc")
['abc']

>>> re.findall("a.*c", "abbc")
['abbc']

>>> re.findall("a.*c", "ac")
['ac']

>>> re.findall("a.*c", "acc")
['acc']
```

我们经常会用 re.search()在字符串中搜索特定的模式。这个函数要比 re.findall()复杂一点儿，因为它返回的是存储各个分组数据的 MatchObject 对象。之所以要这么做，是因为一些匹配结果中可能还嵌套着匹配结果，re.search()会返回所有可能的结果。

我们在这里不关心 MatchObject 的细节。现在只需要知道 MatchObject 的.group()会返回最先匹配、最具包容性的结果——大部分时候这就是你想要的：

```
>>> match_results = re.search("ab*c", "ABC", re.IGNORECASE)
>>> match_results.group()
'ABC'
```

re 模块中还有一个有助于文本转换的函数——re.sub()，即 substitute（替换）的缩写。这个函数可以帮助我们将字符串中和某个正则表达式匹配的文本替换成新的文本。它和我们在第 3 章中学过的.replace()字符串方法有些类似。

re.sub()接收 3 个参数。第一个参数是正则表达式，第二个是用于替换的字符串，第三个是要进行操作的字符串。就像这样：

```
>>> string = "Everything is <replaced> if it's in <tags>."
>>> string = re.sub("<.*>", "ELEPHANTS", string)
>>> string
'Everything is ELEPHANTS.'
```

可能这里得到的结果和你预想的并不一样。

re.sub()使用正则表达式"<.*>"找到并替换第一个<和最后一个>之间的所有内容，这就涉及<replaced>开头一直到<tags>结尾之间的内容。出现这种问题的原因是 Python 的正则表达式是贪婪（greedy）的，意思就是说，在用到*一类的元字符时，Python会试图找到最长的匹配结果。

此时你可以选择使用非贪婪的*?模式，它和*类似，只不过它会匹配尽可能短的子串：

```
>>> string = "Everything is <replaced> if it's in <tags>."
>>> string = re.sub("<.*?>", "ELEPHANTS", string)
>>> string
"Everything is ELEPHANTS if it's in ELEPHANTS."
```

15.1.4 使用正则表达式提取 HTML 中的文本

有了这些知识之后，我们来试着提取 http://olympus.realpython.org/profiles/dionysus 的标题。标题对应的 HTML 代码写得非常潦草：

```
<TITLE >Profile: Dionysus</title / >
```

.find()方法很难处理这里前后不一致的标签，但是只要用好正则表达式，你就可以又快又好地解决这个问题：

```
import re
from urllib.request import urlopen

url = "http://olympus.realpython.org/profiles/dionysus"
page = urlopen(url)
html = page.read().decode("utf-8")

pattern = "<title.*?>.*?</title.*?>"
match_results = re.search(pattern, html, re.IGNORECASE)
title = match_results.group()
title = re.sub("<.*?>", "", title) # 移除HTML标签

print(title)
```

我们首先来仔细看看 pattern 中的第一个正则表达式，把它分成 3 个部分来看。

(1) <title.*?>会匹配 html 中的起始标签<TITLE >。模式中的<title 也会匹配<TITLE，因为在调用 re.search()时使用了 re.IGNORECASE 参数。*?>会匹配<TITLE 之后的任意文本，直到首次出现>。

(2) .*?会非贪婪地匹配起始标签<TITLE >之后的所有文本，直到首次出现和</title.*?>匹配的子串。

(3) </title.*?>和第一个模式只差一个/，它会匹配 html 中的结束标签</title / >。

第二个正则表达式字符串"<.*?>"也用到了非贪婪的.*?来匹配title字符串中的所有HTML标签。通过将匹配内容替换成""，re.sub()移除了所有的标签，只返回文本。

只要使用得当，正则表达式就是非常强大的工具。以上内容只是冰山一角，若想进一步了解正则表达式及其使用方法，参见 Real Python 的“Regular Expressions: Regexes in Python”（Python

中的正则表达式）系列教程。

> **注意**
>
> 网络抓取可能会很枯燥。网站的架构各不相同，HTML 代码很多时候也很杂乱，网站还会不断修改。今天能够正常工作的网络抓取器不能保证明年（甚至下周）还能正常工作。

15.1.5　巩固练习

你可以在 realpython.com/python-basics/resources/上找到练习的答案以及其他各种资源。

(1) 编写程序抓取网页 http://olympus.realpython.org/profiles/dionysus 的完整 HTML 代码。

(2) 使用字符串的`.find()`方法输出“Name:”和“Favorite Color:”后面的文本（不包括可能出现在同一行中的前置空白或后置 HTML 标签）。

(3) 使用正则表达式重做前一个练习。每个模式的末尾应当是“<”（HTML 标签的开头）或者换行符，还有，应当利用字符串的`.strip()`方法移除结果中的空白和换行符。

15.2　使用 HTML 解析器抓取网站

尽管总的来说正则表达式非常适合用来进行模式匹配，但是有时候用 HTML 解析器更加方便——它们是专为解析 HTML 页面而设计的。Python 有很多为此开发的工具，其中 Beautiful Soup 库是个不错的入门选择。

15.2.1　安装 Beautiful Soup

在终端中执行如下命令安装 Beautiful Soup：

```
$ python3 -m pip install beautifulsoup4
```

执行`pip show`命令查看刚刚安装的包的详细信息：

```
$ python3 -m pip show beautifulsoup4
Name: beautifulsoup4
Version: 4.9.1
Summary: Screen-scraping library
Home-page: http://www.crummy.com/software/BeautifulSoup/bs4/
Author: Leonard Richardson
Author-email: leonardr@segfault.org
License: MIT
Location: c:\realpython\venv\lib\site-packages
Requires:
Required-by:
```

尤其要注意的是版本号，在编写本书时，最新版本为 4.9.1。

15.2.2 创建 BeautifulSoup 对象

在新的编辑器窗口中输入如下程序：

```
from bs4 import BeautifulSoup
from urllib.request import urlopen

url = "http://olympus.realpython.org/profiles/dionysus"
page = urlopen(url)
html = page.read().decode("utf-8")
soup = BeautifulSoup(html, "html.parser")
```

这段程序做了三件事情。

(1) 使用 `urllib.request` 模块中的 `urlopen()`打开 URL http://olympus.realpython.org/profiles/dionysus。

(2) 将页面中的 HTML 代码按照字符串形式读取，将读到的内容赋值给 `html` 变量。

(3) 创建 `BeautifulSoup` 对象，赋给变量 `soup`。

赋给 `soup` 的 `BeautifulSoup` 对象在创建时需要提供两个参数。第一个参数是要解析的 HTML，第二个参数——字符串`"html.parser"`——会告诉这个对象用哪个解析器在幕后进行处理。`"html.parser"`表示 Python 内置的 HTML 解析器。

15.2.3 使用 BeautifulSoup 对象

保存并运行程序。程序运行完毕后，可以在交互式窗口中通过 `soup` 变量以各种方式解析 `html` 中的内容。

比如 `BeautifulSoup` 对象有一个`.get_text()`方法，这个方法可用于提取文档中的所有文本，同时自动移除 HTML 标签。

在交互式窗口中输入如下代码：

```
>>> print(soup.get_text())


Profile: Dionysus




Name: Dionysus

Hometown: Mount Olympus

Favorite animal: Leopard

Favorite Color: Wine
```

这里输出了大量的空行。这是 HTML 文档中的换行符造成的。如有需要，可以使用字符串的.replace()方法移除这些空行。

我们通常只需要从 HTML 文档中获得特定的文本。和正则表达式相比，先用 Beautiful Soup 提取文本，再用字符串的.find()方法有时候要简单一些。

然而有时 HTML 标签本身会指明你想提取的数据。比如你可能想获得页面中所有图片的 URL。这些链接位于<img> HTML 标签的 src 属性中。

在这种情况下，可以使用 find_all()返回特定标签的所有实例列表：

```
>>> soup.find_all("img")
[<img src="/static/dionysus.jpg"/>, <img src="/static/grapes.png"/>]
```

这行代码返回了 HTML 文档中所有<img>标签的列表。这个列表中的对象看起来像是表示标签的字符串，但它们实际上是 Beautiful Soup 中 Tag 对象的实例。Tag 对象为处理 HTML 标签提供了一种简单的接口。

我们来研究一下 Tag 对象，首先将它们从列表中拿出来：

```
>>> image1, image2 = soup.find_all("img")
```

每个 Tag 对象都有一个.name 属性，它会返回包含 HTML 标签类型的字符串：

```
>>> image1.name
'img'
```

可以把 HTML 标签名放在 Tag 对象后面的方括号中从而访问属性值，这些属性就像字典中的键一样。

比如标签<img src="/static/dionysus.jpg"/>只有一个 src 属性，值为"/static/dionysus.jpg"。类似地，<a href="https://realpython.com" target="_blank">这样的 HTML 链接有两个属性：href 和 target。

为了获得狄俄尼索斯（Dionysus）资料页面中图片的来源，可以像上面提到的那样使用字典语法访问 src 属性：

```
>>> image1["src"]
'/static/dionysus.jpg'

>>> image2["src"]
'/static/grapes.png'
```

HTML 文档中的某些标签可以通过 Tag 对象的属性来访问。比如，要获得文档中的<title>标签，可以使用.title 属性：

```
>>> soup.title
<title>Profile: Dionysus</title>
```

前往 http://olympus.realpython.org/profiles/dionysus，如果在页面上单击鼠标右键并选择“View page source”（查看页面源代码），你会发现文档中的`<title>`标签是这个样子的：

```
<title >Profile: Dionysus</title/>
```

Beautiful Soup 会自动清理标签，它会删掉起始标签中多余的空白，删除结束标签中多余的斜杠（`/`）。

也可以用`Tag`对象的`.string`属性获得标题标签之间的字符串：

```
>>> soup.title.string
'Profile: Dionysus'
```

Beautiful Soup 的另一大功能是搜索属性值满足特定条件的标签。比如你想找到所有`src`属性值为`/static/dionysus.jpg`的`<img>`标签，那么可以为`.find_all()`提供额外的参数：

```
>>> soup.find_all("img", src="/static/dionysus.jpg")
[<img src="/static/dionysus.jpg"/>]
```

这个例子比较随意，这种技巧的用处也没有直接体现出来。如果你花点儿时间去看几个网站，查看它们的页面源代码，就会注意到很多网站的 HTML 结构极其复杂。

从网站上抓取数据时，我们通常都只对页面的特定部分感兴趣。花些时间浏览一下 HTML 文档，我们就可以通过特别的属性识别出提取所需数据的标签。

随后就可以直接访问感兴趣的标签，提取所需数据，而不是使用复杂的正则表达式或者使用`.find()`搜索整个文档。

在某些情况下，Beautiful Soup 可能并没有提供你所需要的功能。和 Beautiful Soup 相比，lxml 库没那么容易上手，但是它在解析 HTML 文档时提供了更高的灵活性。在熟悉 Beautiful Soup 之后，可以了解一下这个库。

> **注意**
>
> 在定位网页中的特定数据时，Beautiful Soup 这类的 HTML 解析器能够帮你节省大量的时间和精力。不过有些时候遇到过于杂乱的 HTML，即使是 Beautiful Soup 这样精巧的解析器也难以正确解析 HTML 标签。
>
> 在这种情况下，我们只能自行尝试（即使用`.find()`和正则表达式）解析出所需的信息。

15.2.4 巩固练习

你可以在 realpython.com/python-basics/resources/上找到练习的答案以及其他各种资源。

(1) 编写程序提取 http://olympus.realpython.org/profiles 网页的完整 HTML 代码。

(2) 使用 Beautiful Soup 查找名为 `a` 的 HTML 标签，获得每个标签的 `href` 属性值，解析出页面上所有链接的列表。

(3) 通过为文件名补全完整路径，获取列表中每个页面的 HTML 代码，使用 Beautiful Soup 的`.get_text()`方法输出页面上的文本（不输出 HTML 标签）。

15.3 和 HTML 表单交互

本章中我们一直在使用的 `urllib` 模块很适合用来请求 Web 页面内容。不过有时候你需要和 Web 页面互动才能获得所需的内容。比如你可能需要提交表单或者点击按钮才能显示隐藏的内容。

Python 标准库中并没有提供内置的网页交互方法，但是 PyPI 中有很多第三方的包可以用。在众多的包中，MechanicalSoup 是一个相对易用的包。

简言之，MechanicalSoup 会安装一个所谓的**无头浏览器**（headless browser）。无头浏览器是一种没有图形用户界面的浏览器，可以用 Python 程序通过编程来控制它。

15.3.1 安装 MechanicalSoup

在终端中使用 `pip` 安装 MechanicalSoup：

```
$ python3 -m pip install MechanicalSoup
```

现在可以用 `pip show` 查看该包的详细信息：

```
$ python3 -m pip show mechanicalsoup
Name: MechanicalSoup
Version: 0.12.0
Summary: A Python library for automating interaction with websites
Home-page: https://mechanicalsoup.readthedocs.io/
Author: UNKNOWN
Author-email: UNKNOWN
License: MIT
Location: c:\realpython\venv\lib\site-packages
Requires: requests, beautifulsoup4, six, lxml
Required-by:
```

特别要注意的是，在编写本书时，其最新版本为 0.12.0。安装完成后需要关闭并重启 IDLE 会话才能正确加载和识别 MechanicalSoup。

15.3.2 创建 `Browser` 对象

在 IDLE 交互式窗口中输入如下代码：

```
>>> import mechanicalsoup
>>> browser = mechanicalsoup.Browser()
```

Browser 对象代表无头浏览器。可以用它请求互联网上的页面，只需要将 URL 传递给它的.get()方法：

```
>>> url = "http://olympus.realpython.org/login"
>>> page = browser.get(url)
```

page 是一个 Response 对象，它保存着浏览器请求 URL 得到的响应：

```
>>> page
<Response [200]>
```

数字 200 表示请求返回的**状态码**（status code）。状态码 200 表示请求是成功的。如果请求不成功，我们可能会得到状态码 404，代表 URL 并不存在。而状态码 500 表示在发送请求时发生了服务器错误。

MechanicalSoup 使用 Beautiful Soup 来转换请求的 HTML。page 有一个.soup 属性，它代表对应的 BeautifulSoup 对象：

```
>>> type(page.soup)
<class 'bs4.BeautifulSoup'>
```

通过检查.soup 属性可以查看 HTML 代码：

```
>>> page.soup
<html>
<head>
<title>Log In</title>
</head>
<body bgcolor="yellow">
<center>
<br/><br/>
<h2>Please log in to access Mount Olympus:</h2>
<br/><br/>
<form action="/login" method="post" name="login">
Username: <input name="user" type="text"/><br/>
Password: <input name="pwd" type="password"/><br/><br/>
<input type="submit" value="Submit"/>
</form>
</center>
</body>
</html>
```

注意页面中有一个<form>元素，其中有用于输入用户名和密码的<input>元素。

15.3.3 使用 MechanicalSoup 提交表单

在继续之前，先在浏览器中打开 http://olympus.realpython.org/login 看一下这个网页。随便输入用户名和密码，如果你猜错了，页面底部就会显示“Wrong username or password!”（错误的用户名或密码！）。

不过要是你输入了正确的登录凭据（用户名 `zeus`，密码 `ThunderDude`），页面就会重定向至 `/profiles`。

在接下来的例子中，你会看到如何在 Python 中使用 MechanicalSoup 填写并提交这个表单。

这段 HTML 代码最重要的部分就是登录表单，也就是`<form>`标签中的内容。页面中`<form>`标签的 `name` 属性值为 `login`。这个表单中有两个`<input>`元素，一个名为 `user`，另一个名为 `pwd`。还有一个`<input>`元素是提交按钮。

现在你已经知道了登录表单的基本结构，也知道了登录所需要的凭据。我们来看这样一个程序，它会填写并提交表单。

在新的编辑器窗口中输入如下程序：

```
import mechanicalsoup

# 1
browser = mechanicalsoup.Browser()
url = "http://olympus.realpython.org/login"
login_page = browser.get(url)
login_html = login_page.soup

# 2
form = login_html.select("form")[0]
form.select("input")[0]["value"] = "zeus"
form.select("input")[1]["value"] = "ThunderDude"

# 3
profiles_page = browser.submit(form, login_page.url)
```

保存文件并按下 F5 键运行。在交互式窗口中输入如下代码即可确认是否成功登录：

```
>>> profiles_page.url
'http://olympus.realpython.org/profiles'
```

我们逐步来分析上面的例子。

(1) 创建 `Browser` 实例，用它请求 http://olympus.realpython.org/login 页面。通过`.soup` 属性将页面的 HTML 内容赋值给变量 `login_html`。

(2) `login_html.select("form")`会返回页面上所有`<form>`元素的列表。由于这个页面上只有一个`<form>`元素，因此可以直接通过获得列表索引 0 处的元素来访问表单。下面的两行代码选择了表单中用户名和密码的输入元素，将它们的值分别设为了`"zeus"`和`"ThunderDude"`。

(3) 使用 browser.submit()提交表单。需要注意，这个方法需要传递两个参数：form 对象和 login_page 的 URL。页面的 URL 可以通过 login_page.url 获得。

在交互式窗口中可以确定提交表单之后成功将页面重定向至/profile 页面。如果出现了什么问题，profiles_page.url 将依然在"http://olympus.realpython.org/login"保持不动。

注意

黑客可能会使用上面这样的程序不断尝试不同的用户名和密码组合**暴力**(brute force)登录。

这种做法不仅是严重违法的，并且如今大部分网站在发现有人发起了过多的失败请求时会进行屏蔽并报告其 IP 地址，所以不要尝试这样做!

现在 profiles_page 已被赋值，我们来看看如何通过编程获得/profiles 页面上的每一个链接的 URL。

为此要再次用到.select()，这一次要将字符串"a"作为参数选定页面上所有的<a>锚点元素：

```
>>> links = profiles_page.soup.select("a")
```

现在可以遍历所有链接并输出 href 属性：

```
>>> for link in links:
...     address = link["href"]
...     text = link.text
...     print(f"{text}: {address}")
...
Aphrodite: /profiles/aphrodite
Poseidon: /profiles/poseidon
Dionysus: /profiles/dionysus
```

每个 href 属性中的 URL 都是相对 URL，如果你想之后用 MechanicalSoup 前往这些页面，这些 URL 并不能派上用场。

如果你恰好知道完整的 URL，那么可以将所需部分加上相对 URL 构造完整的 URL。在本例中，基础 URL 为 http://olympus.realpython.org，将 href 属性中得到的相对 URL 加到基础 URL 上就得到了完整的 URL：

```
>>> base_url = "http://olympus.realpython.org"
>>> for link in links:
...     address = base_url + link["href"]
...     text = link.text
...     print(f"{text}: {address}")
...
Aphrodite: http://olympus.realpython.org/profiles/aphrodite
Poseidon: http://olympus.realpython.org/profiles/poseidon
Dionysus: http://olympus.realpython.org/profiles/dionysus
```

光是`.get()`、`.select()`、`.submit()`就能够完成很多工作，不过 MechanicalSoup 的能力远不止如此。有关 MechanicalSoup 的更多知识，参见其官方文档。

15.3.4　巩固练习

你可以在 realpython.com/python-basics/resources/上找到练习的答案以及其他各种资源。

(1) 利用 MechanicalSoup 在 http://olympus.realpython.org/login 的登录表单中填入正确的用户名（`"zeus"`）和密码（`"ThunderDude"`）。

(2) 输出当前页面的标题，判断是否重定向至`/profile`页面。

(3) 利用 MechanicalSoup 返回前一页，回到登录页面。

(4) 在登录表单中填入错误的用户名和密码，在返回的网页的 HTML 中搜索文本“Wrong username or password!”，确认登录过程失败了。

15.4　和网站进行实时交互

一些网站会提供不断更新的信息，有些时候我们想要能够从网站上获得实时数据。

在还没有学习过 Python 编程的“蛮荒”时代，你不得不坐在浏览器前，一遍又一遍地刷新页面，检查是否有内容更新。不过，现在你可以通过 MechanicalSoup 的 `Browser` 对象的`.get()`方法让这个过程自动完成。

打开浏览器前往 http://olympus.realpython.org/dice。这个页面模拟了一个 6 面的骰子，每次刷新浏览器时都会产生新的结果。你将编写一个不断从这个页面上抓取新结果的程序。

首先要做的是判断投骰子的结果位于页面上的哪个元素中。现在在页面的任意位置上单击鼠标右键，选择“View page source”（查看页面源代码）。差不多在 HTML 代码中间下面一点有一个这样的`<h2>`标签：

```
<h2 id="result">4</h2>
```

`<h2>`标签中的文本可能和你看到的不一样，但是这就是抓取结果所需要的元素。

> **注意**
>
> 在这个例子中，很容易发现页面上只有一个 `id="result"`的元素。虽然 id 属性的值应当是唯一的，但是在实际工作中始终应该检查感兴趣的元素是否是唯一的。

首先编写一个简单的程序，打开`/dice`页面，抓取投骰子的结果，并在控制台中输出：

```
import mechanicalsoup
```

```
browser = mechanicalsoup.Browser()
page = browser.get("http://olympus.realpython.org/dice")
tag = page.soup.select("#result")[0]
result = tag.text

print(f"The result of your dice roll is: {result}")
```

这个例子使用了 `BeautifulSoup` 对象的`.select()`方法查找 `id=result` 的元素。传递给`.select()`的字符串`"#result"`使用了 CSS ID 选择器#来表明 `result` 是一个 `id` 值。

为了定期获得新的结果，需要创建一个在每次迭代过程中刷新页面的循环。因此上面代码中`browser = mechanicalsoup.Browser()`之后的所有代码都应当位于循环主体中。

在这个例子中，我们获取 4 次投掷的结果，每次投掷间隔 10 秒。为此最后一行代码需要告诉 Python 暂停执行代码 10 秒。可以使用 Python 的 `time` 模块中的 `sleep()`函数来达到这种效果。我们需要为 `sleep()`提供一个代表休眠秒数的参数。

下面的例子展示了 `sleep()`的工作方式：

```
import time

print("I'm about to wait for five seconds...")
time.sleep(5)
print("Done waiting!")
```

运行这段代码时，在执行第一个 `print()`之后需要经过 5 秒才能看到`"Done waiting!"`消息。

对于投骰子的例子，需要将数字 10 传递给 `sleep()`。更新后的程序如下：

```
import time
import mechanicalsoup

browser = mechanicalsoup.Browser()

for i in range(4):
    page = browser.get("http://olympus.realpython.org/dice")
    tag = page.soup.select("#result")[0]
    result = tag.text
    print(f"The result of your dice roll is: {result}")
    time.sleep(10)
```

运行程序后马上就会看到第一次的结果在控制台中输出。10 秒之后输出了第二次的结果，然后是第三次、第四次。第四次结果输出后又会发生什么？

程序在停止之前还会继续运行 10 秒。

它当然会这样做，因为你就是这么说的。只是这么做完全是浪费时间。为了避免这种问题，可以在 `time.sleep()`上加上 `if` 语句，让它只在前三次请求时执行：

```
import time
import mechanicalsoup

browser = mechanicalsoup.Browser()

for i in range(4):
    page = browser.get("http://olympus.realpython.org/dice")
    tag = page.soup.select("#result")[0]
    result = tag.text
    print(f"The result of your dice roll is: {result}")

    # 若不是最后一次请求，则等待 10 秒
    if i < 3:
        time.sleep(10)
```

利用这样的技巧可以抓取会定期更新数据的网站。不过要知道，在短时间内发起大量的请求可能会被视为可疑甚至恶意的行为。

> **重点**
>
> 大部分网站会公布使用条款。一般能在网站的页面底部找到它的链接。
>
> 在试图抓取网站数据之前一定要阅读这个文档。如果找不到使用条款，可以试着联系站长询问是否有对于请求量的相关要求。
>
> 违反使用条款可能会导致你的 IP 被网站屏蔽，因此要小心行事！

大量的请求甚至可能会造成服务器崩溃，可以想到很多网站会关注服务器的请求量。一定要确认网站的使用条款，向网站发起请求时要遵照相关要求。

巩固练习

你可以在 realpython.com/python-basics/resources/上找到练习的答案以及其他各种资源。

重做本节中抓取投骰子结果的例子，不过在获得数据时要一并获得当前的时间。时间可以从位于页面 HTML 中投掷结果下面不远处的`<p>`标签中获得，时间是其内容的一部分。

15.5　总结和更多学习资源

虽然可以用 Python 标准库中的工具分析 Web 中的数据，但是 PyPI 上有大量的工具可以简化这一过程。

在本章中你学习了如何：

- 使用 Python 内置的 `urllib` 模块请求网页

- 使用 Beautiful Soup 解析 HTML
- 使用 MechanicalSoup 和 Web 表单交互
- 重复向网站发起请求以检查更新

编写自动化的网页抓取程序很有意思，互联网上不缺那些能够激发优质项目的内容。

要记住，不是每个人都愿意让你从他们的 Web 服务器上抓取数据。在开始数据抓取之前一定要查看网站的使用条款，发起 Web 请求时要保持尊重，保证不会产生大量的请求进而淹没服务器。

交互式小测验

本章配有免费在线小测验，以便你检查学习进度。你可以在手机或电脑上通过下面的网址访问小测验：

https://realpython.com/quizzes/pybasics-web/

更多学习资源

若想进一步了解用 Python 进行 Web 交互的相关知识，可以看一下这些学习资源：

- “Beautiful Soup: Build a Web Scraper with Python”（Beautiful Soup：使用 Python 构建网页抓取器）
- “API Integration in Python”（Python 中的 API 集成）

可以访问 realpython.com/python-basics/resources/获得更多进一步提升 Python 技能的学习资源。

第 16 章

科学计算与绘图

Python 是科学计算和数据科学领域的首选编程语言之一。

Python 在这些领域中的火爆，部分原因是 PyPI 上有大量用于操作数据、可视化数据的第三方包。

无论是处理大型数据集，还是将数据可视化为图表，你都能在 Python 的生态系统中找到需要的工具。

在本章中，你将会学习如何：

- 使用 NumPy 处理数据集
- 使用 Matplotlib 创建图表

> **注意**
>
> 我们假定你对矩阵有一定的了解。如果你不熟悉矩阵的知识，或者对科学计算没有兴趣，也可以跳过本章。

我们开始吧！

16.1 使用 NumPy 操作矩阵

在本节中，我们会学习如何使用 NumPy 存储、操作矩阵形式的数据。不过在进行操作之前，我们先来了解一下 NumPy 解决了什么样的问题。

如果你上过线性代数的课，可能还记得矩阵就是一种呈矩形的数字阵列。在 Python 中，我们完全可以用嵌套列表来创建矩阵：

```
>>> matrix = [[1, 2, 3], [4, 5, 6], [7, 8, 9]]
```

看起来还可以。我们可以用索引访问矩阵的元素，比如访问矩阵第一行的第二个元素：

```
>>> matrix[0][1]
2
```

现在假设我们想把矩阵中的每一个元素都乘以 2。为此我们需要编写一个嵌套 for 循环，遍历矩阵每一行的每一个元素，就像这样：

```
>>> for row in matrix:
...     for i in range(len(row)):
...         row[i] = row[i] * 2
...
>>> matrix
[[2, 4, 6], [8, 10, 12], [14, 16, 18]]
```

到目前为止还不算太复杂。不过这里想要说的重点在于：如果只使用 Python 自带的功能，即便是为了完成一些简单的线性代数任务，我们也需要耗费大量的精力从头编写代码。

对于多维数组的处理，NumPy 为你提供了近乎所有所需的功能，并且 NumPy 要比纯 Python 更加高效。NumPy 由 C 语言编写而成，为了追求计算效率使用了非常精巧的算法。

> **注意**
>
> NumPy 不仅仅能在科学计算领域中发挥作用。以游戏开发为例，你可能需要一种方便的方法来操作由行、列构成的数据阵列。NumPy 数组正是存储二维数据的好办法。

16.1.1 安装 NumPy

在使用 NumPy 之前，我们首先需要通过 pip 进行安装：

```
$ python3 -m pip install numpy
```

NumPy 安装完毕之后，我们可以执行 pip show 了解这个包的详细信息：

```
$ python3 -m pip show numpy
Name: numpy
Version: 1.18.5
Summary: NumPy: array processing for numbers, strings,
        records, and objects.
Home-page: http://www.numpy.org
Author: Travis E. Oliphant et al.
Author-email: None
License: BSD
Location: c:\realpython\venv\lib\site-packages
Requires:
Required-by:
```

尤其要注意版本号，在编写本书时，其最新版本为 1.18.5。

16.1.2　创建 NumPy array

NumPy 已经安装好了，我们再来创建本章第一个例子中的矩阵。NumPy 中的矩阵是 ndarray 的实例。ndarray 代表 ***n* 维数组**（*n*-dimensional array）。

> **注意**
>
> *n* 维数组指的是维度为 *n* 的数组。比如一维数组是列表，二维数组则是矩阵。数组也可以是三维、四维甚至更高维度的。
>
> 在本节中，我们主要关注一维和二维的数组。

我们可以用别名 array 创建 ndarray。实例化 array 对象需要传递嵌套列表，因此为了用 NumPy 数组重现第一个例子中的矩阵，我们可以这样做：

```
>>> import numpy as np
>>> matrix = np.array([[1, 2, 3], [4, 5, 6], [7, 8, 9]])
>>> matrix
array([[1, 2, 3],
       [4, 5, 6],
       [7, 8, 9]])
```

注意，NumPy 会以一种便于阅读的格式显示矩阵。使用 print()输出矩阵时也是这种格式：

```
>>> print(matrix)
[[1 2 3]
 [4 5 6]
 [7 8 9]]
```

访问 NumPy 数组的元素和访问嵌套列表的元素是类似的：

```
>>> matrix[0][1]
2
```

也可以在一对方括号中放入由逗号分隔的多个索引来访问元素：

```
>>> matrix[0, 1]
2
```

讲到这里你可能会想，NumPy 数组和 Python 列表的主要区别在哪里呢？首先，NumPy 数组只能存储同一类型的对象（比如上面全是数字的矩阵），而 Python 列表可以存储不同类型的对象。

看看在创建 NumPy 数组时试图混入不同类型的对象时会发生什么：

```
>>> np.array([[1, 2, 3], ["a", "b", "c"]])
array([['1', '2', '3'],
       ['a', 'b', 'c']], dtype='<U11')
```

NumPy 并没有抛出错误，它只是把每个元素都转换成了字符串。上面的输出内容中的 dtype=

'<U11'表示这个数组最多可以存储 11 字节长的 Unicode 字符串。

自动数据类型转换在有些时候很有用，但是它也可能会造成困扰。数据类型可能不会按照你的想法进行转换。

一般来说，最好是在初始化 array 对象之前进行类型转换。这样就可以确保保存在数组中的数据类型和我们期望的一致。

在 NumPy 中，数组的维度称作**轴**（axis）。我们在前面看到的矩阵有两个轴。有两个轴的数组称作**二维数组**（two-dimensional array）。

下面是一个**三维数组**（three-dimensional array）的例子：

```
>>> matrix = np.array([
...     [[1, 2, 3], [4, 5, 6]],
...     [[7, 8, 9], [10, 11, 12]],
...     [[13, 14, 15], [16, 17, 18]]
... ])
```

要访问这个数组中的元素，我们需要提供 3 个索引：

```
>>> matrix[0][1][2]
6
>>> matrix[0, 1, 2]
6
```

如果你觉得这样创建三维数组有点儿难懂，后面会讲到一种更好的高维数组创建方法。

16.1.3　数组运算

创建好一个 array 对象之后，我们就可以发挥 NumPy 的真正实力，进行一些数组运算。

回忆一下前面的例子，为了把矩阵中的每个元素乘以 2，我们需要编写一个嵌套 for 循环。在 NumPy 中，这一运算只需要将 array 对象乘以 2：

```
>>> A = np.array([[1, 2, 3], [4, 5, 6], [7, 8, 9]])
>>> 2 * A
array([[ 2, 4, 6],
       [ 8, 10, 12],
       [14, 16, 18]])
```

两个矩阵之间的运算是**按元素**（element-wise）进行的，因此运算符会应用到两个矩阵中对应的元素上：

```
>>> B = np.array([[5, 4, 3], [7, 6, 5], [9, 8, 7]])
>>> C = B - A
>>> C
array([[ 4, 2, 0],
```

```
       [ 3, 1, -1],
       [ 2, 0, -2]])
```

注意 B[0][0] - A[0][0]是怎么得到 C[0][0]的。每一对索引都会按照同样的规则进行运算。所有基本的算术运算符（+、-、*、/）都是按元素执行运算的。

比如用*运算符将两个数组相乘并不会计算两个矩阵的乘积：

```
>>> A = np.array([[1, 1, 1], [1, 1, 1], [1, 1, 1]])
>>> A * A
array([[1, 1, 1],
       [1, 1, 1],
       [1, 1, 1]])
```

要计算矩阵的乘积，可以使用@运算符：

```
>>> A @ A
array([[3, 3, 3],
       [3, 3, 3],
       [3, 3, 3]])
```

@运算符在 Python 3.5 中引入，因此如果你用的是较早版本的 Python，则需要用另一种方法求矩阵乘积。NumPy 提供了一个叫作 matmul()的函数用于将两个矩阵相乘：

```
>>> np.matmul(matrix, matrix)
array([[3, 3, 3],
       [3, 3, 3],
       [3, 3, 3]])
```

@运算符在内部依赖 np.matmul()函数，因此这两种方法并没有本质区别。

下面列出其他一些常见的数组运算：

```
>>> matrix = np.array([[1, 2, 3], [4, 5, 6], [7, 8, 9]])

>>> # 获取轴长度的元组
>>> matrix.shape
(3, 3)

>>> # 获取对角线上元素的数组
>>> matrix.diagonal()
array([1, 5, 9])

>>> # 获取所有元素组成的一维数组
>>> matrix.flatten()
array([1, 2, 3, 4, 5, 6, 7, 8, 9])

>>> # 获取数组的转置数组
>>> matrix.transpose()
array([[1, 4, 7],
       [2, 5, 8],
       [3, 6, 9]])
```

```
>>> # 求出最小元素
>>> matrix.min()
1

>>> # 求出最大元素
>>> matrix.max()
9

>>> # 求出所有元素的平均值
>>> matrix.mean()
5.0

>>> # 求出所有元素的和
>>> matrix.sum()
45
```

接下来我们来了解一些从现有数组创建新数组的方法。

16.1.4 堆叠、重构数组

如果两个数组的轴大小一致，我们就可以利用 np.vstack()将它们纵向堆叠起来，或者利用 np.hstack()将它们横向堆叠起来：

```
>>> A = np.array([[1, 2, 3], [4, 5, 6]])
>>> B = np.array([[7, 8, 9], [10, 11, 12]])

>>> np.vstack([A, B])
array([[ 1, 2, 3],
       [ 4, 5, 6],
       [ 7, 8, 9],
       [10, 11, 12]])

>>> np.hstack([A, B])
array([[ 1, 2, 3, 7, 8, 9],
       [ 4, 5, 6, 10, 11, 12]])
```

也可以使用 np.reshape()重构数组：

```
>>> A.reshape(6, 1)
array([[1],
       [2],
       [3],
       [4],
       [5],
       [6]])
```

注意.reshape()会返回一个新的数组，而不会就地修改原数组。

重构得到的数组大小必须和原数组保持一致。比如 matrix.reshape(2, 5)是不可以的：

```
>>> A.reshape(2, 5)
Traceback (most recent call last):
```

```
  File "<stdin>", line 1, in <module>
ValueError: cannot reshape array of size 6 into shape (2, 5)
```

这里我们试图将一个有 9 个元素的数组重构成有 2 列、5 行的数组——这样的数组必须有 10 个元素。

np.reshape()和 np.arage()搭配使用效果更佳。NumPy 的 np.arange 等价于 Python 中的 range()函数。两者最主要的区别在于 np.arange()返回的是 array 对象：

```
>>> nums = np.arange(1, 10)
>>> nums
array([1, 2, 3, 4, 5, 6, 7, 8, 9])
```

np.arange()所定义的区间从第一个参数开始，终止于第二个参数之前。因此 np.arange(1, 10)返回的是一个包含数字 1 到 9 的数组。

np.arange()和 np.reshape()共同提供了一种创建矩阵的实用方法：

```
>>> matrix = nums.reshape(3, 3)
>>> matrix
array([[1, 2, 3],
       [4, 5, 6],
       [7, 8, 9]])
```

我们甚至可以接连调用 np.arange()和 np.reshape()这两个方法，在一行代码中完成工作：

```
>>> np.arange(1, 10).reshape(3, 3)
array([[1, 2, 3], [4, 5, 6], [7, 8, 9]])
```

这种技巧在创建高维数组时尤为有用。我们可以像下面这样使用 np.arange()和 np.reshape()创建三维数组：

```
>>> np.arange(1, 13).reshape(3, 2, 2)
array([[[ 1, 2],
        [ 3, 4]],

       [[ 5, 6],
        [ 7, 8]],

       [[ 9, 10],
        [11, 12]]])
```

当然，不是每个多维数组都能用连续的数字列表构造。在这种情况下，更简单的办法是先用一维的元素列表创建数组，再用 np.reshape()将数组重构成所需的形状：

```
>>> arr = np.array([1, 3, 5, 7, 9, 11, 13, 15, 17, 19, 21, 23])
>>> arr.reshape(3, 2, 2)
array([[[ 1, 3],
        [ 5, 7]],

       [[ 9, 11],
```

```
       [13, 15]],

      [[17, 19],
       [21, 23]]])
```

在上面的例子中，传递给 np.array()的数组中前后两个数字的差为 2。为了简化这类数组的创建过程，我们可以为 np.arange()传递可选的第三个参数，也就是所谓的**步长**（stride）：

```
>>> np.arange(1, 24, 2)
array([ 1, 3, 5, 7, 9, 11, 13, 15, 17, 19, 21, 23])
```

下面的代码重写了前面的例子，在调用 np.arange()时传递了步长参数：

```
>>> np.arange(1, 24, 2).reshape(3, 2, 2)
array([[[ 1, 3],
        [ 5, 7]],

       [[ 9, 11],
        [13, 15]],

       [[17, 19],
        [21, 23]]])
```

至此，我们学习了利用 NumPy 的 array 数据结构创建、操作多维数组的多种方法。不过这些东西只是 NumPy 的冰山一角。本章末尾给出了一些学习资源的链接，以便你进一步了解 NumPy。

16.1.5 巩固练习

你可以在 realpython.com/python-basics/resources/上找到练习的答案以及其他各种资源。

(1) 使用 np.arange()和 np.reshape()创建名为 A 的 3 × 3 NumPy 数组，其元素为数字 3 到 11。
(2) 输出 A 中元素的最小值、最大值、平均值。
(3) 使用**运算符对 A 中的每个元素求平方，然后将结果保存到名为 B 的数组中。
(4) 使用 np.vstack()将 A 堆叠到 B 上，然后将结果保存到名为 C 的数组中。
(5) 使用@运算符计算 C 乘以 A 的乘积。
(6) 将 C 重构成维度为 3 × 3 × 2 的数组。

16.2 使用 Matplotlib 绘制图像

在前一节中，我们学习了如何使用 NumPy 操作数据阵列。虽然 NumPy 处理数据很在行，但是人们一般不喜欢盯着大量的数据阵列看。为了展示数据，我们需要将其可视化为图表。

在本节中，我们会简单了解 Matplotlib 包。在诸多用于快速创建二维图表的包中，Matplotlib 是较受欢迎的选择。

注意

如果你在 MATLAB 中创建过图像，就会发现 Matplotlib 在很多方面直接重现使用 MATLAB 的体验。

Matplotlib 和 MATLAB 之间的相似性是刻意为之。MATLAB 的绘图接口是 Matplotlib 的直接灵感来源。即便没有用过 MATLAB，你也很可能会发现用 Matplotlib 绘图非常简单、直白。

我们开始吧！

16.2.1 安装 Matplotlib

可以在终端中使用 pip 安装 Matplotlib：

```
$ python3 -m pip install matplotlib
```

接下来可以使用 pip show 查看包的详细信息：

```
$ python3 -m pip show matplotlib
Name: matplotlib
Version: 3.2.1
Summary: Python plotting package
Home-page: http://matplotlib.org
Author: John D. Hunter, Michael Droettboom
Author-email: matplotlib-users@python.org
License: BSD
Location: c:\realpython\venv\lib\site-packages
Requires: python-dateutil, pytz, kiwisolver, numpy,
          cycler, six, pyparsing
Required-by:
```

尤其要注意版本号，编写本书时其最新版本为 3.2.1。

16.2.2 使用 pyplot 进行基本的图像绘制

Matplotlib 包提供了两种基本的绘图方式。第一种，也是最简单的一种方式是使用 pyplot 接口。这种接口对于 MATLAB 用户来说是最为熟悉的。

第二种方式是通过所谓的面向对象 API。和 pyplot 接口相比，面向对象的方法在绘图时提供了更高的控制权。不过这种 API 中的概念往往更加抽象。

我们从 pyplot 接口开始学习。花不了多少时间你就可以画出漂亮的图像！

我们首先来创建一幅简单的图像。在 IDLE 编辑器窗口中输入如下代码：

```
from matplotlib import pyplot as plt
```

```
plt.plot([1, 2, 3, 4, 5])
plt.show()
```

保存程序并按下 F5 键运行，一个新的窗口弹了出来，其中显示的图像如图 16-1 所示。

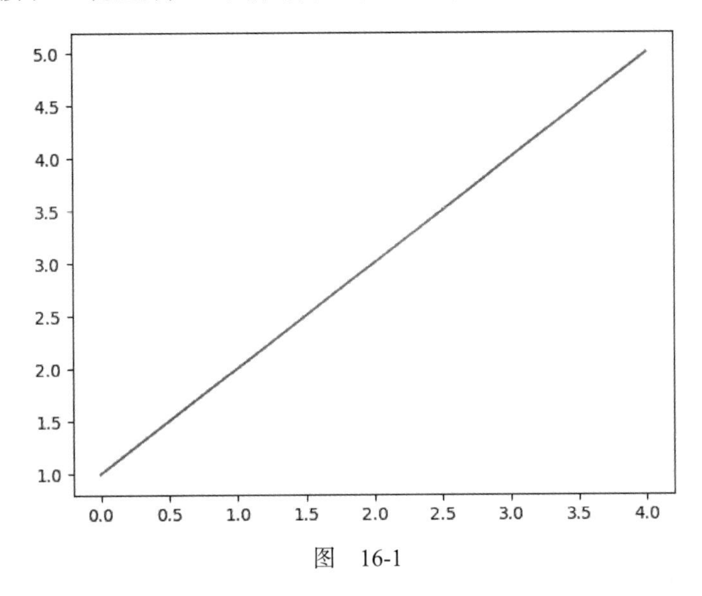

图 16-1

`plt.plot([1, 2, 3, 4, 5])`用点(0, 1)、(1, 2)、(2, 3)、(3, 4)、(4, 5)绘制出一条直线。

传递给 `plt.plot()`的列表`[1, 2, 3, 4, 5]`代表图像中各点在 *y* 轴上的值。由于没有指定，因此 Matplotlib 自动选用列表元素的索引作为 *x* 轴上的值。Python 的索引从 0 开始，因此 *x* 轴上的值就是 0、1、2、3、4。

`plt.plot()`函数会创建图像，但它并不负责显示图像。若要显示图像，需要调用 `plt.show()`。

我们可以为 `plt.plot()`传递两个列表以指定图像中 *x* 轴上的值。当为 `plt.plot()`传递了两个参数时，第一个列表指明 *x* 轴上的值，第二个列表指明 *y* 轴上的值。

在编辑器窗口中对程序做如下修改：

```
from matplotlib import pyplot as plt

xs = [1, 2, 3, 4, 5]
ys = [2, 4, 6, 8, 10]

plt.plot(xs, ys)
plt.show()
```

保存修改后的程序并按下 F5 键，我们会看到如图 16-2 所示的图像。

注意坐标轴上的标签反映出各点新的 *x* 值和 *y* 值。

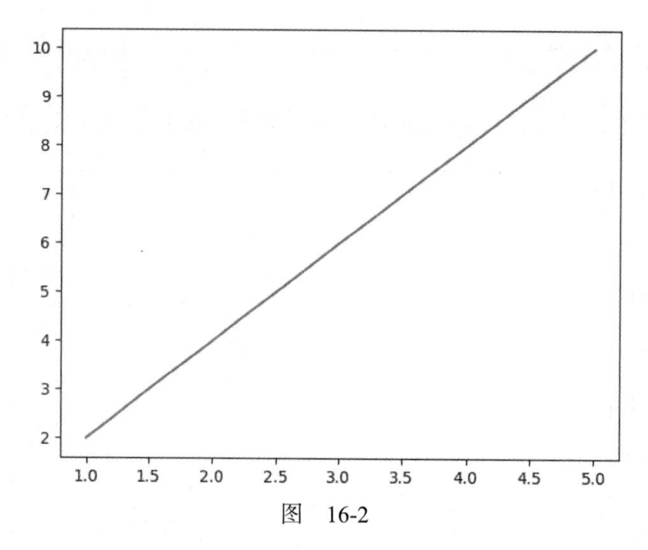

图　16-2

plot()不仅可以绘制直线。在上面的图像中，要绘制的点恰好落在同一条直线上。在使用plot()绘制点时，默认情况下相邻两点会用线段连接。

将程序中点替换成下面的 x 和 y 值，这些点不在同一直线上：

```
from matplotlib import pyplot as plt

xs = [1, 2, 3, 4, 5]
ys = [3, -1, 4, 0, 6]

plt.plot(xs, ys)
plt.show()
```

保存文件并按下 F5 键，此时会显示如图 16-3 所示的图像。

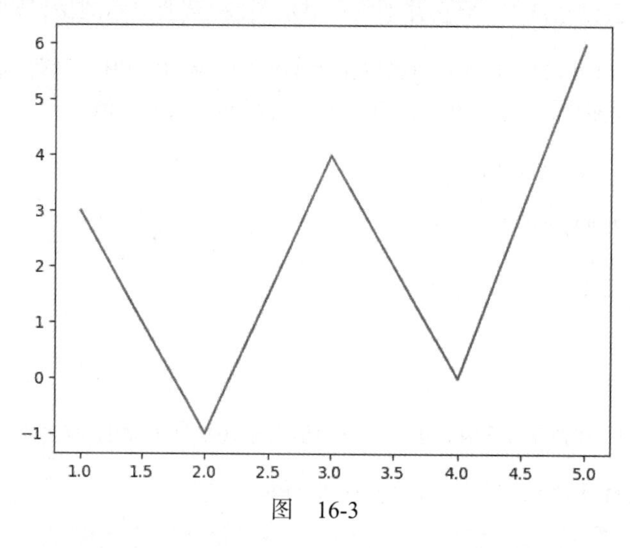

图　16-3

plot()还提供了一个可选的格式化参数，可用于指定线条、点的颜色和样式。

在下面的示例程序中，字符串"g-o"作为格式化参数传递给了 plot()：

```
from matplotlib import pyplot as plt

plt.plot([2, 4, 6, 8, 10], "g-o")
plt.show()
```

"g-o"中的 g 指明了线条颜色为绿色，-代表实线，o 代表线上的点用圆点表示，效果如图 16-4 所示。

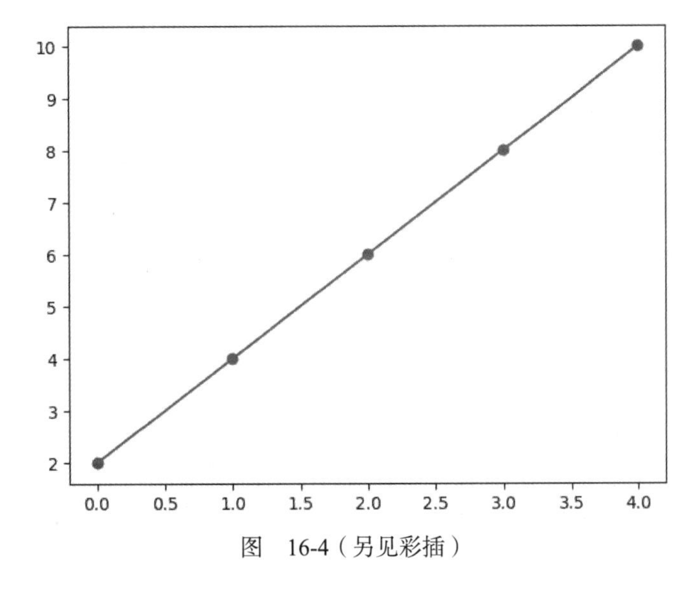

图 16-4（另见彩插）

Matplotlib 的文档中列出了所有可用的格式化组合。

16.2.3 在同一窗口中绘制多幅图像

若需要在同一窗口中绘制多幅图像，可以多次调用 plot()。

在下面的示例程序中，两幅图像会显示在同一张图中：

```
from matplotlib import pyplot as plt

plt.plot([1, 2, 3, 4, 5])
plt.plot([1, 2, 4, 8, 16])
plt.show()
```

在新的编辑器窗口中保存这个程序，按下 F5 键查看图像，如图 16-5 所示。

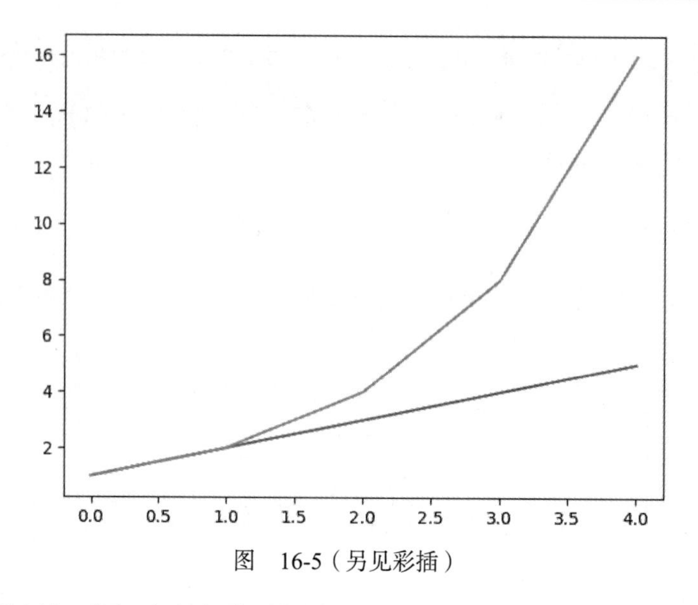

图　16-5（另见彩插）

注意两条线的颜色不同。如果想分别控制两幅图像的样式，在调用 plot()时，除 x、y 值之外还可以为其传递格式化字符串：

```
from matplotlib import pyplot as plt

plt.plot([1, 2, 3, 4, 5], "g-o")
plt.plot([1, 2, 4, 8, 16], "b-^")
plt.show()
```

现在两条线分别以蓝色和绿色显示，线上的点的样式也不同，如图 16-6 所示。

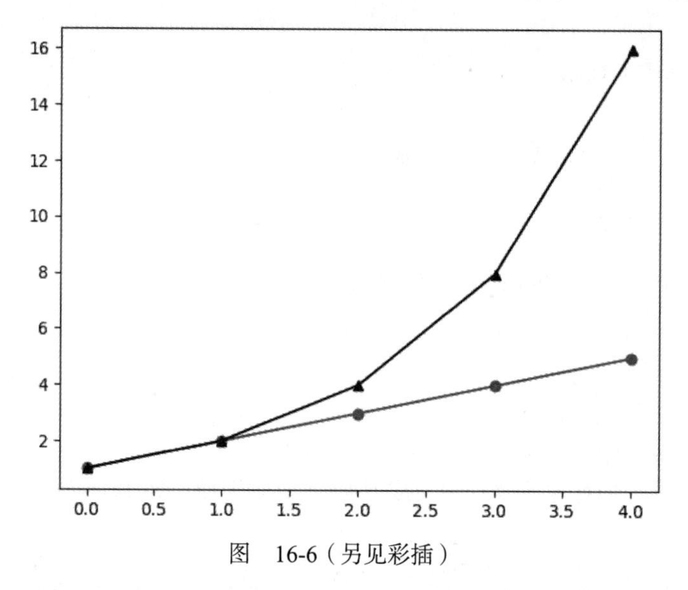

图　16-6（另见彩插）

接下来我们看看不同的数据源类型有哪些绘图方法。

16.2.4 为 NumPy 数组绘图

在此之前，我们一直把数据点存储在纯 Python 的列表中。在实际工作中，我们很可能会使用 NumPy array 之类的数据结构存储数据。万幸的是，Matplotlib 能够很好地处理 array 对象。

举例来说，我们可以用 NumPy 的 arange()函数来定义数据点，然后将得到的 array 对象传递给 plot()：

```
from matplotlib import pyplot as plt
import numpy as np

array = np.arange(1, 6)

plt.plot(array)
plt.show()
```

这段代码会绘制出如图 16-7 所示的图像。

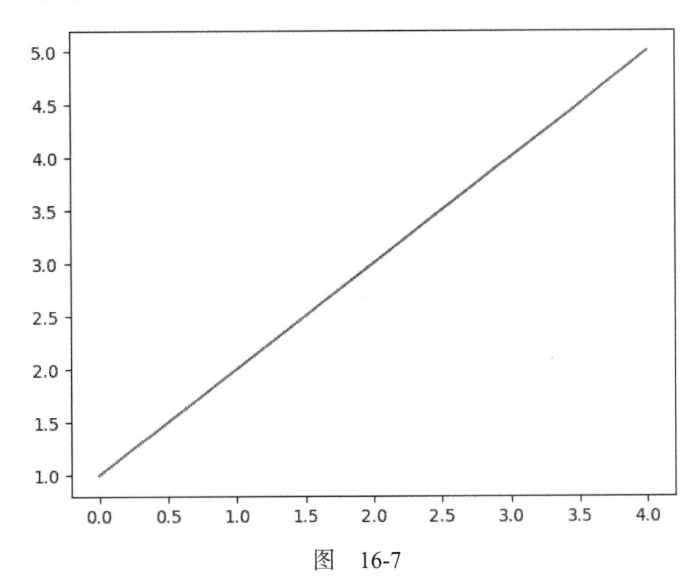

图 16-7

为 plot()传递一个二维数组时，每一列都会被视作图像的 y 值。比如下面的代码绘制出了 4 条直线：

```
from matplotlib import pyplot as plt
import numpy as np

data = np.arange(1, 21).reshape(5, 4)
```

```
# 现在 data 中含有这样一个数组：
# array([[ 1, 2, 3, 4],
#        [ 5, 6, 7, 8],
#        [ 9, 10, 11, 12],
#        [13, 14, 15, 16],
#        [17, 18, 19, 20]])

plt.plot(data)
plt.show()
```

上面的代码会绘制出4条直线，如图16-8所示。

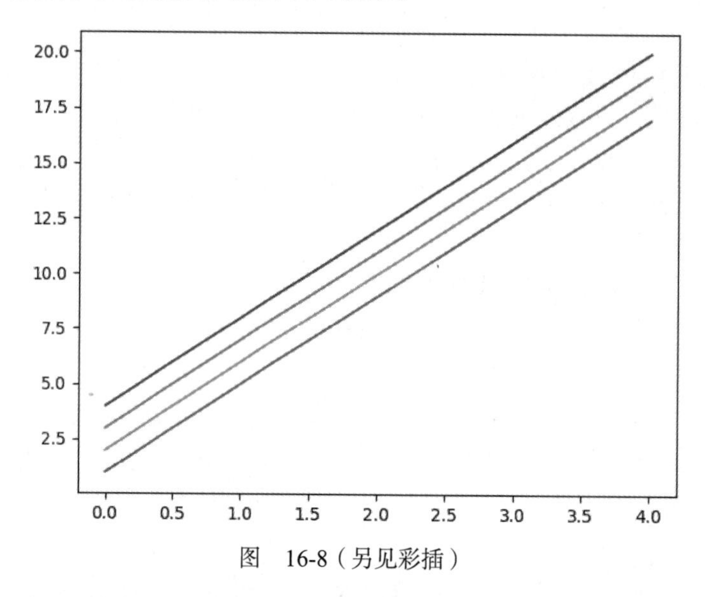

图　16-8（另见彩插）

如果你想绘制矩阵的行，那么需要绘制数组的**转置**：

```
from matplotlib import pyplot as plt
import numpy as np

data = np.arange(1, 21).reshape(5, 4)

plt.plot(data.transpose())
plt.show()
```

这个程序生成的图像中展示的是矩阵的行数据（而非列数据）构成的直线，如图16-9所示。

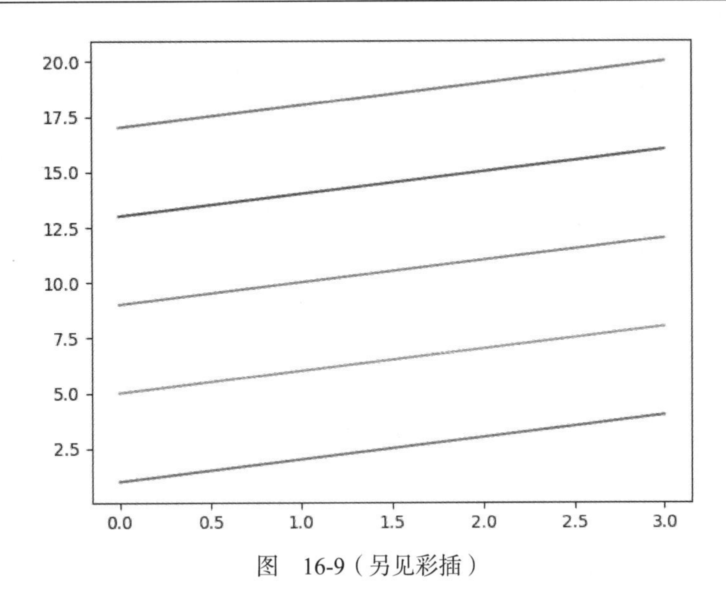

图 16-9（另见彩插）

到目前为止，我们绘制的图像中没有提供任何额外的信息来表明这幅图像体现的是什么。接下来我们会学习如何设置图像的格式，如何为其添加文本，以便于理解。

16.2.5 完善图像的格式

我们首先来绘制一幅 Real Python 和另一个网站在首个 20 天中 Python 的学习总量对比图：

```
from matplotlib import pyplot as plt
import numpy as np

days = np.arange(0, 21)
other_site, real_python = days, days ** 2

plt.plot(days, other_site)
plt.plot(days, real_python)
plt.show()
```

这段代码会绘制出如图 16-10 所示的一幅图像。

这幅图像还远远谈不上好。x 值显示的是半天而不是全天，图像没有标题，两个轴上也没有描述性文字。

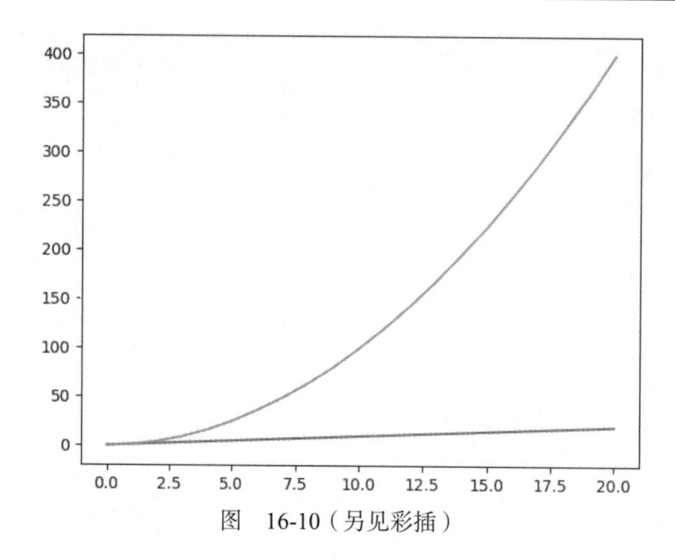

图　16-10（另见彩插）

首先来调整 x 轴。我们可以用 `plt.xticks()`来指定在何处分段：

```
from matplotlib import pyplot as plt
import numpy as np

days = np.arange(0, 21)
other_site, real_python = days, days ** 2

plt.plot(days, other_site)
plt.plot(days, real_python)
plt.xticks([0, 5, 10, 15, 20])
plt.show()
```

现在图像的 x 轴在 0 天、5 天、10 天、15 天、20 天处分了段，如图 16-11 所示。

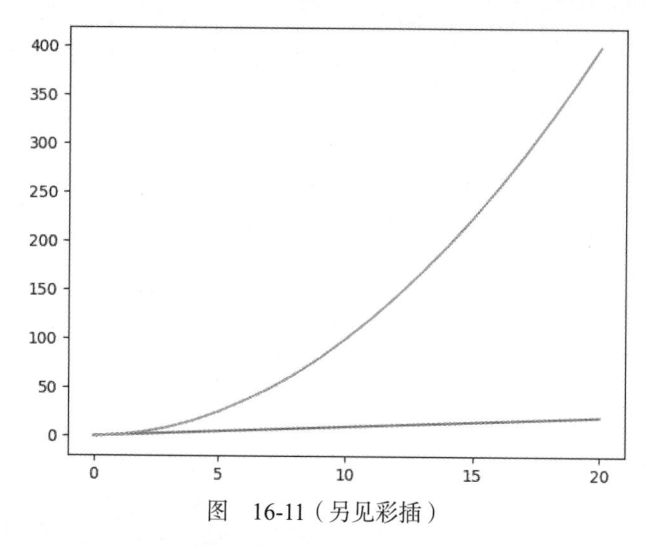

图　16-11（另见彩插）

现在这幅图像要好看多了，不过还是不知道两个轴各代表什么。

我们可以用 `plt.xlabel()`和 `plt.ylabel()`函数为轴添加标签。这两个函数都只接收一个字符串参数，这个字符串表示轴的标签。

`plt.title()`用于为图像添加标题。和 `plt.xlabel()`、`plt.ylabel()`类似，`plt.title()`也只接收一个字符串参数，也就是图像的标题。

更新绘图的代码。为 x 轴添加标签`"Days of Reading"`（阅读天数），为 y 轴添加标签`"Amount of Python Learned"`（学到多少 Python 知识），最后添加标题`"Python Learned Readling Real Python vs. Other Site"`（阅读 Real Python 和其他网站所学到的 Python 知识对比图）：

```
from matplotlib import pyplot as plt
import numpy as np

days = np.arange(0, 21)
other_site, real_python = days, days ** 2

plt.plot(days, other_site)
plt.plot(days, real_python)
plt.xticks([0, 5, 10, 15, 20])
plt.xlabel("Days of Reading")
plt.ylabel("Amount of Python Learned")
plt.title("Python Learned Reading Real Python vs. Other Site")
plt.show()
```

更新后的图像有了标题，两个轴也加上了标签，如图 16-12 所示。

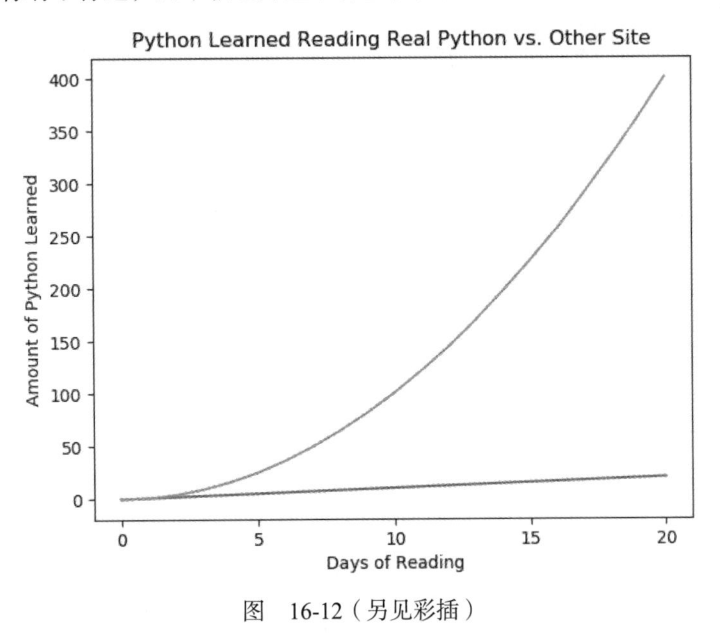

图 16-12（另见彩插）

现在我们已经取得了一些进展。

不过还有一个问题，图中看不出哪条折线代表 Real Python，哪条代表其他网站。为了区分不同的图像，我们可以用 plt.legend()添加图例。

plt.legend()有一个必需的位置参数。我们需要传递一个代表各个图像名称的字符串列表。字符串的顺序必须和绘制的顺序一致。

以改进后的绘图代码为例，我们为图像添加了能够分辨"Real Python"和"Other Site"的图例。

我们首先绘制的是 other_site 的数据，因此传递给 plt.legend()的列表中的第一个字符串是"Other Site"：

```
from matplotlib import pyplot as plt
import numpy as np

days = np.arange(0, 21)
other_site, real_python = days, days ** 2

plt.plot(days, other_site)
plt.plot(days, real_python)
plt.xticks([0, 5, 10, 15, 20])
plt.xlabel("Days of Reading")
plt.ylabel("Amount of Python Learned")
plt.title("Python Learned Reading Real Python vs. Other Site")
plt.legend(["Other Site", "Real Python"])
plt.show()
```

图像的最终效果如图 16-13 所示。

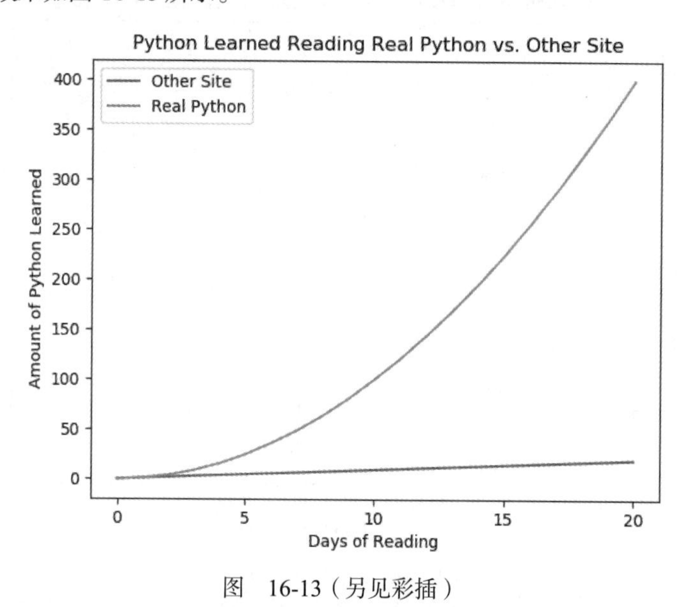

图　16-13（另见彩插）

plt.legend()提供了大量的可选参数以供自定义图例。查阅 Matplotlib 文档中的图例指南以获得更多信息。

16.2.6 其他类型的图像

到目前为止，我们只绘制了线形图，而 Matplotlib 可以绘制各种各样的图像，比如条形图和直方图。

1. 条形图

使用 plt.bar()绘制条形图。plt.bar()有两个必需参数：

(1) 含有每个长条中心点的 x 值的列表
(2) 含有每个长条高度的 y 值的列表

举例来说，下面的代码会绘制出一幅条形图。长条的中心分别位于 x 轴上的 1、2、3、4、5 处，长条的高度分别为 2、4、6、8、10：

```
from matplotlib import pyplot as plt

centers = [1, 2, 3, 4, 5]
tops = [2, 4, 6, 8, 10]

plt.bar(centers, tops)
plt.show()
```

绘制出来的图像如图 16-14 所示。

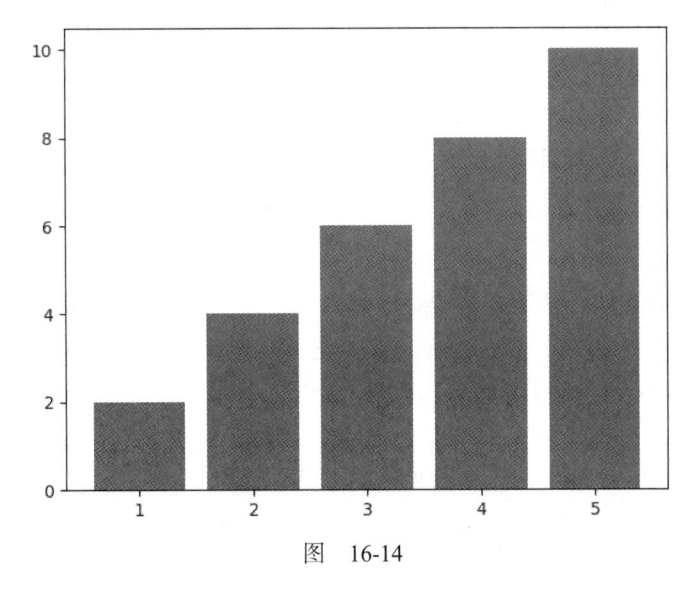

图 16-14

除了列表之外，也可以用 NumPy array 来指定长条的中心点和高度。下面的代码绘制出的图像和前面一样，只不过用的是 NumPy 数组而非列表：

```
from matplotlib import pyplot as plt
import numpy as np

centers = np.arange(1, 6)
tops = np.arange(2, 12, 2)

plt.bar(centers, tops)
plt.show()
```

plt.bar()非常灵活，它的第一个参数并不要求一定为数字列表，也可以是表示数据分类的字符串列表。

假设你想要绘制一幅代表这样一个字典中的数据的条形图：

```
fruits = {
    "apples": 10,
    "oranges": 16,
    "bananas": 9,
    "pears": 4,
}
```

我们可以用 fruits.keys()获得水果名称的列表，用 fruits.values()获得对应的值的列表：

```
>>> fruits.keys()
dict_keys(['apples', 'oranges', 'bananas', 'pears'])

>>> fruits.values()
dict_values([10, 16, 9, 4])
```

将 fruits.keys()和 fruits.values()传递给 plot.bar()，可以绘制出水果名称与对应值的条形图：

```
from matplotlib import pyplot as plt

fruits = {
    "apples": 10,
    "oranges": 16,
    "bananas": 9,
    "pears": 4,
}

plt.bar(fruits.keys(), fruits.values())
plt.show()
```

各个长条之间的间距相同，水果名称也直接作为了 x 轴的分段点，如图 16-15 所示。

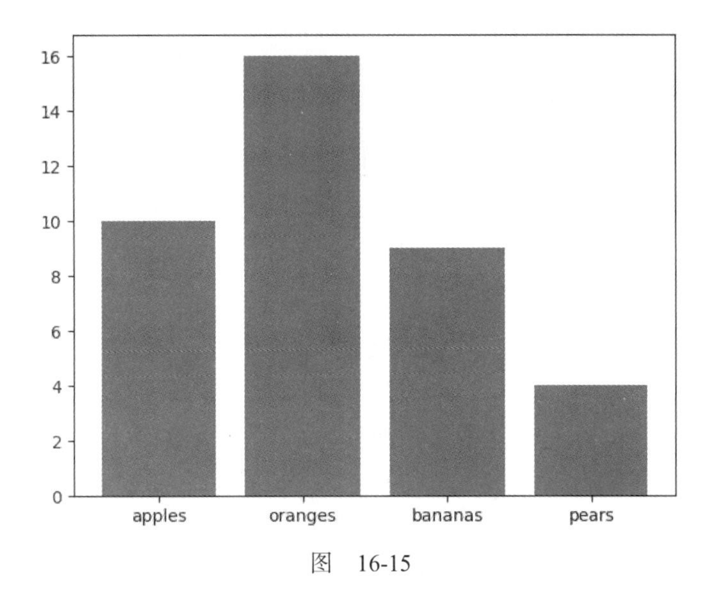

图 16-15

2. 直方图

另一种常用的图是直方图，这种图会展示出数据的分布情况。在 Matplotlib 中需使用 `plt.hist()` 绘制直方图。

`plt.hist()`有两个必需参数：

(1) 值的列表（或 NumPy `array`）
(2) 要在直方图中展示的 bin 的数量

`plt.hist()`既可以计算出列表中各个值的出现频率，也可以帮你求出 bin，这样你就不需要大费周章用标准的条形图来画直方图了。

下面来看一个例子。我们要绘制出 1 万个正态随机分布的数字的直方图，并把它们分成 20 个 bin。为了生成随机数，我们会用到 NumPy 的 `random` 模块的 `randn()`函数。该函数会返回一个随机浮点数数组，其中大部分的值接近 0。

绘制直方图的代码如下：

```
from matplotlib import pyplot as plt
from numpy import random

plt.hist(random.randn(10000), 20)
plt.show()
```

Matplotlib 会自动创建 20 个等间距的 bin，每个 bin 的宽度为 0.5，如图 16-16 所示。

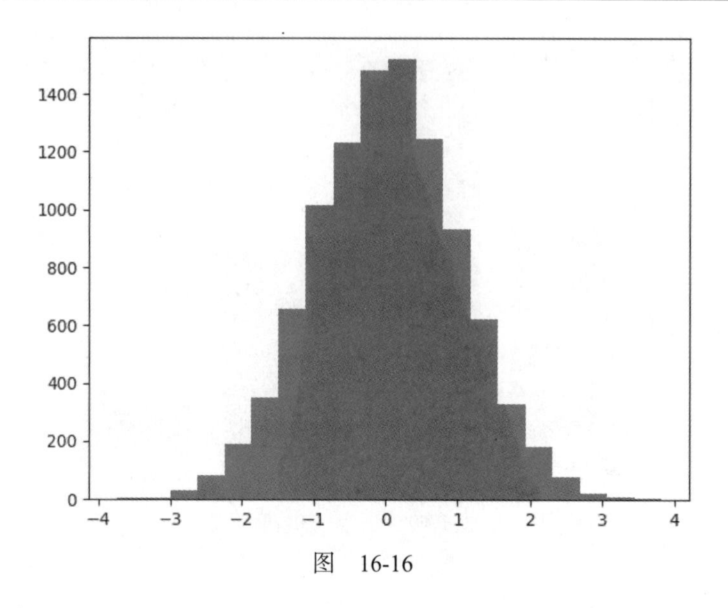

图　16-16

直方图也是高度可自定义的。有关在 Python 中绘制直方图的更详细的介绍，参见 Real Python 上的“Python Histogram Plotting: Numpy, Matplotlib, Pandas & Seaborn”（Python 中的直方图绘制：NumPy、Matplotlib、Pandas、Seaborn）。

16.2.7　将图像保存为图片

你可能注意到了显示图像的窗口底部有一个工具栏。可以利用这个工具栏将图像保存为图片文件。

很多时候你可能不想坐在电脑前一次次地点击保存按钮保存想要导出的图像，而 Matplotlib 可以让你轻松地通过编程来保存图像。

使用 `plt.savefig()`函数保存图像。该函数需要一个表示文件保存位置的字符串作为参数。在下面的例子中，我们把一个简单的条形图保存在了当前工作目录中，文件名为 `bar.png`。如果你想保存在其他地方，则需要提供绝对路径：

```
from matplotlib import pyplot as plt
import numpy as np

xs = np.arange(1, 6)
tops = np.arange(2, 12, 2)

plt.bar(xs, tops)
plt.savefig("bar.png")
```

> **注意**
>
> 如果你想在保存图像的同时在屏幕上显示该图像，那么就必须在显示之前保存。
>
> `show()`函数会暂停代码的执行过程，关闭显示窗口会销毁图像，因此试图在调用 `show()`之后保存图像只会得到一个空文件。

16.2.8 与图像交互

一开始在调整图像的布局和格式时，如果不需要重新运行整个程序就能够看到调整后的结果，那就方便多了。

要达到这种效果，最简单的办法就是使用 Jupyter Notebook。它会在浏览器中创建一个交互式的 Python 解释器会话。

Jupyter Notebook 已然成为数据交互、研究数据的必备工具，并且它能够和 NumPy、Matplotlib 良好协作。

若想通过一个交互式教程学习如何使用 Jupyter Notebook，参见 Jupyter 的"IPython in Depth"教程。

16.2.9 巩固练习

你可以在 realpython.com/python-basics/resources/上找到练习的答案以及其他各种资源。

(1) 在不参考现有代码的情况下自行编写程序，尽可能地重现本章中的图像。

(2) 海盗会造成全球变暖吗？在本章的 `practice_files` 文件夹中有一个 CSV 文件，里面记录着海盗数量和全球气温的相关数据。编写程序从视觉上研究这一关系。读取 `pirates.csv` 文件，绘制图像。x 轴上是海盗数量，y 轴上是温度。为图像添加标题，为轴加上标签。最后将得到的图像保存为 PNG 图片文件。

16.3 总结和更多学习资源

在本章中，我们学习了 Python 科学计算和数据可视化的相关知识，知道了如何：

- 使用 NumPy 处理数组和矩阵
- 使用 Matplotlib 绘制图像

要想把科学计算、数据分析、数据可视化讲清楚，可能要花一整本书的篇幅。本章讲解的内容是为了帮你打好基础，以便你进一步学习科学计算、数据分析、数据科学方面的知识。

交互式小测验

本章配有免费在线小测验，以便你检查学习进度。你可以在手机或电脑上通过下面的网址访问小测验：

realpython.com/quizzes/pybasics-scientific-computing/

更多学习资源

若想进一步学习，可以参见这些内容：

- “Look Ma, No For-Loops: Array Programming with NumPy”（看，没有 `for` 循环：用 NumPy 进行数组编程）
- “Data Science with Python Core Skills (Learning Path)（数据科学与 Python 核心技能（学习路径））”

可以访问 realpython.com/python-basics/resources/获得更多进一步提升 Python 技能的学习资源。

第 17 章

图形用户界面

到目前为止，我们一直都在开发**命令行应用程序**（command-line application）。这类程序的启动和输出都在终端窗口中完成。

对于像包括你在内的开发者来说，使用命令行应用程序没什么问题，不过大部分的软件用户完全不愿意打开终端。

图形用户界面（graphical user interface，GUI，读作“gooey”）——通过带有各种组件（如按钮、文本框）的窗口为用户提供了一种友好的、可视化的程序交互方式。

在本章中，你将会学习如何：

- 使用 EasyGUI 为命令行应用程序添加简单的 GUI
- 使用 Tkinter 构建功能完备的 GUI 应用程序

我们开始吧！

17.1 使用 EasyGUI 添加 GUI 元素

我们可以使用 EasyGUI 库快速为自己的程序添加图形用户界面。虽然 EasyGUI 的功能有限，不过对于只需要用户输入一点点内容的简单工具来说，还是绰绰有余的。

在本节中，我们会使用 EasyGUI 构建一个简单的 GUI 程序。这个程序会让用户从硬盘中选择一个 PDF 文件，然后将文件中的页面旋转指定度数。

17.1.1 安装 EasyGUI

我们首先需要用 `pip` 安装 EasyGUI：

```
$ python3 -m pip install easygui
```

EasyGUI 安装完毕之后，我们可以用 `pip show` 查看它的详细信息：

```
$ python3 -m pip show easygui
Name: easygui
Version: 0.98.1
Summary: EasyGUI is a module for very simple, very easy GUI
         programming in Python. EasyGUI is different from other
         GUI generators in that EasyGUI is NOT event-driven.
         Instead, all GUI interactions are invoked by simple
         function calls.
Home-page: https://github.com/robertlugg/easygui
Author: easygui developers and Stephen Ferg
Author-email: robert.lugg@gmail.com
License: BSD
Location: c:\realpython\venv\lib\site-packages
Requires:
Required-by:
```

本章中的代码使用的是 0.98.1 版的 EasyGUI，上面的输出信息中也显示的是这个版本。

17.1.2　你的第一个 EasyGUI 应用程序

对于构建收集用户输入、显示输出的**对话框**（dialog box）来说，EasyGUI 非常好用。但是对于创建涉及多个窗口、菜单、工具栏的大型应用程序来说，EasyGUI 就没有那么合适了。

你可以把 EasyGUI 当成一直用来输入输出的 `input()`和 `print()`函数的一种替代品。

EasyGUI 的典型程序流程是这样的：

(1) 在代码中的某处，将视觉元素显示在用户的屏幕上；

(2) 暂停代码的执行，直到用户通过视觉元素将输入数据传递进来；

(3) 用户的输入内容以对象形式返回，程序继续执行。

接下来感受一下 EasyGUI 的工作方式，在 IDLE 中打开一个新的交互式窗口，执行下面这两行代码：

```
>>> import easygui as gui
>>> gui.msgbox(msg="Hello!", title="My first message box")
```

如果在 Windows 上运行代码，你会在屏幕上看到如图 17-1 所示的窗口。

图　17-1

窗口的外观会因代码执行时所用操作系统的不同而不同。在 macOS 上窗口如图 17-2 所示。

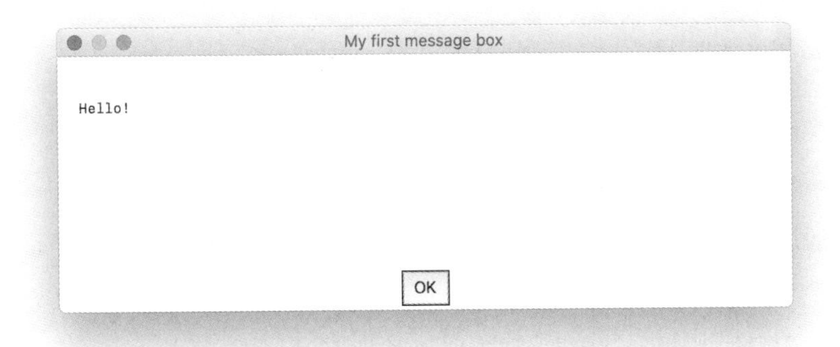

图 17-2

在 Ubuntu 上窗口如图 17-3 所示。

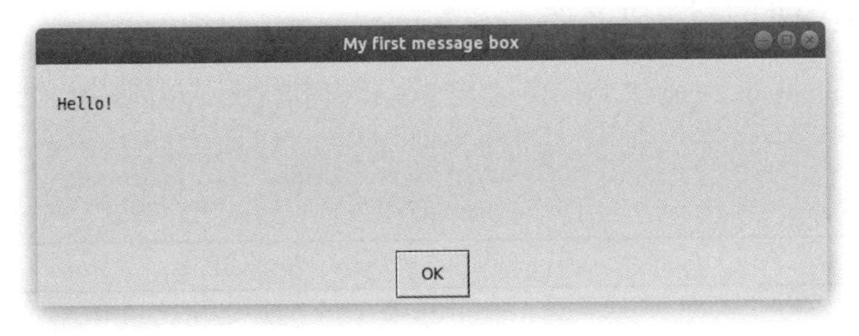

图 17-3

接下来的示例会使用 Windows 上的截图。

重点

EasyGUI 和 IDLE 都是用 Tkinter 库编写的，我们会在 17.4 节中学习这个库。在 IDLE 中使用 EasyGUI 有时候可能会出现一些问题，比如对话框停止响应甚至卡死。

如果你遇到了这样的问题，可以试着在终端中运行代码。在 Windows 上使用 `python` 命令在终端中启动交互式 Python 会话，在 macOS/Ubuntu 上则是使用 `python3` 命令。

我们来分析一下前面的代码所生成的对话框中有哪些内容。

(1) 作为 `msg` 参数传递给 `msgbox()`的字符串`"Hello!"`，在对话框中显示为一条消息。

(2) 作为 `title` 参数传递的字符串`"My first message box"`显示为对话框的标题。

(3) 对话框中有一个标签为`"OK"`的按钮。

按下“OK”关闭对话框，看一下 IDLE 的交互式窗口。我们输入的最后一行代码下面显示了字符串"OK"：

```
>>> gui.msgbox(msg="Hello!", title="My first message box")
'OK'
```

当对话框关闭后，msgbox()会返回按钮的标签。如果用户在没有按下“OK”的情况下关闭了对话框，那么 msgbox()的返回值就为 None。

我们可以通过设置第三个可选参数 ok_button 来自定义按钮的标签。比如下面的代码就创建了一个按钮标签为"Click me"的对话框：

```
>>> gui.msgbox(msg="Hello!", title="Greeting", ok_button="Click me")
```

msgbox()在需要显示消息的时候很好用，但是它并没有为用户提供多少和程序交互的途径。EasyGUI 有几个用来显示不同类型对话框的函数，我们来了解一下其中的一些。

17.1.3　EasyGUI 的 GUI 元素库

除了 msgbox()之外，EasyGUI 还有一些用来显示不同类型对话框的函数。表 17-1 总结了其中一些函数。

表　17-1

函　数	描　述
msgbox()	显示一条消息。带有一个按钮，返回按钮的标签
buttonbox()	显示一条信息。带有多个按钮，返回被选中的按钮
indexbox()	显示一条消息。带有多个按钮，返回选中按钮的索引
enterbox()	提示用户输入。带有文本输入框，返回用户输入的文本
fileopenbox()	提示用户选择要打开的文件，返回所选文件的绝对路径
diropenbox()	提示用户选择要打开的目录，返回所选目录的绝对路径
filesavebox()	提示用户选择保存文件的位置，返回保存位置的绝对路径

我们分别来看看这几个函数。

1. buttonbox()

EasyGUI 的 buttonbox()会显示一个对话框，其中有一条消息以及用户可以点击的数个按钮。用户点击的按钮的标签会返回给程序。

和 msgbox()一样，buttonbox()也有 msg 和 title 参数可用来设置对话框中显示的消息和标题。buttonbox()还有一个叫作 choice 的参数用于设置按钮。

举例来说，下面的代码会创建一个有 3 个按钮的对话框，3 个按钮的标签分别为"Red"、"Yellow"、"Blue"：

```
>>> gui.buttonbox(
...     msg="What is your favorite color?",
...     title="Choose wisely...",
...     choices=("Red", "Yellow", "Blue"),
... )
```

得到的对话框如图 17-4 所示。

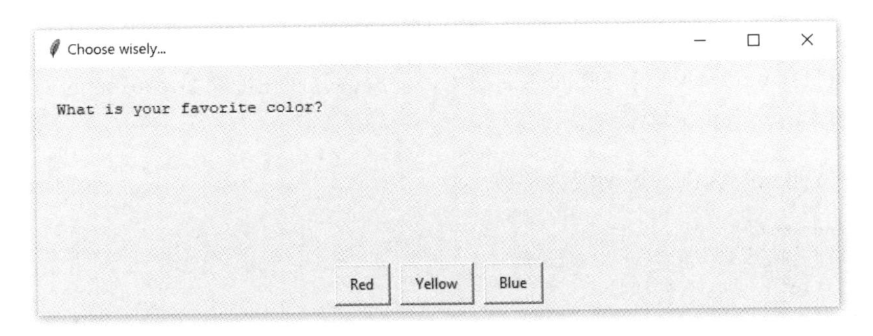

图 17-4

按下其中一个按钮之后，按钮的标签会以字符串形式返回给程序。比如按下“Yellow”会让 buttonbox()返回字符串"Yellow"：

```
>>> gui.buttonbox(
...     msg="What is your favorite color?",
...     title="Choose wisely...",
...     choices=("Red", "Yellow", "Blue"),
... )
'Yellow'
```

和 msgbox()一样，如果用户在没有按下按钮的情况下关闭了窗口，buttonbox()会返回 None。

2. indexbox()

indexbox()显示的窗口看起来和 buttonbox()显示的窗口一模一样。实际上，你也可以用创建 buttonbox()的方法来创建 indexbox()：

```
>>> gui.indexbox(
...     msg="What's your favorite color?",
...     title="Choose wisely...",
...     choices=("Red", "Yellow", "Blue"),
... )
```

得到的窗口如图 17-5 所示。

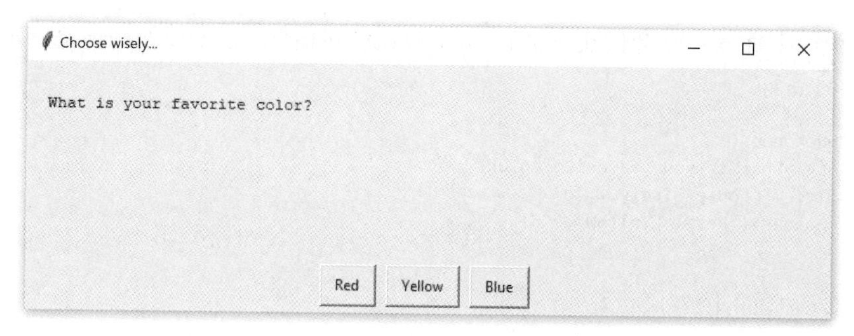

图　17-5

indexbox()和 buttonbox()之间的区别在于，前者会返回在传递给 choice 的列表（或元组）中按钮标签的索引，而非标签本身。

以按下“Yellow”为例，返回值为整数 1：

```
>>> gui.indexbox(
...     msg="What's your favorite color?",
...     title="Favorite color",
...    choices=("Red", "Yellow", "Blue"),
... )
1
```

由于 indexbox()返回的是索引而非字符串，因此最好在函数外定义要传递给 choices 的元组。这样我们就可以在后面的代码中通过索引引用标签：

```
>>> colors = ("Red", "Yellow", "Blue")
>>> choice = gui.indexbox(
    msg="What's your favorite color?",
    title="Favorite color",
    choices=colors,
)
>>> choice
1
>>> colors[choice]
'Yellow'
```

当用户需要从预先确定的选项中做出选择时，使用 buttonbox()和 indexbox()获得用户输入是非常合适的。但如果要获得诸如用户名、电子邮件地址等信息时，这些函数就不那么适用了。对于这类信息，我们可以使用 enterbox()：

3. enterbox()

enterbox()用于收集用户输入的文本：

```
>>> gui.enterbox(
...    msg="What is your favorite color?",
...    title="Favorite color",
... )
```

enterbox()生成的对话框中有一个输入框,用户可以在这里输入自己的答案,如图 17-6 所示。

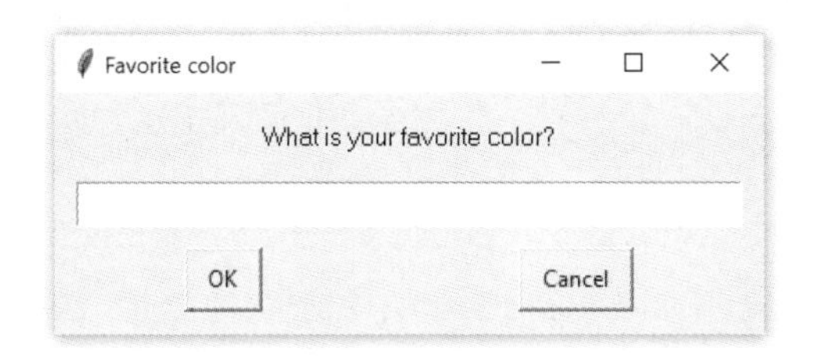

图 17-6

输入一种颜色的名称，如"Yellow"，然后按下“OK”，输入的文本会以字符串形式返回：

```
>>> gui.enterbox(
...     msg="What is your favorite color?",
...     title="Favorite color",
... )
'Yellow'
```

显示对话框最常见的原因之一，就是为了让用户能够从文件系统中选择文件或文件夹。EasyGUI 提供了一些专门为此设计的特殊函数。

4. fileopenbox()

fileopenbox()会显示一个用于选择要打开的文件的对话框：

```
>>> gui.fileopenbox(title="Select a file")
```

这个对话框和操作系统中标准的打开文件对话框看起来类似，如图 17-7 所示。

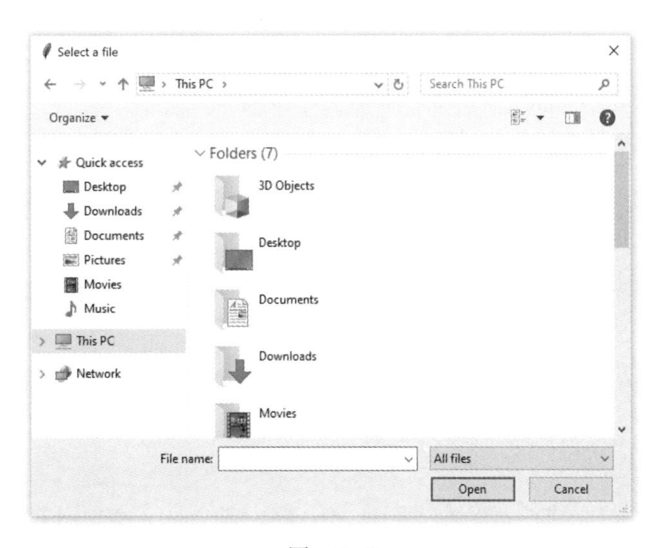

图 17-7

选择一个文件然后按下“Open”，对话框会返回所选文件的完整路径字符串。

重点

fileopenbox()并不会真的打开所选文件。若要打开这个文件，你需要像第 11 章中讲的那样，使用内置的 open()。

和 msgbox()、buttonbox()一样，如果用户按下了“Cancel”或者没有选择文件就关闭了对话框，fileopenbox()会返回 None。

5. diropenbox()和 filesavebox()

EasyGUI 还有两个函数可以和 fileopenbox()生成几乎一模一样的对话框。

(1) diropenbox()会打开一个用于选择文件夹（而非文件）的对话框。在用户按下“Open”后，该函数会返回所选目录的完整路径。
(2) filesavebox()会打开一个用于选择文件保存位置的对话框。如果已经存在同名文件，还会要求用户确认是否要覆盖文件。和 fileopenbox()类似，在用户按下“Save”按钮时，filesavebox()会返回文件的路径，而不是真的保存文件。

重点

diropenbox()和 filesavebox()都不会真正地打开目录或者保存文件，它们只是返回要打开的目录路径或者文件的保存路径。

要想打开目录或者保存文件，你需要自行编写代码。

如果用户没有按下“Open”或“Save”就关闭了窗口，diropenbox()和 filesavebox()都会返回 None。如果不多加小心的话，可能会造成程序崩溃。

举例来说，如果用户没有做出选择就关闭了对话框，下面的代码会引发 TypeError：

```
>>> path = gui.fileopenbox(title="Select a file")
>>> open_file = open(path, "r")
Traceback (most recent call last):
  File "<stdin>", line 2, in <module>
TypeError: expected str, bytes or os.PathLike object, not NoneType
```

应对这类情况的方式会对用户体验造成重大影响。

17.1.4　优雅地退出程序

假设你在编写一个提取 PDF 页面的程序。这个程序要完成的第一项工作就是通过 fileopenbox()让用户能够选择要打开的 PDF 文件。

如果用户不想运行程序然后按下了“Cancel”，你该怎么办？

首先要确保程序能够妥当地处理这种情况，它不应当发生崩溃或者产生任何意料之外的输出内容。在上面提到的这种情况下，程序应当只是停止运行。

让程序停止运行的方法之一就是使用 Python 内置的 exit()函数。

下面的示例程序在用户按下文件选择对话框中的“Cancel”时使用了 exit()终止程序：

```
import easygui as gui

path = gui.fileopenbox(title="Select a file")

if path is None:
    exit()
```

如果用户没有按下“OK”就关闭了对话框，那么 path 的值就是 None，程序会在 if 块中执行 exit()。最终程序关闭，停止执行代码。

> **注意**
>
> 如果你在 IDLE 中运行程序，exit()还会关闭当前的交互式窗口，退出得非常彻底。

上面代码中的 is 关键字在本书中还没有出现过。is 会比较两个对象，通过检查两者的内存地址是否相同进而判断它们是否是同一个对象。

回忆一下前面的内容，我们可以用 id()函数获得对象的内存地址。那么如果有对象 a 和 b，而 id(a)和 id(b)的结果是一样的，则 a is b 的结果就为 True。此时 a 和 b 所指就是同一个对象——它们是代表同一个对象的不同名字。

使用 is 将一个值和 None 进行比较的原因在于 None 对象是唯一的。任何时候函数返回的 None 都是同一个对象，它始终位于 None 关键字所引用的内存地址。

现在已经知道如何用 EasyGUI 创建对话框了，我们把这些知识综合起来，构建一个真实的应用程序。

17.1.5 巩固练习

你可以在 realpython.com/python-basics/resources/上找到练习的答案以及其他各种资源。

(1) 创建如图 17-8 所示的对话框。

图 17-8

(2) 创建如图 17-9 所示的对话框。

图 17-9

17.2 应用示例：PDF 页面旋转程序

如果要开发对简单又重复的任务进行自动化的实用工具类应用程序，那么 EasyGUI 是个不错的选择。如果你在办公室里工作，完全可以用 EasyGUI 开发一些工具来提高生产力，让它们为你减轻日常待办事项带来的痛苦。

在本节中，我们会使用在上一节中学到的 EasyGUI 对话框来构建一个旋转 PDF 页面的应用程序。

17.2.1 设计应用程序

在一头扎进代码之前，先思考一下这个应用程序的工作方式。

这样的应用程序需要询问用户要打开哪个 PDF 文件，要旋转哪一页，旋转多少度，旋转之后的新 PDF 文件要保存在哪里。在这之后应用程序需要打开文件，旋转页面，然后另存为新文件。

> **注意**
>
> 在设计应用程序时，合理规划每一步之后再写代码会有很多好处。对于大型的应用程序来说，绘制描述程序流程的流程图能够让开发过程井井有条。

也可以把上面说的归纳成一个个明确的步骤，这样更容易写出对应的代码。

(1) 显示文件选择对话框以打开 PDF 文件。

(2) 如果用户取消了对话框，则退出程序。

(3) 让用户在 90、180、270 度之间做出选择。

(4) 显示文件选择对话框以保存旋转后的 PDF 文件。

(5) 如果用户试图以输入文件名保存新文件：

- 用消息对话框警告用户不允许这样做；
- 回到第(4)步。

(6) 如果用户取消了文件保存对话框，则退出程序。

(7) 进行页面旋转操作。

- 打开选中的 PDF。
- 旋转所有页面。
- 将旋转后的 PDF 保存为所选文件。

17.2.2 实现设计

现在计划已经有了，我们可以一次完成一个步骤。在 IDLE 中打开新的编辑器窗口。

首先导入 EasyGUI 和 PyPDF2：

```
import easygui as gui
from PyPDF2 import PdfFileReader, PdfFileWriter
```

计划的第(1)步是显示一个文件选择对话框以便打开 PDF 文件。我们可以用 `fileopenbox()` 完成：

```
# (1) 显示文件选择对话框以打开 PDF 文件。
input_path = gui.fileopenbox(
    title="Select a PDF to rotate...",
    default="*.pdf"
)
```

这里我们将 `default` 参数设为`*.pdf`，这样的配置会让对话框只显示扩展名为`.pdf` 的文件。这样可以防止用户不小心选择了 PDF 文件之外的文件。

用户所选文件的路径被赋给了变量 input_path。如果用户没有选择文件就关闭了对话框（第(2)步），那么 input_path 就是 None。

为了在用户没有选择旋转角度就关闭了窗口的情况下退出程序，我们需要检查 input_path 是否为 None，如果是，就调用 exit()：

```
# (2) 如果用户取消了对话框，则退出程序。
if input_path is None:
    exit()
```

第(3)步是询问用户要把 PDF 页面旋转多少度。他们可以在 90 度、180 度、270 度之间选择。

可以利用 buttonbox()收集角度信息：

```
# (3) 让用户在 90 度、180 度、270 度之间做出选择。
choices = ("90", "180", "270")
degrees = gui.buttonbox(
    msg="Rotate the PDF clockwise by how many degrees?",
    title="Choose rotation...",
    choices=choices,
)
```

这里生成的对话框有 3 个按钮，分别标有"90"、"180"、"270"。在用户点击其中一个按钮后，按钮的标签会以字符串形式赋给变量 degree。

为了将 PDF 页面旋转指定度数，我们需要的是一个整数值而非字符串。现在把得到的值转换成整数：

```
degrees = int(degrees)
```

接下来利用 filesavebox()从用户处获得输出文件路径：

```
# (4) 显示文件选择对话框以保存旋转后的 PDF 文件。
save_title = "Save the rotated PDF as..."
file_type = "*.pdf"
output_path = gui.filesavebox(title=save_title, default=file_type)
```

和 fileopenbox()一样，这里也将 default 参数设为了*.pdf。这样可以确保文件会自动以.pdf 扩展名保存。

为了防止用户覆盖原文件（第(5)步），可以通过 while 循环不断地警告用户，直到他们选择了一个不同输入文件的路径：

```
# (5) 如果用户试图以输入文件的文件名保存新文件：
while input_path == output_path:
    # - 用消息对话框警告用户不允许这样做。
    gui.msgbox(msg="Cannot overwrite original file!")
    # - 回到第(4)步。
    output_path = gui.filesavebox(title=save_title, default=file_type)
```

while 循环会检查 input_path 是否和 output_path 相同。如果两者不一样，就略过循环主体，否则用 msgbox()警告用户不能覆盖原文件。

在警告用户之后，filesavebox()会再一次显示文件保存对话框。对话框的标题和默认文件类型保持不变。这样我们就回到了第(4)步。尽管程序并没有真正地回到 filesavebox()首次调用的那一行，但是效果是一样的。

如果用户在没有按下“Save”的情况下关闭了文件保存对话框，那么程序应该直接退出（第(6)步）：

```
# (6) 如果用户取消了文件保存对话框，则退出程序。
if output_path is None:
    exit()
```

现在我们已经做好了完成程序所需的一切准备工作了：

```
# (7) 进行页面旋转操作：
#     - 打开选中的 PDF。
input_file = PdfFileReader(input_path)
output_pdf = PdfFileWriter()

#     - 旋转所有页面。
for page in input_file.pages:
    page = page.rotateClockwise(degrees)
    output_pdf.addPage(page)

#     - 将旋转后的 PDF 保存为所选文件。
with open(output_path, "wb") as output_file:
    output_pdf.write(output_file)
```

试用一下你开发的全新 PDF 旋转应用程序，它在 Windows、macOS、Ubuntu Linux 上都能够完成同样的工作。

下面给出这个应用程序的完整代码以供参考：

```
import easygui as gui
from PyPDF2 import PdfFileReader, PdfFileWriter

# (1) 显示文件选择对话框以打开 PDF 文件。
input_path = gui.fileopenbox(
    title="Select a PDF to rotate...",
    default="*.pdf"
)

# (2) 如果用户取消了对话框，则退出程序。
if input_path is None:
    exit()

# (3) 让用户在 90 度、180 度、270 度之间做出选择。
choices = ("90", "180", "270")
```

```
degrees = gui.buttonbox(
    msg="Rotate the PDF clockwise by how many degrees?",
    title="Choose rotation...",
    choices=choices,
)

# (4) 显示文件选择对话框以保存旋转后的 PDF 文件。
save_title = "Save the rotated PDF as..."
file_type = "*.pdf"
output_path = gui.filesavebox(title=save_title, default=file_type)

# (5) 如果用户试图以输入文件的文件名保存新文件：
while input_path == output_path:
    # - 用消息对话框警告用户不允许这样做。
    gui.msgbox(msg="Cannot overwrite original file!")
    # - 回到第(4)步。
    output_path = gui.filesavebox(title=save_title, default=file_type)

# (6) 如果用户取消了文件保存对话框，则退出程序。
if output_path is None:
    exit()

# (7) 进行页面旋转操作：
#     - 打开选中的 PDF。
input_file = PdfFileReader(input_path)
output_pdf = PdfFileWriter()

#     - 旋转所有页面。
for page in input_file.pages:
    page = page.rotateClockwise(degrees)
    output_pdf.addPage(page)

#     - 将旋转后的 PDF 保存为所选文件。
with open(output_path, "wb") as output_file:
    output_pdf.write(output_file)
```

对于快速开发小型的工具和应用程序来讲，EasyGUI 是非常好的选择。但是对于大一点儿的项目来说，EasyGUI 就显得束手无策了。此时就该 Python 内置的 Tkinter 库登场了。

和 EasyGUI 相比，Tkinter 是一个更为低级的 GUI 框架。“低级”在这里指的是你对 GUI 的可视化部分（如窗口大小、字号大小、字体颜色、对话框或窗口中出现的 GUI 元素）有更高的控制权。

本章的剩余部分将着重讲解如何用 Python 内置的 Tkinter 库开发 GUI 应用程序。

17.2.3　巩固练习

你可以在 realpython.com/python-basics/resources/上找到练习的答案以及其他各种资源。

前面旋转 PDF 页面的 GUI 应用程序有一个问题，如果用户在没有选择旋转度数的情况下关闭选择度数的 `buttonbox()`，程序会发生崩溃。

利用 `while` 循环在 `degrees` 为 `None` 时不断显示选择对话框，从而解决这个问题。

17.3 挑战：PDF 页面提取应用程序

在本次的挑战中，你要用 EasyGUI 编写一个从 PDF 中提取页面的 GUI 程序。

下面是这个应用程序的详细设计。

(1) 请求用户选择要打开的 PDF 文件。
(2) 如果用户没有选择 PDF 文件，则退出程序。
(3) 请求用户输入起始页码。
(4) 如果用户没有输入起始页码，则退出程序。
(5) 合法的页码应当是正整数。如果用户输入了不合法的页码：

- 警告用户输入的页码不合法；
- 回到第(3)步。

(6) 请求用户输入结束页码。
(7) 如果用户没有输入结束页码，则退出程序。
(8) 合法的页码应当是正整数。如果用户输入了不合法的页码：

- 警告用户输入的页码不合法；
- 回到第(6)步。

(9) 询问提取出来的页面的保存位置。
(10) 如果用户没有选择保存位置，则退出程序。
(11) 如果用户选择了和输入文件路径相同的位置：

- 警告用户不允许覆盖输入文件；
- 回到第(9)步。

(12) 进行页面提取：

- 打开输入的 PDF 文件；
- 将指定范围内的页面提取出来，写入新的 PDF 文件中。

你可以在 realpython.com/python-basics/resources/上找到这个挑战的答案以及其他各种资源。

17.4 Tkinter 简介

Python 有大量的 GUI 框架，但是只有 Tkinter 是内置到 Python 标准库中的。

Tkinter 有几大优势。它是**跨平台的**，也就是说，同样的代码在 Windows、macOS、Linux 上都能工作。Tkinter 中的视觉元素都是用操作系统原生的元素渲染的，因此用它构建的应用程序无论在哪个操作系统上运行，看起来都和原生应用程序一样。

虽然 Tkinter 被视为 Python 事实上的标准 GUI 框架，但它也并非没有争议。人们对它意见颇多的一点就是用它构建出来的 GUI 看起来非常“老土”。如果你想要非常炫酷的现代化界面，那么 Tkinter 就不太合适了。

不过和其他框架相比，Tkinter 更加轻量化，也相对容易使用。这就让 Tkinter 成为用 Python 构建 GUI 应用程序的优先选择——特别是在不需要现代化的华丽外表、需要优先构建出功能完备且跨平台的应用程序的时候。

> **注意**
>
> 正如在 17.1 节中提到的那样，IDLE 也是用 Tkinter 构建的。你在 IDLE 中运行自己的 GUI 程序时可能会遇到一些问题。
>
> 如果发现你要创建的 GUI 窗口意外卡死或者 IDLE 表现异常，那么可以试着在命令提示符或者终端中运行程序。

马上进入正题，看看你能用 Tkinter 构建出什么样的应用程序。

17.4.1 你的第一个 Tkinter 应用程序

Tkinter GUI 最基本的元素是**窗口**（window）。窗口是其他所有 GUI 元素赖以生存的容器。其他的 GUI 元素，如文本框、标签、按钮都被称为**小组件**（widget）。窗口中容纳着各种各样的小组件。

我们来创建一个只有一个小组件的窗口。在 ILDE 中打开新的交互式窗口。

首先需要导入 Tkinter 模块：

```
>>> import tkinter as tk
```

窗口是 Tkinter 的 `Tk` 类的实例。现在创建一个新窗口，并将其赋给变量 `window`：

```
>>> window = tk.Tk()
```

执行上面这行代码时，屏幕上会弹出一个新的窗口。它的外观取决于具体的操作系统，如图 17-10 所示。

图 17-10

在本章后续的内容中，我们会使用 Windows 上的截图。

现在我们有了一个窗口，接下来我们添加一个小组件。`tk.Label` 类用于在窗口中添加文本。

用文本`"Hello, Tkinter"`创建一个 `Label` 小组件，然后将其赋给名为 `greeting` 的变量：

```
>>> greeting = tk.Label(text="Hello, Tkinter")
```

之前创建的窗口并没有发生变化。我们刚才的确创建了一个 `Label` 组件，但是还没有把它添加到窗口中。

有多种方法可以将组件添加到窗口中。这里我们用 `Label` 组件的`.pack()`方法完成：

```
>>> greeting.pack()
```

现在窗口如图 17-11 所示。

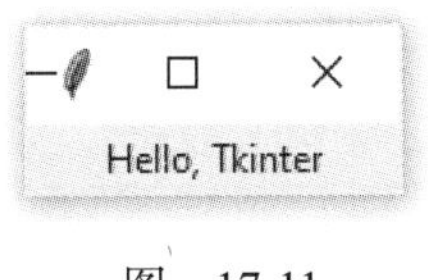

图 17-11

将小组件`.pack()`到窗口中时，Tkinter 会尽可能地缩小窗口，使其刚好能够包围组件。

现在执行下面的代码：

```
>>> window.mainloop()
```

似乎什么都没有发生，不过要注意在 shell 中并没有出现新的提示符。

`window.mainloop()`会告诉 Python 运行 Tkinter 应用程序并**阻塞**（block）后面的所有代码，直到调用该方法的窗口被关闭。下面关闭刚才创建的窗口，你会发现 shell 中出现了新的提示符。

> **重点**
>
> 在类似于 IDLE 交互式窗口的 REPL 中使用 Tkinter 时，窗口会随着一行行代码的执行同步更新。
>
> 而从 Python 文件中执行 Tkinter 程序时并不会这样。
>
> 如果你不在 Python 文件的程序末尾加上 `window.mainloop()`，那么 Tkinter 程序将永远不会运行，并且什么都不会显示。

使用 Tkinter 创建窗口只需要几行代码。但是空无一物的窗口并没有什么用处。在 17.5 节中，我们会了解 Tkinter 中可用的一部分小组件，学习如何对它们进行自定义以满足应用程序的需求。

17.4.2　巩固练习

你可以在 realpython.com/python-basics/resources/上找到练习的答案以及其他各种资源。

(1) 在 IDLE 的交互式窗口中使用 Tkinter 执行代码创建一个窗口，窗口中含有一个 `Label` 组件，显示文本`"GUIs are great!"`

(2) 重做练习(1)，文本修改为`"Python rocks!"`

(3) 重做练习(1)，文本修改为`"Engage!"`

17.5　使用小组件

小组件是 Tkinter 中最基本的要素。用户将通过小组件和程序交互。

Tkinter 中的每个小组件都由一个类定义。表 17-2 列出一部分可用的小组件。

表　17-2

小组件类	描　　述
`Label`	用于在屏幕上显示文本的小组件
`Button`	带有文本的按钮，被点击时可执行某种操作
`Entry`	文本输入小组件，只允许输入单行文本
`Text`	文本输入小组件，允许输入多行文本
`Frame`	一个矩形区域，用于对相关的小组件进行分组，也可以用于调整不同小组件的间距

接下来的几节会介绍如何使用这些小组件。

> **注意**
>
> Tkinter 中的小组件远不止这些。若想查阅完整的小组件列表，参见 TkDocs 教程中的“Basic Widgets”（基本组件）和“More Widgets”（更多组件）这两个部分。

下面我们来深入了解 Label 小组件。

17.5.1 Label 小组件

Label 小组件用于显示文本或图片。Label 小组件显示的文本无法被用户编辑，仅作展示使用。

正如本章开头的例子展示的那样，我们可以通过实例化 Label 类来创建 Label 小组件，此时需要将字符串传递给 text 参数：

```
label = tk.Label(text="Hello, Tkinter")
```

Label 小组件会以系统默认的文本颜色和背景色显示文本。一般来说，文本颜色是黑色，背景色是白色。如果你在操作系统中修改过这些设置，看到的颜色或许会不一样。

我们可以利用 foreground 和 background 参数控制 Label 的文本颜色和背景色：

```
label = tk.Label(
    text="Hello, Tkinter",
    foreground="white",  # 将文本颜色设为白色
    background="black"   # 将背景色设为黑色
)
```

Tkinter 提供了大量合法的颜色名称，其中包括：

- "red"
- "orange"
- "yellow"
- "green"
- "blue"
- "purple"

许多 HTML 颜色名称也可用于 Tkinter。

> **注意**
>
> 可以在 TkDocs 网站上找到完整的颜色列表，其中也有 macOS 和 Windows 上受当前系统主题控制的特定颜色。

也可以使用十六进制 RGB 值指定颜色：

```
label = tk.Label(text="Hello, Tkinter", background="#34A2FE")
```

这行代码将标签背景色设置成了一种漂亮的浅蓝色。

十六进制 RGB 值要比有名字的颜色难懂，但是它更加灵活。好在我们有工具能够轻松获得颜色的十六进制代码。

如果不想一直敲出 foreground 和 background 两个单词，也可以使用缩写的 fg 和 bg 参数设置前景色和背景色：

```
label = tk.Label(text="Hello, Tkinter", fg="white", bg="black")
```

还可以利用 width 和 height 参数设置标签的宽度和高度：

```
label = tk.Label(
    text="Hello, Tkinter",
    fg="white",
    bg="black",
    width=10,
    height=10
)
```

这个标签在窗口中如图 17-12 所示。

图　17-12

你可能会觉得奇怪，即使我们把 width 和 height 都设为 10，窗口中的标签依然不是一个正方形。这是因为这里的高度和宽度是以**文本单位**（text unit）计算的。

横向文本单位是根据字符 0（阿拉伯数字零）在系统默认字体中的宽度确定的。类似地，纵向文本单位是根据字符 0 的高度确定的。

> **注意**
>
> 为了让应用程序在不同操作系统上的行为保持一致，Tkinter 使用文本单位度量高度和宽度，而没有使用英寸、厘米、像素为单位。
>
> 用字符宽度来度量单位意味着小组件的尺寸和用户设备上的默认字体相关。这就能够保证标签和按钮能够装下它们的文本——无论应用程序在哪种操作系统上运行。

标签能够胜任显示文本的工作，但是它并不能帮你获取用户的输入。接下来我们要了解的 3 个小组件都是用来获取用户输入的。

17.5.2 Button 小组件

`Button` 小组件用于显示可点击的按钮。我们可以为按钮配置在被点击时调用一个函数。后面会讲到如何在点击按钮时调用函数，现在我们先来看如何创建 `Button` 并设置其样式。

`Button` 小组件和 `Label` 有很多相似之处。从很多角度来说，`Button` 就是一个可以点击的 `Label`。用来创建 `Label`、设置 `Label` 样式的关键字参数对于 `Button` 来说同样适用。

比如，下面的代码创建了这样一个按钮：其背景色为蓝色，文本颜色为黄色，宽度和高度分别为 25 个文本单位和 5 个文本单位：

```
button = tk.Button(
    text="Click me!",
    width=25,
    height=5,
    bg="blue",
    fg="yellow",
)
```

这个 `Button` 在窗口中的样子如图 17-13 所示。

图 17-13（另见彩插）

挺好看！

注意

按钮背景色在 macOS 上不起作用。这是操作系统作出的限制，而非 Tkinter 的 bug。

在下一节中我们会看到收集用户输入的文本的小组件。

17.5.3 Entry 小组件

如果需要从用户处获得一些简短的文本（如名字、电子邮件地址），可以使用 `Entry` 小组件。`Entry` 小组件会显示一个可供用户输入的小文本框。

无论是创建 `Entry` 小组件，还是为其设置样式，`Label` 和 `Button` 小组件能用的大部分方法 `Entry` 也同样适用。举例来说，下面的代码创建了一个背景为蓝色、文本为黄色、宽度为 50 个文本单位的小组件：

```
entry = tk.Entry(fg="yellow", bg="blue", width=50)
```

不过设置 `Entry` 小组件的样式并没有什么有意思的地方，真正有意思的是如何利用它获得用户的输入。`Entry` 小组件可以执行的操作主要有 3 种：

(1) 使用`.get()`获得文本

(2) 使用`.delete()`删除文本

(3) 使用`.insert()`插入文本

理解 `Entry` 小组件最好的方法就是创建一个然后和它进行交互。现在打开 IDLE 的交互式窗口，跟随本节的示例进行操作。

首先导入 `tkinter` 并创建一个新的窗口：

```
>>> import tkinter as tk
>>> window = tk.Tk()
```

然后创建一个 `Label` 和一个 `Entry` 小组件：

```
>>> label = tk.Label(text="Name")
>>> entry = tk.Entry()
```

`Label` 描述了 `Entry` 小组件中应该填入什么样的文本。它没有对 `Entry` 施加强制性的要求，但是它告诉了用户程序期望从这里获得的内容。

接下来需要将小组件`.pack()`到窗口中，这样它们才会显示出来：

```
>>> label.pack()
>>> entry.pack()
```

窗口变成了如图 17-14 所示的样子。

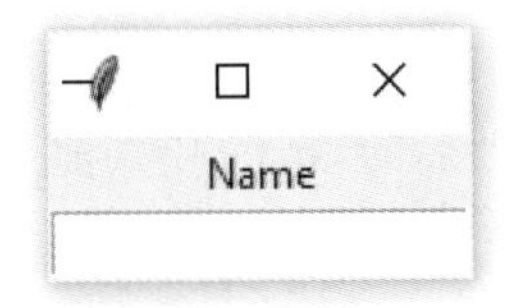

图 17-14

注意，Tkinter 会自动将 Label 放在 Entry 小组件上面并将其居中。这是.pack()方法的一个特性，我们会在后续章节中讲到。

点击 Entry 小组件并输入"Real Python"，如图 17-15 所示。

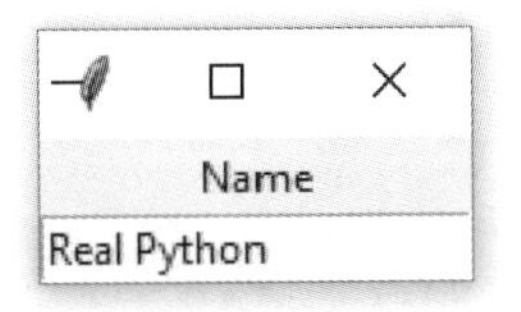

图 17-15

我们已经把一些文本输入了 Entry 小组件中，但是这段文本还没有发送到你的程序中。

使用 Entry 小组件的.get()方法获取这段文本，并将其赋值给名为 name 的变量：

```
>>> name = entry.get()
>>> name
'Real Python'
```

Entry 小组件的.delete()方法可用于删除文本。.delete()会根据传递给它的整数删除某个位置上的字符。比如.delete(0)会删除 Entry 中的第一个字符：

```
>>> entry.delete(0)
```

现在小组件中的文本只剩下"eal Python"，如图 17-16 所示。

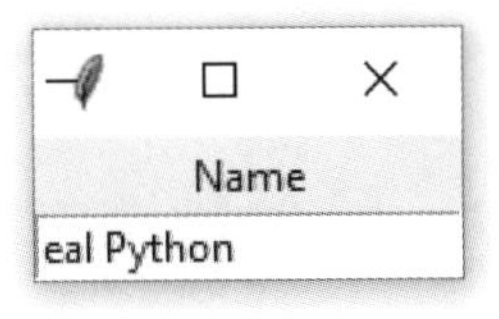

图 17-16

注意

和 Python 字符串对象一样，Entry 小组件中文本的索引也是从 0 开始的。

如果需要删除 Entry 里面的多个字符，可以为.delete()传递第二个整数参数。这个数字表示要删除到哪个字符为止。

举例来说，下面的代码会删除修改后的 Entry 中的前 4 个字符：

```
>>> entry.delete(0, 4)
```

这条命令删掉了字符"e"、"a"、"l"以及后面的空格。现在这段文本只剩下"Python"了，如图 17-17 所示。

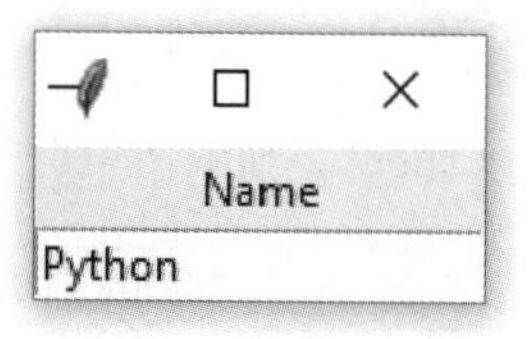

图 17-17

> **注意**
>
> Entry.delete()的工作方式就像字符串切片。它的第一个参数确定起始索引，删除从此处开始，一直到第二个参数指定的索引为止（不包含这个索引）。

下面使用特殊的常量 tk.END 作为.delete()的第二个参数，删除 Entry 中的所有文本：

```
>>> entry.delete(0, tk.END)
```

现在文本框变成了空白，如图 17-18 所示。

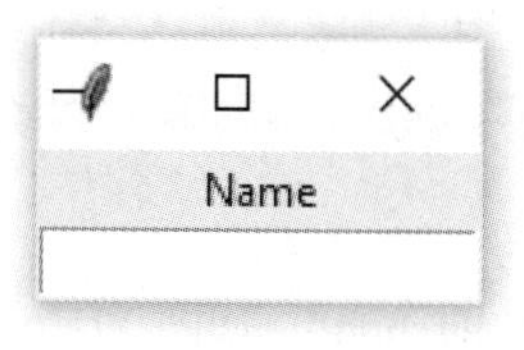

图 17-18

若要向 Entry 小组件中插入文本，需使用.insert()方法：

```
>>> entry.insert(0, "Python")
```

窗口现在如图 17-19 所示。

图 17-19

第一个参数告诉`.insert()`在何处插入文本。如果 `Entry` 中没有文本，那么无论第一个参数取何值，新的文本都会插入小组件的开始处。

假设你把上面的`.insert()`的第一个参数 0 换成了 100，它依然会产生同样的输出。

如果 `Entry` 中已经输入了文本，那么`.insert()`会将新的文本插入指定位置，然后将剩余内容全部向右移：

```
>>> entry.insert(0, "Real ")
```

现在小组件中的文本为`"Real Python"`，如图 17-20 所示。

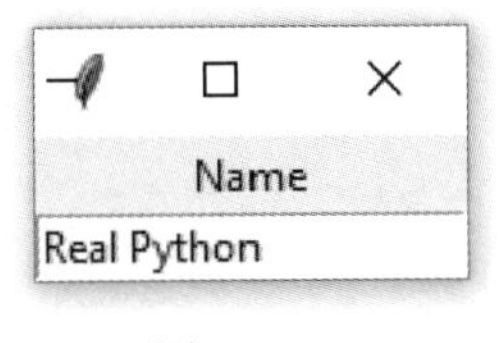

图 17-20

`Entry` 小组件适合用来获取用户输入的少量文本，但是它们只能显示单行文本，因此不适用于大量文本的输入。此时就该 `Text` 小组件上场了！

17.5.4 Text 小组件

和 `Entry` 小组件一样，`Text` 小组件也用于输入文本。二者的区别在于 `Text` 小组件可以容纳多行文本。

用户可以在 `Text` 小组件中输入一整段甚至好几页长的文本。

和 `Entry` 小组件一样，`Text` 小组件可以执行的操作也主要有 3 种：

(1) 使用`.get()`获得文本

(2) 使用`.delete()`删除文本

(3) 使用`.insert()`插入文本

虽然这些方法名和 `Entry` 的方法一样，但是它们的工作方式有些许不同。我们来上手创建一个 `Text` 小组件，看看它有什么本领。

注意

如果你在前一节中使用的窗口依然是打开的状态，可以先在 IDLE 的交互式窗口中执行如下代码将其关闭：

```
>>> window.destroy()
```

也可以点击窗口上的 X 按钮手动关闭窗口。

在 IDLE 的交互式窗口中创建一个新的窗口，然后将 Text 小组件.pack()进去：

```
>>> window = tk.Tk()
>>> text_box = tk.Text()
>>> text_box.pack()
```

现在屏幕上出现了一个带有文本框的窗口。点击窗口的任意处激活文本框，输入"Hello"，然后按下回车键在第二行输入"World"。

此时的窗口应该如图 17-21 所示。

图　17-21

和 Entry 小组件一样，我们可以用.get()获得 Text 小组件中的文本。不过 Text 小组件的.get()方法和 Entry 的.get()方法并不一样。如果不带参数调用它，我们并不能得到文本框中的所有文本，它只会引发一个异常：

```
>>> text_box.get()
Traceback (most recent call last):
  File "<pyshell#4>", line 1, in <module>
    text_box.get()
TypeError: get() missing 1 required positional argument: 'index1'
```

Text.get()最少需要一个参数。用一个索引调用.get()会返回一个字符。为了获得所有的字符，则需要传递两个参数：起始索引和结束索引。

Text 小组件的索引也和 Entry 小组件有点儿不一样。由于 Text 小组件可以有多行文本，因此它的索引必须包含两条信息：

(1) 字符所在的行号

(2) 字符在行内的位置

行号从 1 开始，而字符在行内的位置从 0 开始。

为了构造一个索引，我们需要一个格式为"<line>.<char>"的字符串，将<line>替换成行号，将<char>替换成字符在行内的编号。

比如"1.0"表示第 1 行的第 1 个字符。"2.3"表示第 2 行的第 4 个字符。

我们来用索引"1.0"获得之前的文本框中第 1 行的第 1 个字符：

```
>>> text_box.get("1.0")
'H'
```

由于字符索引从 0 开始，而单词"Hello"从文本框的第一个位置开始，因此字母 o 的索引就是 4。和 Python 字符串切片一样，为了从文本框中获得整个 Hello，结束索引必须比待读取的最后一个字符的索引大 1。

总之，要从文本框中获得"Hello"，需要使用"1.0"作为第一个索引，"1.5"作为第二个索引：

```
>>> text_box.get("1.0", "1.5")
'Hello'
```

为了获得文本框中第二行里的单词"World"，要将两个索引中的行号都改为 2：

```
>>> text_box.get("2.0", "2.5")
'World'
```

要获得文本框中的所有文本，将起始索引设为"1.0"，使用特殊的 tk.END 常量作为第二个索引：

```
>>> text_box.get("1.0", tk.END)
'Hello\nWorld\n'
```

注意.get()返回的文本中带有换行符。从这个例子中还可以看出，Text 小组件中的每一行末尾都有换行符，最后一行也不例外。

.delete()方法用于删除文本框中的字符。它和 Entry 小组件的.delete()方法类似。

有两种调用.delete()方法的方式：

(1) 使用一个参数
(2) 使用两个参数

若使用一个参数调用.delete()，这个参数表示的是要删除的字符的索引。比如下面的代码会删掉文本框中第一个字符，即 H：

```
>>> text_box.delete("1.0")
```

现在文本框中的第一行文本就成了"ello"，如图 17-22 所示。

图　17-22

若使用两个参数调用.delete()，这个两个参数定义了要删除的字符范围。删除操作从第一个索引处开始，到第二个索引为止（不包含第二个索引对应的字符）。

举例来说，为了删掉文本框第一行中剩下的"ello"，需要用到索引"1.0"和"1.4"：

```
>>> text_box.delete("1.0", "1.4")
```

注意第一行中的文本已经不见了，只剩下一个空行和第二行里的单词"World"，如图 17-23 所示。

图　17-23

尽管你看不见，但是第一行里还剩下一个换行符。

我们可以用.get()验证这一点：

```
>>> text_box.get("1.0")
'\n'
```

如果把这个换行符也删了，文本框中剩下的内容就会上移一行：

```
>>> text_box.delete("1.0")
```

现在单词"World"就在文本框的第一行里了，如图 17-24 所示。

图 17-24

我们来清空文本框中剩余的文本。将第一个索引设为"1.0"，使用 tk.END 作为第二个索引：

```
>>> text_box.delete("1.0", tk.END)
```

现在文本框被清空了。

使用.insert()向文本框中插入文本：

```
>>> text_box.insert("1.0", "Hello")
```

这行代码将单词"Hello"插入到了文本框开头，如图 17-25 所示。

图　17-25

看看如果试图将单词"World"插入第二行会发生什么：

```
>>> text_box.insert("2.0", "World")
```

这个单词并没有被插入到第二行，而是插入到了第一行末尾，如图 17-26 所示。

图　17-26

如果想在新的一行中插入文本，则需要手动在字符串开头插入换行符：

```
>>> text_box.insert("2.0", "\nWorld")
```

现在"World"就在文本框的第二行了，如图 17-27 所示。

图 17-27

总之，如果在指定位置已经有文本了，那么.insert()就会在指定位置插入文本。如果字符编号超过了文本框中最后一个字符的索引，那么就会将文本追加到指定的那行末尾。

不断跟踪最后一个字符的索引一般来说是不切实际的。往 Text 小组件末尾插入文本的最佳方法是将 tk.END 作为第一个参数传递给.insert()：

```
text_box.insert(tk.END, "Put me at the end!")
```

如果你想插入到新的一行，不要忘记在最前面加上换行符（\n）：

```
text_box.insert(tk.END, "\nPut me on a new line!")
```

Label、Button、Entry、Text 这 4 个小组件只是 Tkinter 小组件中的一部分，此外还有勾选框、单选按钮、滚动条、进度条，等等。关于所有可用的小组件的详细信息，参见 TkDocs 网站上的教程。

在本章中我们会用到 5 种小组件。其中 4 种我们已经见识过了，还剩下 Frame 小组件。Frame 小组件对于组织应用程序中的小组件布局至关重要。

在详细了解如何调整小组件的视觉布局之前，我们先来学习 Frame 小组件是如何工作的，以及如何将其他小组件分配给它。

17.5.5 将小组件分配给 frame

下面的程序创建了一个空白的 Frame 小组件，然后将主应用程序窗口分配给了它：

```
import tkinter as tk

window = tk.Tk()
frame = tk.Frame()
frame.pack()

window.mainloop()
```

frame.pack()将 frame 打包到窗口中，这样窗口就会尽可能地缩小自己，只要刚好包围住 frame 即可。

运行上面的代码，你会看到非常无趣的结果，如图 17-28 所示。

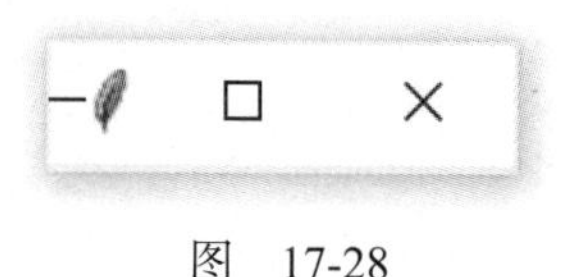

图　17-28

空的 Frame 组件实际上根本看不见。最好把 frame 看作其他小组件的容器。我们可以通过设置小组件的 master 属性将其分配给 frame：

```
frame = tk.Frame()
label = tk.Label(master=frame)
```

为了理解其中的工作原理，我们来编写一个程序。创建两个分别名为 frame_a 和 frame_b 的 Frame 小组件。frame_a 中有一个写有"I'm in Frame A"的标签，frame_b 中则是写有 I'm in Frame B 的标签。下面给出一种做法：

```
import tkinter as tk

window = tk.Tk()

frame_a = tk.Frame()
frame_b = tk.Frame()

label_a = tk.Label(master=frame_a, text="I'm in Frame A")
label_a.pack()

label_b = tk.Label(master=frame_b, text="I'm in Frame B")
label_b.pack()

frame_a.pack()
frame_b.pack()

window.mainloop()
```

注意 frame_a 先于 frame_b 被打包进窗口。打开的窗口中 frame_a 中的标签在 frame_b 的标签上方，如图 17-29 所示。

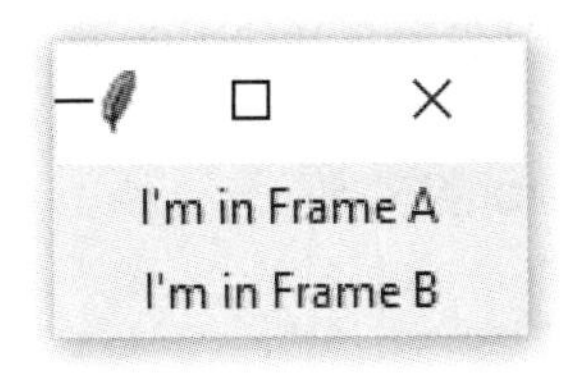

图 17-29

现在我们来看如果把 frame_a.pack()和 frame_b.pack()的顺序对调会发生什么：

```
import tkinter as tk

window = tk.Tk()

frame_a = tk.Frame()
label_a = tk.Label(master=frame_a, text="I'm in Frame A")
label_a.pack()

frame_b = tk.Frame()
label_b = tk.Label(master=frame_b, text="I'm in Frame B")
label_b.pack()

# frame_a 和 frame_b 的顺序交换
frame_b.pack()
frame_a.pack()

window.mainloop()
```

输出结果如图 17-30 所示。

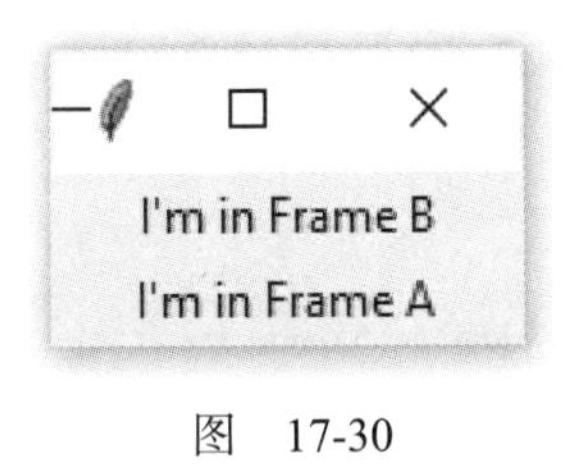

图 17-30

现在 label_b 在上方。由于 label_b 被分配给了 frame_b，因此只要 frame_b 移动，它就会跟着移动。

我们学过的 4 种小组件（Label、Button、Entry、Text）都有一个在实例化时设置的 master 属性。通过这个属性我们可以控制将某个组件分配给哪个 Frame。

Frame 适合用来按逻辑关系组织其他小组件。我们可以将相关联的小组件分配给同一个 frame，这样每当 frame 在窗口中发生移动时，相关的小组件会一起移动。

除了按照逻辑关系对小组件进行分组，Frame 还可以让你的应用程序在视觉效果上锦上添花。

接下来将介绍如何为 Frame 小组件创建各种各样的边框。

17.5.6 使用 relief 调整 frame 的外观

我们可以通过 relief 属性配置 Frame 小组件，relief 会根据不同的值在 frame 周围创建一个边框。relief 可以取以下的值。

- tk.FLAT 不会产生边框效果。这是默认值。
- tk.SUNKEN 会产生凹陷效果。
- tk.RAISED 会产生凸起效果。
- tk.GROOVE 会产生凹槽边框效果。
- tk.RIGDE 会产生边缘隆起效果。

为了应用边框效果，必须将 boarderwidth 属性设为大于 1 的值。这个属性会调整边框的宽度，单位为像素。

体会各种起伏效果的最佳办法就是亲眼看一看。下面的程序将 5 个 Frame 小组件打包进一个窗口中，每个 Frame 都有不同的 relief 参数：

```
import tkinter as tk

border_effects = {
    "flat": tk.FLAT,
    "sunken": tk.SUNKEN,
    "raised": tk.RAISED,
    "groove": tk.GROOVE,
    "ridge": tk.RIDGE,
}

window = tk.Tk()

for relief_name, relief in border_effects.items():
    # 1
    frame = tk.Frame(master=window, relief=relief, borderwidth=5)
    # 2
    frame.pack(side=tk.LEFT)
    # 3
    label = tk.Label(master=frame, text=relief_name)
    label.pack()

window.mainloop()
```

我们来分析一下代码。

首先创建了一个字典并赋给了变量 border_effects。字典的键是 Tkinter 中可用的起伏效果的名称，值是对应的 Tkinter 对象。

接下来在创建了窗口对象之后，我们用 `for` 循环遍历 `border_effects` 字典。在每次循环中，我们执行了 3 项操作。

(1) 创建新的 `Frame` 小组件并分配给 `window` 对象。`Frame` 小组件的 `relief` 属性设为 `border_effects` 中对应的起伏效果，`borderwidth` 属性设为 5 以使边框效果可见。

(2) 使用`.pack()`将 `Frame` 打包到窗口中。关键字参数 `side` 会告诉 Tkinter 应当朝哪个方向打包 `frame` 对象。我们会在 17.6 节中详细介绍如何使用这个参数。

(3) 创建一个显示起伏效果名称的 `Label` 小组件并将其打包到刚刚创建的 `frame` 对象中。

这个程序产生的窗口如图 17-31 所示。

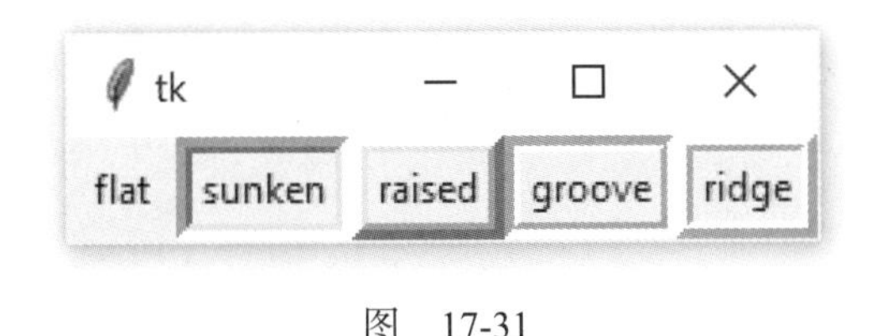

图 17-31

图 17-31 展示了每一种起伏样式的效果。

- `tk.FLAT` 创建的是平坦样式的 frame。
- `tk.SUNKEN` 为 frame 添加了一个边框，使其产生了在窗口中凹陷的效果。
- `tk.RAISED` 为 frame 添加了一个边框，使其看起来像是从屏幕上凸出来了。
- `tk.GROOVE` 为 frame 添加了一个边框，使其边缘看起来像是有一圈凹槽，而其他部分是平坦的。
- `tk.RIDGE` 让 frame 有一种边缘隆起的效果。

17.5.7 小组件命名惯例

创建小组件时，你可以给它取任何你喜欢的名字——只要是合法的 Python 标识符。不过一般来说，在赋给小组件的变量名中加入小组件的类名是比较好的做法。

如果你用一个 `Label` 小组件来显示用户名，那么可以把它叫作 `label_user_name`。用来收集用户年龄的 `Entry` 小组件可以叫作 `entry_user_age`。

把小组件的类名引入变量名之后，无论是你自己还是其他需要阅读代码的人，都更容易理解某个变量名引用的是哪个类型的小组件。

使用完整的小组件类名可能会让变量名过长，因此可能需要用缩写来代替。在本章的剩余部分，我们会使用缩写前缀来命名小组件，如表 17-3 所示。

表　17-3

小组件类	前　缀	名称示例
Label	lbl	lbl_name
Button	btn	btn_submit
Entry	ent	ent_age
Text	txt	txt_notes
Frame	frm	frm_address

至此，我们学习了如何创建窗口、使用小组件、使用 frame。现在你已经能够开发一些显示消息的简单窗口了，但是还算不上一个完整的应用程序。

在 17.6 节中，我们会学习如何使用 Tkinter 强大的布局管理器控制应用程序的布局。

17.5.8　巩固练习

你可以在 realpython.com/python-basics/resources/上找到练习的答案以及其他各种资源。

(1) 尝试在不看源代码的情况下重现 17.5 节中所有截图的内容。如果想不到怎么做，看一眼代码再继续完成，然后过 10 分钟或 15 分钟再重新做一遍。

重复这个过程，直到你能够自行重现所有截图的内容。重点关注结果。如果你的代码和书中代码有一些不一样也没关系。

(2) 编写一个显示 `Button` 小组件的程序。这个按钮的宽度为 50 个文本单位，高度为 25 个文本单位。其背景色为白色，上有蓝色的`"Click here"`字样。

(3) 编写一个显示 `Entry` 小组件的程序。其中的 `Entry` 小组件的宽度为 40 个文本单位，背景色为白色，文本颜色为黑色。使用`.insert()`令 `Entry` 小组件显示文本`"What is your name?"`。

17.6　使用布局管理器控制布局

到目前为止，我们一直在用`.pack()`往窗口和 `Frame` 中添加小组件，但是我们还不知道这个方法究竟做了些什么。下面我们来弄清楚。

在 Tkinter 中，我们通过**布局管理器**控制应用程序的布局。`.pack()`方法就是布局管理器的例子，但它不是唯一的布局管理器。Tkinter 中还有两个：`.place()`和`.grid()`。

应用程序中的每个窗口和 `Frame` 都只能使用一个布局管理器。不过不同的 frame 可以使用不同的布局管理器，哪怕它们被分配给了使用其他布局管理器的 `Frame` 或窗口。

我们首先来详细了解`.pack()`。

17.6.1 .pack()布局管理器

.pack()使用一种**打包算法**（packing algorithm）将小组件按一定顺序放置在 Frame 或窗口中。这个打包算法主要有两个步骤。

(1) 求出一个称为**包**（parcel）的矩形区域，其高度（或宽度）刚好能容纳小组件，然后用空白填满窗口中空余的宽度（或高度）。

(2) 除非明确指定位置，小组件会居中放置在包中。

.pack()无疑很强大，但是我们很难从视觉上体会它的工作。理解.pack()最好的办法就是看几个例子。

我们来看看如果把 3 个 Label 小组件.pack()进 Frame 会发生什么：

```
import tkinter as tk

window = tk.Tk()

frame1 = tk.Frame(master=window, width=100, height=100, bg="red")
frame1.pack()

frame2 = tk.Frame(master=window, width=50, height=50, bg="yellow")
frame2.pack()

frame3 = tk.Frame(master=window, width=25, height=25, bg="blue")
frame3.pack()

window.mainloop()
```

默认情况下，.pack()会将 Frame 按照分配给窗口的顺序从上往下放置，如图 17-32 所示。

图 17-32（另见彩插）

每个 Frame 都会放到尽可能靠上方的位置。红色的 Frame 放在窗口最上面，黄色的在红色的下面，蓝色的在黄色的下面。

这里有3个看不见的包，每个包里都含有一个`Frame`小组件。它们各自的高度都和它们含有的`Frame`高度一致。在每个`Frame`上调用`.pack()`时并没有指定锚点，因此`Frame`就被居中放置在包中，同时也就在窗口的中线上。

`.pack()`还可接收一些关键字参数，让你能够更加精细地配置小组件的位置。比如我们可以设置`fill`关键字参数来指定frame填充的方向。`fill`可取如下3个值：

(1) `tk.X`横向填充

(2) `tk.Y`纵向填充

(3) `tk.BOTH`向两个方向填充

下面的代码展示了如何让3个frame横向填满整个窗口：

```
import tkinter as tk

window = tk.Tk()

frame1 = tk.Frame(master=window, height=100, bg="red")
frame1.pack(fill=tk.X)

frame2 = tk.Frame(master=window, height=50, bg="yellow")
frame2.pack(fill=tk.X)

frame3 = tk.Frame(master=window, height=25, bg="blue")
frame3.pack(fill=tk.X)

window.mainloop()
```

注意这里的`Frame`小组件都没有设置`width`。由于在每个frame的`.pack()`中设置了横向填充，即使设置过宽度也会被覆盖，因此也就没有必要设置`width`参数。

这段代码生成的窗口如图17-33所示。

图　17-33（另见彩插）

用.pack()填充窗口的一个好处是它能够响应窗口大小的变化。试着将这段代码生成的窗口拉宽，看看它是怎么响应的。

随着窗口的加宽，这 3 个 Frame 小组件的宽度也随之增长以填满窗口。不过要注意的是，这里的 Frame 小组件并不会纵向伸展。

.pack()的 side 关键字参数用于指定小组件应当放置在窗口的哪一边。side 可以取 4 个值：tk.TOP、tk.BOTTOM、tk.LEFT、tk.RIGHT。如果不设置 side，那么 pack()会自行选择 tk.TOP，新的小组件会被放置到窗口顶部或者可用空间的最上方。

举例来说，下面的程序将 3 个 frame 从左至右放置，并且每个 frame 都纵向填满窗口：

```
import tkinter as tk

window = tk.Tk()

frame1 = tk.Frame(master=window, width=200, height=100, bg="red")
frame1.pack(fill=tk.Y, side=tk.LEFT)

frame2 = tk.Frame(master=window, width=100, bg="yellow")
frame2.pack(fill=tk.Y, side=tk.LEFT)

frame3 = tk.Frame(master=window, width=50, bg="blue")
frame3.pack(fill=tk.Y, side=tk.LEFT)

window.mainloop()
```

为了强制让窗口有一定的高度，这次我们必须至少为一个 frame 指定 height 关键字参数。

最后得到的窗口如图 17-34 所示。

图 17-34（另见彩插）

将窗口拉宽时，fill=tk.X 会让 frame 随之加宽。类似地，fill=tk.Y 也会让 frame 在窗口升高时随之升高。试试看吧！

为了打造真正的响应式布局，你可以用 width 和 height 属性设置 frame 的原始大小，然后将.pack()的 fill 关键字参数设为 tk.BOTH，将 expand 关键字参数设为 True：

```
import tkinter as tk

window = tk.Tk()

frame1 = tk.Frame(master=window, width=200, height=100, bg="red")
frame1.pack(fill=tk.BOTH, side=tk.LEFT, expand=True)

frame2 = tk.Frame(master=window, width=100, bg="yellow")
frame2.pack(fill=tk.BOTH, side=tk.LEFT, expand=True)

frame3 = tk.Frame(master=window, width=50, bg="blue")
frame3.pack(fill=tk.BOTH, side=tk.LEFT, expand=True)

window.mainloop()
```

运行上面的程序时，一开始我们会看到一个和前面例子中的窗口一模一样的窗口。区别在于现在我们可以随意调整窗口的大小，其中的 frame 会随之扩展并充满整个窗口。太酷了！

17.6.2 .place()布局管理器

我们可以用小组件的.place()方法精确控制它在窗口或 Frame 中的位置。调用该方法时必须提供 x 和 y 这两个关键字参数，它们分别指定了小组件左上角的 *x* 坐标和 *y* 坐标。x 和 y 的单位都是像素，而非文本单位。

要记住原点（x 和 y 均为 0 的点）位于 Frame 或窗口的左上角。你可以把.place()的 y 参数看作距离窗口顶边多少像素，而 x 参数就是距离左边多少像素。

下面的例子展示了.place()布局管理器是如何工作的：

```
import tkinter as tk

window = tk.Tk()

# 1
frame = tk.Frame(master=window, width=150, height=150)
frame.pack()

# 2
label1 = tk.Label(master=frame, text="I'm at (0, 0)", bg="red")
label1.place(x=0, y=0)

# 3
label2 = tk.Label(master=frame, text="I'm at (75, 75)", bg="yellow")
label2.place(x=75, y=75)

window.mainloop()
```

我们首先创建了一个名为 frame 的 Frame 小组件并将其打包到窗口中，其宽度和高度均为 150 像素。然后创建了一个名为 label1 的 Label，背景色为红色，并将其放到了 frame1 的(0, 0)

位置上。最后创建了一个背景色为黄色的标签 `label2`，将其放到 `frame1` 的(75, 75)位置上。

这段代码生成的窗口如图 17-35 所示。

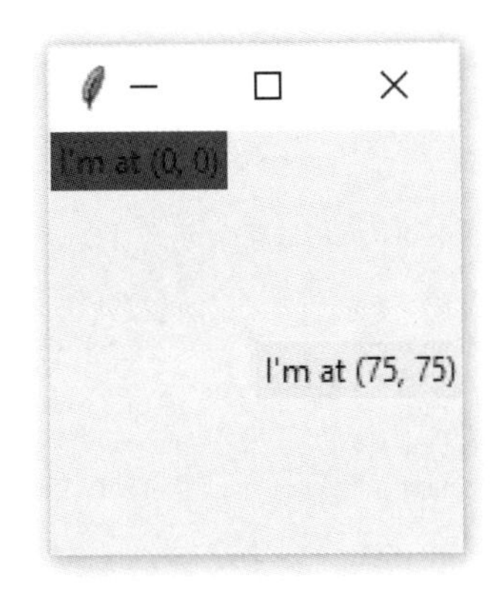

图 17-35（另见彩插）

`.place()`并不常用，它主要有两个缺点。

(1) `.place()`**难以管理布局**，特别是应用程序中有大量小组件的时候。

(2) `.place()`**创建的不是响应式布局**，它们并不会随窗口大小的变化而变化。

跨平台 GUI 开发最主要的挑战之一，就是让布局在任何平台上看起来都同样精美。在大部分情况下，`.place()`不适合用来开发跨平台的响应式布局。

但并不是说`.place()`毫无用处。有时候你可能就是需要它提供的功能。比如你在开发地图用的 GUI 界面，那么为了保证各个组件在地图上的距离足够精确，`.place()`可能就是你需要的。

和`.place()`相比，人们可能会优先选择`.pack()`，但是`.pack()`也有缺点。举例来说，小组件放置的位置取决于`.pack()`的调用时机，因此如果没有完全理解控制布局的代码，你就很难去修改现有的应用程序。

我们会在下一节中看到，`.grid()`布局管理器可以解决这类问题。

17.6.3 .grid()布局管理器

最常用的布局管理器可能要数`.grid()`了。它以一种更加容易理解和维护的形式施展出`.pack()`的全部功力。

`.grid()`将窗口或 `Frame` 划分成若干行、列。通过调用`.grid()`并分别为 `row` 和 `column` 关键字参数传入行和列的索引，我们能够指定小组件在窗口或 `Frame` 中的位置。行和列的索引都从 0 开始，因此行索引 1 和列索引 2 会告诉`.grid()`将小组件放到第 2 行的第 3 列中。

举例来说，下面的代码创建了一个 3 × 3 的 frame 网格，每个 frame 中都打包进了一个 Label 小组件：

```
import tkinter as tk

window = tk.Tk()

for i in range(3):
    for j in range(3):
        frame = tk.Frame(
            master=window,
            relief=tk.RAISED,
            borderwidth=1
        )
        frame.grid(row=i, column=j)
        label = tk.Label(master=frame, text=f"Row {i}\nColumn {j}")
        label.pack()

window.mainloop()
```

最终得到的窗口如图 17-36 所示。

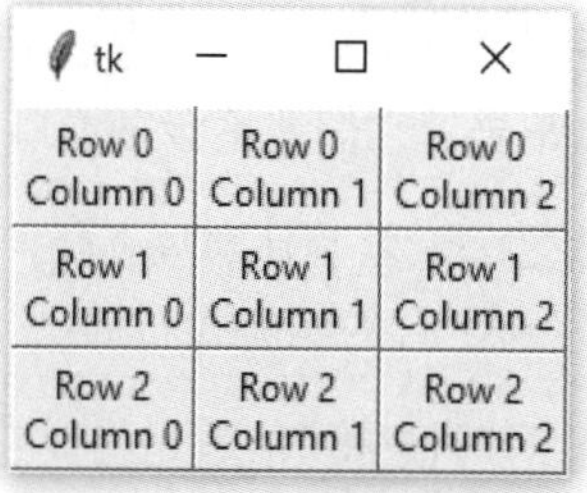

图　17-36

这个例子中用到了两种布局管理器。每个 Frame 都通过.grid()布局管理器附加到了 window 中，而每个 Label 则通过.pack()附加到它的上级 Frame 中。

值得注意的是，即使.grid()是在 Frame 对象上调用的，这个布局管理器也会应用到 window 对象上。类似地，各个 frame 的布局也受.pack()布局管理器控制。

前面这个例子中的 frame 死死地挤在一起。为了让每个 Frame 周围能留出一些空间，我们可以设置网格单元格的边距。**边距**（padding）就是小组件周围的空白，能够从视觉上让小组件的内容和边缘相分离。

边距分为两种：**外边距**（external padding）和**内边距**（internal padding）。外边距会在网格单元格外部划出一圈空白。它由.grid()的两个关键字参数控制：

(1) padx 添加横向边距；

(2) pady 添加纵向边距。

padx 和 pady 的单位都是像素，而非文本单位。将两个参数设为同样的值会在两个方向上添加相同宽度的边距。

我们为前面例子中的 frame 外面添加边距：

```
import tkinter as tk

window = tk.Tk()

for i in range(3):
    for j in range(3):
        frame = tk.Frame(
            master=window,
            relief=tk.RAISED,
            borderwidth=1
        )
        frame.grid(row=i, column=j, padx=5, pady=5)
        label = tk.Label(master=frame, text=f"Row {i}\nColumn {j}")
        label.pack()

window.mainloop()
```

得到的窗口如图 17-37 所示。

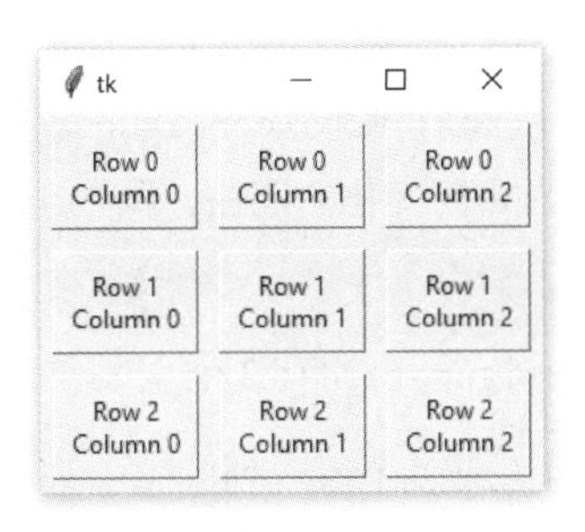

图 17-37

.pack()也有 padx 和 pady 参数。下面这段代码和上面这段区别不大，只是在 Label 的 x 和 y 方向上加上了 5 像素宽的外边距：

```
import tkinter as tk

window = tk.Tk()

for i in range(3):
    for j in range(3):
        frame = tk.Frame(
            master=window,
            relief=tk.RAISED,
            borderwidth=1
```

```
        )
        frame.grid(row=i, column=j, padx=5, pady=5)

        label = tk.Label(master=frame, text=f"Row {i}\nColumn {j}")
        label.pack(padx=5, pady=5)

window.mainloop()
```

网格单元格中 Label 小组件周围额外的边距让 Frame 边框和 Label 中的文字之间有了一些“喘气”的空间，如图 17-38 所示。

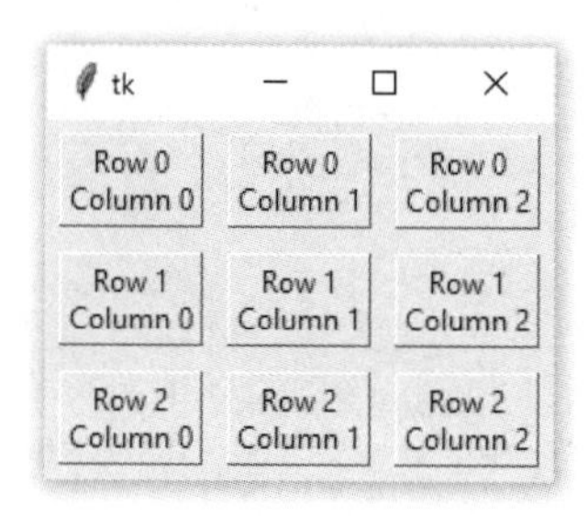

图　17-38

看起来真不错！不过，如果你试着朝任意方向拉伸窗口，便会发现这个布局谈不上有多智能。在窗口拉伸时，整个网格仍然待在左上角不动。

window 对象上有.columnconfigure()和.rowconfigure()这样两个方法，它们能够控制当窗口大小发生变化时，网格的行列应当如何变化。记住，虽然.grid()是在 Frame 小组件上调用的，但是网格是被附加到 window 上的。

.columnconfigure()和.rowconfigure()均有 3 个主要参数。

(1) 欲配置网格的行或列的索引（或多个行或列的索引列表）。
(2) 关键字参数 weight，用于判定当窗口大小改变时，相对于其他行和列应当如何响应。
(3) 关键字参数 minsize，设置最小行高或最小列宽，单位为像素。

weight 默认为 0，也就是说，在窗口大小改变时，行或列不会随之变化。如果将每一行、每一列的权重都设为 1，它们就会按照同样的倍率变化。如果有一列的权重为 1，而另一列的权重为 2，那么后者的变化率就是前者的两倍。

我们修改前面的代码，让它能够处理窗口大小的变化：

```
import tkinter as tk

window = tk.Tk()

for i in range(3):
```

```
    window.columnconfigure(i, weight=1, minsize=75)
    window.rowconfigure(i, weight=1, minsize=50)

    for j in range(3):
        frame = tk.Frame(
            master=window,
            relief=tk.RAISED,
            borderwidth=1
        )
        frame.grid(row=i, column=j, padx=5, pady=5)

        label = tk.Label(master=frame, text=f"Row {i}\nColumn {j}")
        label.pack(padx=5, pady=5)

window.mainloop()
```

.columnconfigure()和.rowconfigure()方法被放在 for 循环顶部。也可以在 for 循环外面配置行和列，但是那样的话还要多写 6 行代码。

在每次循环中，第 i 行和第 i 列的 weight 都被设置为 1。这就能够保证在窗口大小发生变化时，每一行、每一列的大小都能够按相同的比率变化。

列的 minsize 参数被设为了 75，而行则是 50。这样即便窗口变得非常小，Label 小组件也能够始终完整显示其中的文本，而不会砍掉任何字符。

试着运行一下这段代码看看效果怎么样。随意调整 weight 和 minsize，体会一下它们是如何影响网格的。

默认情况下，小组件在网格单元格中居中放置。比如在下面的代码中创建了两个 Label 小组件，它们被放到了网格中同一列的两行上：

```
import tkinter as tk

window = tk.Tk()
window.columnconfigure(0, minsize=250)
window.rowconfigure([0, 1], minsize=100)

label1 = tk.Label(text="A")
label1.grid(row=0, column=0)

label2 = tk.Label(text="B")
label2.grid(row=1, column=0)

window.mainloop()
```

网格的每个单元格都是 250 像素宽、100 像素高。标签放在每个单元格的中心，如图 17-39 所示。

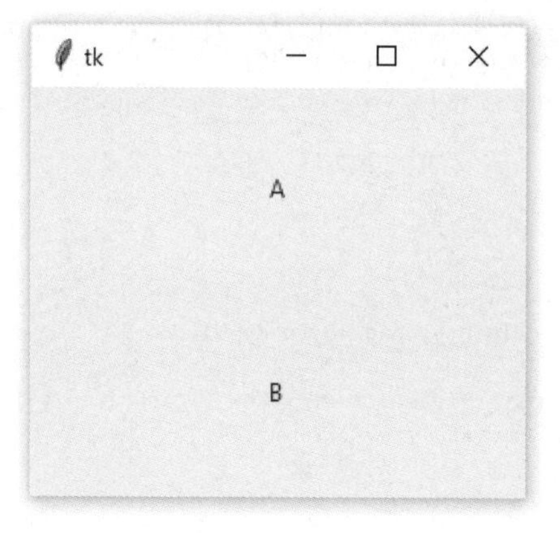

图　17-39

我们可以使用.grid()方法的 sticky 参数调整标签在网格单元格中的位置。sticky 参数应当是包含下列字母中一个或多个的字符串：

- "n"或"N"令小组件对齐到单元格正上方
- "s"或"S"令小组件对齐到单元格正下方
- "e"或"E"令小组件对齐到单元格正左方
- "w"或"W"令小组件对齐到单元格正右方

"n"、"s"、"e"、"w"这 4 个字母分别代表北（north）、南（south）、东（east）、西（west）4 个基本方位。

比如将前面代码中的 Label 小组件的 sticky 设为"n"，Label 将会被放置到网格单元格正上方：

```
import tkinter as tk

window = tk.Tk()
window.columnconfigure(0, minsize=250)
window.rowconfigure([0, 1], minsize=100)

label1 = tk.Label(text="A")
label1.grid(row=0, column=0, sticky="n")

label2 = tk.Label(text="B")
label2.grid(row=1, column=0, sticky="n")

window.mainloop()
```

结果如图 17-40 所示。

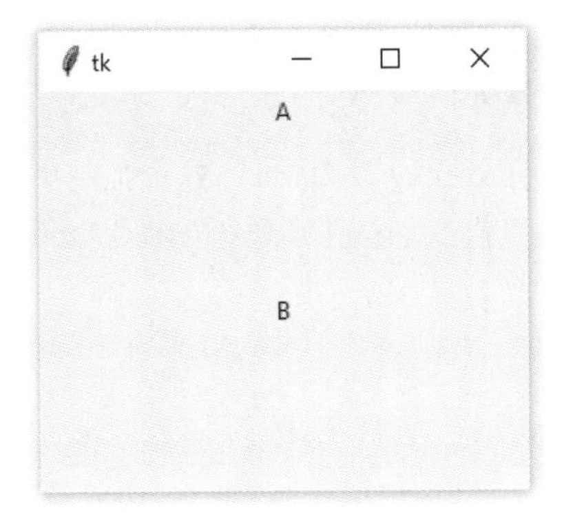

图 17-40

也可以将多个字母放在同一个字符串中，这样 Label 就会被放到网格单元格的角落处：

```
import tkinter as tk

window = tk.Tk()
window.columnconfigure(0, minsize=250)
window.rowconfigure([0, 1], minsize=100)

label1 = tk.Label(text="A")
label1.grid(row=0, column=0, sticky="ne")

label2 = tk.Label(text="B")
label2.grid(row=1, column=0, sticky="sw")

window.mainloop()
```

在这个例子中，label1 的 sticky 参数被设为"ne"，这会使得标签被放到网格单元格的右上角。label2 的 sticky 参数值为"sw"，因此被放到左下角。

现在窗口如图 17-41 所示。

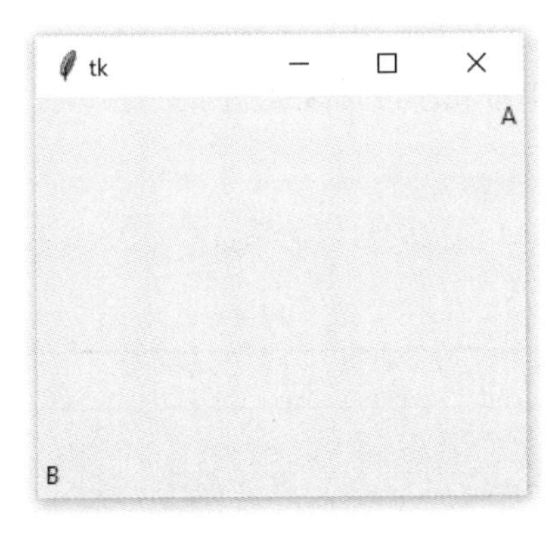

图 17-41

使用 sticky 调整小组件的位置时，小组件的大小只是刚好能容纳其中的文本（或其他内容）——它并不会填满整个网格单元格。

若想填满整个单元格，可以将 sticky 设为"ns"。这会强制小组件在垂直方向上填满单元格，"ew"会在水平方向上填满单元格。若要完全填满整个单元格，将 sticky 设为"nsew"。

下面的例子展示了不同取值的效果：

```
import tkinter as tk

window = tk.Tk()

window.rowconfigure(0, minsize=50)
window.columnconfigure([0, 1, 2, 3], minsize=50)

label1 = tk.Label(text="1", bg="black", fg="white")
label2 = tk.Label(text="2", bg="black", fg="white")
label3 = tk.Label(text="3", bg="black", fg="white")
label4 = tk.Label(text="4", bg="black", fg="white")

label1.grid(row=0, column=0)
label2.grid(row=0, column=1, sticky="ew")
label3.grid(row=0, column=2, sticky="ns")
label4.grid(row=0, column=3, sticky="nsew")

window.mainloop()
```

得到的窗口如图 17-42 所示。

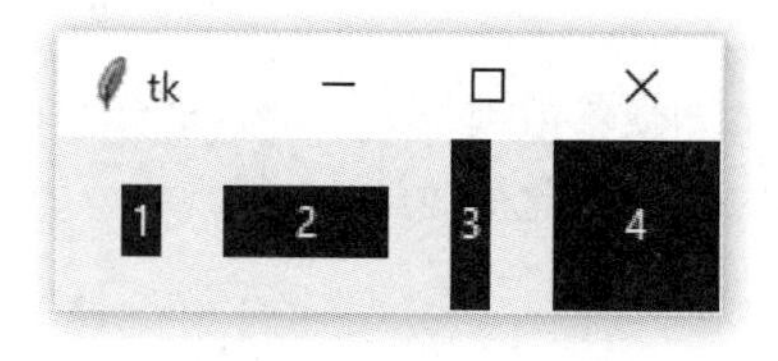

图　17-42

上面的例子展示了如何使用.grid()布局管理器的 sticky 参数实现类似于.pack()布局管理器的 fill 参数的效果。

表 17-4 给出了 sticky 和 fill 参数的对应关系。

表　17-4

.grid()	.pack()
sticky="ns"	fill=tk.Y
sticky="ew"	fill=tk.X
sticky="nsew"	fill=tk.BOTH

`.grid()`是非常强大的布局管理器。它比`.pack()`更容易理解，比`.place()`更为灵活。在创建新的 Tkinter 应用程序时，应优先考虑使用`.grid()`。

> **注意**
>
> `.grid()`比你在这里看到的更加灵活。比如你可以让单元格跨越多行或者多列。
>
> 更多信息参见 TkDocs 教程中的“Grid Geometry Manager”（网格几何管理器）部分。

现在你已经对 Tkinter 的布局管理器有了基本的认识，下一步就是通过为按钮分配操作，给应用程序带来生机。

17.6.4　巩固练习

你可以在 realpython.com/python-basics/resources/上找到练习的答案以及其他各种资源。

(1) 尝试在不看源代码的情况下重现 17.6 节中所有截图的内容。如果想不到怎么做，看一眼代码再继续完成，然后过 10 分钟或 15 分钟再重新做一遍。

重复这个过程，直到你能够自行重现所有截图的内容。重点关注结果。如果你的代码和书中代码有一些不一样也没关系。

(2) 图 17-43 所示的是一个用 Tkinter 开发的应用程序。试着用学过的技术重现这个窗口。你可以使用任何布局管理器。

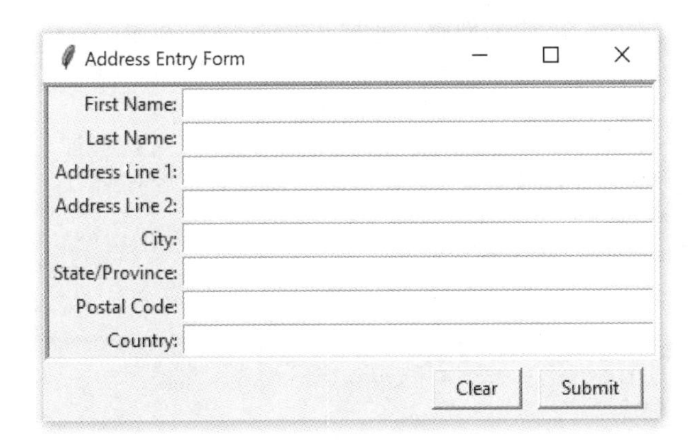

图　17-43

17.7　让应用程序可交互

我们已经知道如何用 Tkinter 创建窗口、添加小组件、控制应用程序布局。太棒了！但是应用程序不能只是看起来漂亮，它们要能够切实地完成工作！

在本节中，你会学习如何为应用程序赋予生机——让它们在事件发生时执行操作。

17.7.1　事件和事件处理器

创建 Tkinter 应用程序时，必须调用 window.mainloop()启动**事件循环**（event loop）。在事件循环过程中，应用程序会检查事件是否发生。如果有事件发生，那么它就会做出响应，执行一些代码。

事件循环由 Tkinter 提供，因此我们不需要编写任何检查事件的代码。不过我们仍然需要编写响应事件的代码。在 Tkinter 中，我们要为应用程序中用到的事件编写称为**事件处理器**（event handler）的函数。

那么什么是事件？事件的发生意味着什么？

事件（event）是在事件循环中发生的某种动作。比如用户按下了键盘按键或者鼠标按钮，这就可能触发应用程序的某种行为。

当事件发生时会分发一个**事件对象**（event object），也就是说，一个表示事件的类被实例化了。我们不需要关心如何创建这些类，Tkinter 会自动创建事件类的实例。

为了更好地理解 Tkinter 的事件循环，我们可以自己动手写一个。这样我们就能够明白 Tkinter 的事件循环是如何融入应用程序中的，以及需要自行编写哪部分代码。

假设有一个名为 events_list 的列表，里面包含的是事件对象。每当程序中有事件发生时，一个新的事件对象就会追加到 events_list 中。我们不需要实现更新机制，在这个虚构的例子中，这个过程就像变魔术一样。

我们可以利用无限循环不断检查 events_list 中是否有事件对象：

```
# 假设这个列表会自动更新
events_list = []

# 运行事件循环
while True:
    # 如果 events_list 是空的，那么没有事件发生
    # 可以跳到下一次循环
    if events_list == []:
        continue

    # 如果代码执行到了这里
    # 那么 events_list 中至少有一个事件对象
    event = events_list[0]
```

目前我们创建的事件循环还没有对 event 做任何处理。下面来修改它。

假设应用程序需要响应按下按键这一事件。我们需要检查 `event` 是否是由于用户按下了键盘按键而产生的。如果是，则将 `event` 传递给处理按下按键的函数。

假设这个事件就是按下按键的事件对象，那么 `event` 就会有一个设为字符串`"keypress"`的`.type` 属性，以及包含被按下的按键对应字符的`.char` 属性。

我们为事件循环的代码加上一个 `handle_keypress()`函数：

```
events_list = []

# 创建事件处理器
def handle_keypress(event):
    """打印与所按下的键相关联的字符"""
    print(event.char)

while True:
    if events_list == []:
        continue
    event = events_list[0]

    # 如果是按下按键的事件对象
    if event.type == "keypress":
        # 调用按下按键的事件处理器
        handle_keypress(event)
```

在调用 Tkinter 的 `window.mainloop()`时也会运行和上面类似的代码。具体来说，`.mainloop()`会为你处理事件循环中的这两个部分：

(1) 维护已发生事件的列表；

(2) 在新的事件加入列表时运行事件处理器。

可以把你自己的事件循环改成 `window.mainloop()`：

```
import tkinter as tk

# 创建窗口对象
window = tk.Tk()

# 创建事件处理器
def handle_keypress(event):
    """打印与所按下的键相关联的字符"""
    print(event.char)

# 运行事件循环
window.mainloop()
```

`.mainloop()`帮了你不少忙，但是上面的代码还是少了点儿什么。Tkinter 怎么知道何时调用 `handle_keypress()`？

答案是 Tkinter 小组件上有一个`.bind()`方法，它能够让小组件知道何时调用事件处理器。

17.7.2　.bind()方法

为了在小组件上有事件发生时调用事件处理器，需要用到小组件的.bind()方法。之所以说事件处理器**绑定**（bind）到事件上，是因为每次事件发生时事件处理器都会被调用。

继续来看前面按下按键的例子,我们可以用.bind()把 handle_keypress()绑定到按下按键事件上：

```
import tkinter as tk

window = tk.Tk()

def handle_keypress(event):
    """打印与所按下的键相关联的字符"""
    print(event.char)

# 将 handle_keypress()绑定到按下按键事件上
window.bind("<Key>", handle_keypress)

window.mainloop()
```

这里通过 window.bind()将事件处理器 handle_keypress()绑定到了"<Key>"事件上。在程序运行过程中，每当有按键被按下时就会输出对应按键上的字符。

必须为.bind()传递两个参数：

(1) 表示事件的字符串，格式为"<event_name>"，event_name 可以是任意的 Tkinter 事件；
(2) 事件处理器，即事件发生时要调用的函数的名称。

事件处理程序被绑定到.bind()被调用的部件上。

在每次调用事件处理器时，事件对象都会传递给对应的函数。

在上面的例子中，事件处理器绑定到了窗口上面。你还可以把事件处理器绑定到应用程序中的任何小组件上。

比如可以把事件绑定到 Button 小组件上，这样在每次按下按钮时都会执行一些动作：

```
def handle_click(event):
    print("The button was clicked!")

button = tk.Button(text="Click me!")

button.bind("<Button-1>", handle_click)
```

在这个例子中，Button 小组件的"<Button-1>"事件绑定到了 handle_click 事件处理器上。当在小组件上方按下鼠标左键时，"<Button-1>"事件便会发生。

鼠标按钮还有其他的事件，"<Button-2>"表示鼠标中键（如果有的话），"<Button-3>"表示鼠标右键。

> **注意**
>
> 可以在 Tkinter 8.5 参考手册的“Event Types”（事件类型）部分看到常用事件的清单。

任何事件处理器都可以通过.bind()绑定到各种小组件上。不过还有一种更简单的方法能够把事件处理器绑定到按钮点击上，那就是使用 Button 小组件的 command 属性。

17.7.3 command 属性

每个 Button 小组件都有一个 command 属性，我们可以把函数分配给它。每当按下按钮时，这个函数就会执行。

下面来看一个例子。首先创建一个窗口，然后在窗口中放上一个显示数字的 Label 小组件。在 Label 左右分别放上一个按钮，左边的按钮会减小 Label 上的数字，右边的按钮则会增大数字。

下面是窗口的代码：

```
import tkinter as tk

window = tk.Tk()

window.rowconfigure(0, minsize=50, weight=1)
window.columnconfigure([0, 1, 2], minsize=50, weight=1)

btn_decrease = tk.Button(master=window, text="-")
btn_decrease.grid(row=0, column=0, sticky="nsew")

lbl_value = tk.Label(master=window, text="0")
lbl_value.grid(row=0, column=1)

btn_increase = tk.Button(master=window, text="+")
btn_increase.grid(row=0, column=2, sticky="nsew")

window.mainloop()
```

得到的窗口如图 17-44 所示。

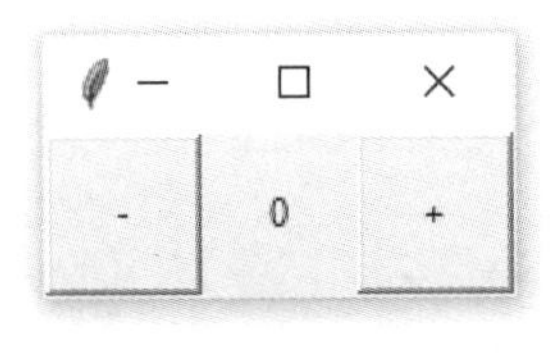

图 17-44

应用程序的布局定义好之后，我们就可以给按钮指派命令，让应用程序充满生机。

首先从左边的按钮开始。按下这个按钮时，它要让标签上的数字减 1。为了实现这一效果，我们需要明白两件事：如何获得 Label 中的文本，以及如何更改 Label 中的文本。

Label 小组件不像 Entry 和 Text 小组件那样有一个.get()方法。不过你可以用类似于字典的下标语法访问标签的 text 属性：

```
label = Tk.Label(text="Hello")

# 检索标签的文本
text = label["text"]

# 为标签设置新文本
label["text"] = "Good bye"
```

现在你已经知道如何设置标签的文本，可以编写一个函数让标签中的数字加 1：

```
def decrease():
    value = int(lbl_value["text"])
    lbl_value["text"] = f"{value - 1}
```

increase()从 lbl_value 中获取文本，并用 int()将其转换为一个整数。然后它将这个值加 1，并将标签的 text 属性设置为这个新的值。

你还需要编写一个 decrease()函数，将 lbl_value 中的值减 1：

```
def decrease():
    value = int(lbl_value["text"])
    lbl_value["text"] = f"{value - 1}"
```

increse()和 decrease()这两个函数放在 import 语句的下方。

将函数赋值给按钮的 command 属性就可以将按钮和函数相连，也可以在实例化按钮时完成这一操作。比如要将 increase()分配给 btn_increase，可以把实例化按钮的那行代码改成这样：

```
btn_increase = tk.Button(master=window, text="+", command=increase)
```

现在将 decrease()分配给 btn_decrease：

```
btn_decrease = tk.Button(master=window, text="-", command=decrease)
```

就是这样，现在 increase()和 decrease()已经绑定到了两个按钮上，程序已经可以工作。保存修改，试着运行一下程序。

下面给出完整的代码以供参考：

```
import tkinter as tk

def increase():
```

```
    value = int(lbl_value["text"])
    lbl_value["text"] = f"{value + 1}"


def decrease():
    value = int(lbl_value["text"])
    lbl_value["text"] = f"{value - 1}"

window = tk.Tk()

window.rowconfigure(0, minsize=50, weight=1)
window.columnconfigure([0, 1, 2], minsize=50, weight=1)

btn_decrease = tk.Button(master=window, text="-", command=decrease)
btn_decrease.grid(row=0, column=0, sticky="nsew")

lbl_value = tk.Label(master=window, text="0")
lbl_value.grid(row=0, column=1)

btn_increase = tk.Button(master=window, text="+", command=increase)
btn_increase.grid(row=0, column=2, sticky="nsew")

window.mainloop()
```

这个应用程序并不怎么实用，但是在这个过程中学到的技能可以用到任何应用程序的开发过程中。

- 使用**小组件**创建用户界面的**组件**。
- 使用**布局管理器**控制应用程序的**布局**。
- 编写和各种组件互动的**函数**，获取、转化**用户输入**。

在接下来的两节中，我们会构建一些真正实用的应用程序。我们首先会构建一个把华氏度转换成摄氏度的温度转换器，然后会构建一个可以打开、编辑、保存文本文件的文本编辑器。

17.7.4 巩固练习

你可以在 realpython.com/python-basics/resources/上找到练习的答案以及其他各种资源。

(1) 编写一个只显示一个按钮的程序。按钮的背景色保持默认值，文本颜色为黑色，按钮上写有`"Click me"`。

在用户点击按钮时，按钮的背景色应当随机变成以下颜色中的一种：

```
["red", "orange", "yellow", "blue", "green", "indigo", "violet"]
```

(2) 编写一个模拟六面骰子的程序。程序的界面中应当有一个按钮，上面写有文本`"Roll"`。用户按下按钮时，应当随机显示 1 到 6 之间的整数。

应用程序看起来应当如图 17-45 所示。

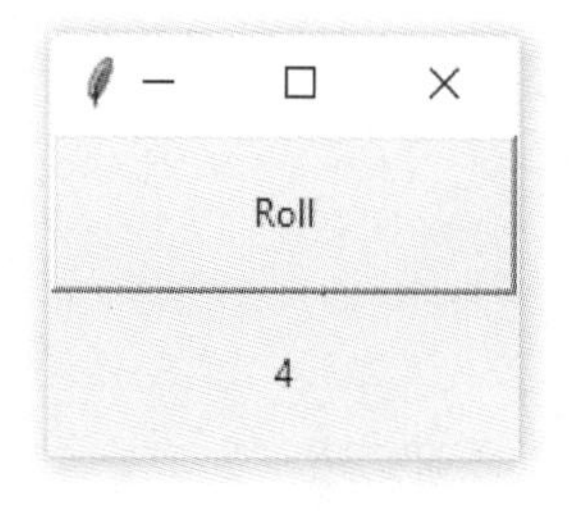

图 17-45

17.8 应用示例：温度转换器

在本节中，你将构建一个温度转换器。用户将能够输入以华氏度为单位的温度，在按下按钮之后，温度将转换为摄氏度。

我们会一步一步地分析代码，本节末尾也提供了完整的代码以便参考。

若想更好地学习本章内容，打开 IDLE 的编辑器窗口，跟随本节内容边做边学。

在开始写代码之前，先花点儿时间进行设计。我们需要 3 个基本的元素。

(1) 一个 `Entry` 小组件，命名为 `ent_temperature`，用于输入华氏度。

(2) 一个 `Label` 小组件，命名为 `lbl_result`，用于显示转换后的摄氏度。

(3) 一个 `Button` 小组件，命名为 `btn_convert`。该按钮被点击时将从 `Entry` 小组件中读取温度，然后将其从华氏度转换为摄氏度，最后将 `Label` 小组件的文本设为结果。

你可以把这些小组件安排到一个网格中，每个小组件都只占一行一列。这样做得到的是最小可用的应用程序，但对用户来说不怎么友好。应用程序中的所有内容都应该有一些有用的标签。

我们把写有°F符号的标签放到 `ent_temperature` 小组件的右边，这样用户就知道 `ent_temperature` 里面应该填华氏度。为此，我们需要将标签的文本设为`"\N{DEGREE FAHRENHEIT}"`。这里使用的是 Python 的命名 Unicode 字符来显示°F符号。

为了装点一下 `btn_converter`，可以将它的文本设为`"\N{RIGHTWARDS BLACK ARROW}"`，这样按钮上就会显示一个指向右边的黑色箭头。为了让 `lbl_result` 上有℃符号，还可以在标签文本的最后加上`"\N{DEGREE CELSIUS}"`，这样就可以表明结果的单位为摄氏度。

最终的窗口应当如图 17-46 所示。

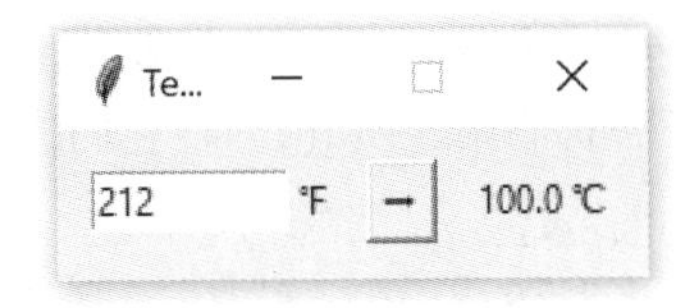

图 17-46

现在你已经知道需要用到哪些小组件、窗口应当呈现怎样的效果，可以开始编写代码了。首先导入 tkinter 并创建一个新的窗口：

```
import tkinter as tk

window = tk.Tk()
window.title("Temperature Converter")
```

window.title()会为现有的窗口设置标题。最后在运行这个应用程序时，窗口的标题栏中会显示"Temperature Converter"。

接下来创建 ent_temperature 小组件以及一个名为 lbl_temp 的标签。将这两个小组件都分配给一个名为 frm_entry 的 Frame 小组件：

```
frm_entry = tk.Frame(master=window)
ent_temperature = tk.Entry(master=frm_entry, width=10)
lbl_temp = tk.Label(master=frm_entry, text="\N{DEGREE FAHRENHEIT}")
```

用户会在 ent_temperature 中输入华氏度，lbl_temp 会用℉符号标注 ent_temperature。frm_entry 只是一个把 ent_temperature 和 lbl_temp 组合到一起的容器。

lbl_temp 需要放在 ent_temperature 的右边，因此我们可以把它们放在 frm_entry 中利用.grid()设置一行两列的布局：

```
ent_temperature.grid(row=0, column=0, sticky="e")
lbl_temp.grid(row=0, column=1, sticky="w")
```

ent_temperature 的 sticky 参数被设为"e"，这样单元格中的内容会始终紧贴单元格右边界。lbl_temp 的 sticky 参数被设为"w"，这样它就会始终紧贴网格单元格的左边界。这样两行代码能够保证 lbl_temp 始终贴紧 ent_temperature 的右边。

现在可以创建 btn_convert 和 lbl_result，来转换输入到 ent_temperature 的温度并显示结果了：

```
btn_convert = tk.Button(
    master=window,
    text="\N{RIGHTWARDS BLACK ARROW}"
)

lbl_result = tk.Label(master=window, text="\N{DEGREE CELSIUS}")
```

和 frm_entry 一样，btn_convert 和 lbl_result 也要分配给 window。这 3 个小组件共同占据了应用程序主网格的 3 个单元格。我们用.grid()调整它们的布局：

```
frm_entry.grid(row=0, column=0, padx=10)
btn_convert.grid(row=0, column=1, pady=10)
lbl_result.grid(row=0, column=2, padx=10)
```

最后运行应用程序：

```
window.mainloop()
```

看起来还不错，不过按钮现在什么都不会做。在代码顶部，import 语句的下方，添加一个名为 fahrenheit_to_celsius()的函数。这个函数会从 ent_temperature 中读取用户输入的值，然后把它从华氏度转换为摄氏度，最后将结果显示在 lbl_result 中：

```
def fahrenheit_to_celsius():
    """将值由华氏度转为摄氏度并将结果插入 lbl_result
    """
    fahrenheit = ent_temperature.get()
    celsius = (5/9) * (float(fahrenheit) - 32)
    lbl_result["text"] = f"{round(celsius, 2)} \N{DEGREE CELSIUS}"
```

继续向下看，在 btn_convert 的定义处将其 command 属性设为 fahrenheit_to_celsius：

```
btn_convert = tk.Button(
    master=window,
    text="\N{RIGHTWARDS BLACK ARROW}",
    command=fahrenheit_to_celsius # <--- 加上这一行
)
```

就这样！至此，你仅用 20 多行代码就开发了一个功能完备的温度转换器应用程序，够酷吧！

下面给出完整代码以供参考：

```
import tkinter as tk

def fahrenheit_to_celsius():
    """将值由华氏度转为摄氏度并将结果插入 lbl_result
    """
    fahrenheit = ent_temperature.get()
    celsius = (5/9) * (float(fahrenheit) - 32)
    lbl_result["text"] = f"{round(celsius, 2)} \N{DEGREE CELSIUS}"

# 配置窗口
window = tk.Tk()
window.title(“Temperature Converter”)
window.resizable(width=False, height=False)

# 用 Entry 小组件和 Label 创建华氏度输入 frame
frm_entry = tk.Frame(master=window)
ent_temperature =tk.Entry(master=frm_entry, width=10)
lbl_temp = tk.Label(master=frm_entry, text="\N{DEGREE FAHRENHEIT}")
```

```
# 使用.grid()布局管理器调整 frm_entry 中 Entry 和 Label 的布局
ent_temperature.grid(row=0, column=0, sticky="e")
lbl_temp.grid(row=0, column=1, sticky="w")

# 创建转换按钮和显示结果的标签
btn_convert = tk.Button(
    master=window,
    text=" \N{RIGHTWARDS BLACK ARROW}",
    command=fahrenheit_to_celsius
)
lbl_result = tk.Label(master=window, text="\N{DEGREE CELSIUS}")

# 使用.grid()布局管理器调整布局
frm_entry.grid(row=0, column=0, padx=10)
btn_convert.grid(row=0, column=1, pady=10)
lbl_result.grid(row=0, column=2, padx=10)

# 运行应用程序
window.mainloop()
```

接下来我们再接再厉，构建一个简单的文本编辑器。

巩固练习

你可以在 realpython.com/python-basics/resources/上找到练习的答案以及其他各种资源。

(1) 尝试在不看源代码的情况下重现这个温度转换器应用程序。如果想不到怎么做，看一眼代码再继续完成，然后过 10 分钟或 15 分钟再重新做一遍。

重复这个过程，直到你能够自行重现所有截图的内容。重点关注结果。如果你的代码和书中代码有一些不一样也没关系。

17.9 应用示例：文本编辑器

在本节中，你将会构建一个能够创建、打开、编辑、保存文本文件的文本编辑器应用程序。

这个应用程序有三大主要元素：

(1) 一个 `Button` 小组件，命名为 `btn_open`，用于打开要编辑的文件
(2) 一个 `Button` 小组件，命名为 `btn_save`，用于保存文件
(3) 一个 `TextBox` 小组件，命名为 `txt_edit`，用于创建、编辑文本文件

我们会把两个按钮放在窗口的左边，把文本框放在右边。

整个窗口的最小高度应为 800 像素，`txt_edit` 的最小宽度应为 800 像素。窗口的布局应当能

响应窗口尺寸的变化，txt_edit 的尺寸也要随之变化，不过容纳按钮的 Frame 不应该随之变化。

窗口的草图如图 17-47 所示。

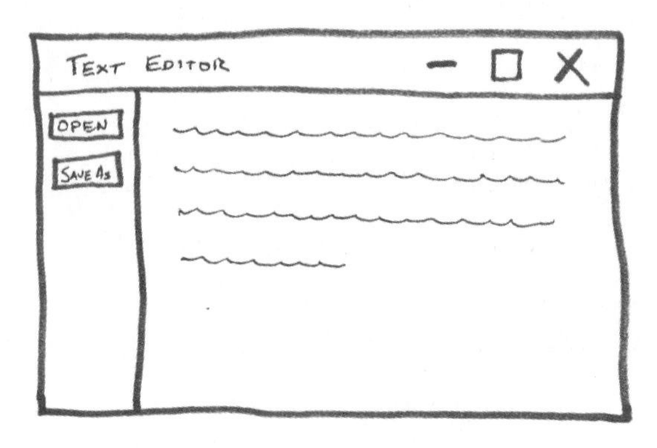

图　17-47

可以用.grid()布局管理器实现上述布局。网格应当由一行两列构成：左边是较窄的一列，用于容纳按钮；右边是较宽的一列，用于容纳文本框。

为了设置窗口和 txt_edit 的最小尺寸，可以在窗口的.rowconfigure()和.columnconfigure()方法中将 minsize 参数设为 800。为了处理窗口大小的变化，将这两个方法的 weight 参数设为 1。

为了将两个按钮放在同一列中，我们需要创建一个 Frame 小组件，将其命名为 fr_buttons。参照草图，两个按钮应当在这个 frame 中纵向堆叠，btn_open 在最上方。用.grid()和.pack()都行，但是这里我们还是使用.grid()，用它来做没那么复杂。

现在计划已经有了，可以开始编写应用程序的代码了。第一步就是创建所需的所有小组件：

```
import tkinter as tk

# 1
window = tk.Tk()
window.title("Simple Text Editor")

# 2
window.rowconfigure(0, minsize=800, weight=1)
window.columnconfigure(1, minsize=800, weight=1)

# 3
txt_edit = tk.Text(window)
fr_buttons = tk.Frame(window)
btn_open = tk.Button(fr_buttons, text="Open")
btn_save = tk.Button(fr_buttons, text="Save As...")
```

首先（# 1）导入 tkinter 并创建一个新的窗口，窗口标题为"Simple Text Editor"。然后（# 2）对窗口的行和列进行配置。最后（# 3）创建 4 个小组件：文本框 txt_dit、fr_buttons frame、 btn_open 和 btn_save 按钮。

下面仔细看一下# 2。.rowconfigure()的 minsize 参数被设为 800，weight 被设为 1。由于第一个参数为 0，因此这里将第一行的最小高度设为 800 像素，并且确保行的高度会随着窗口的高度成比例变化。由于这个应用程序的布局中只有一行，因此这些设定会应用到整个窗口。

在接下来的一行中，.columnconfigure()用于配置索引为 1 的列。该列的 width 设为 800，weight 设为 1。要记住，行和列的索引都是从 0 开始的，这一行的设置只会应用到第二列。

这里只对第二列进行了配置，这样可以保证在窗口大小发生变化时，文本框也会自然而然地随之扩大缩小，而含有按钮的那一列则会保持原有宽度不变。

现在可以开始调整应用程序的布局了。首先使用.grid()布局管理器将两个按钮分配给 fr_buttons：

```
btn_open.grid(row=0, column=0, sticky="ew", padx=5, pady=5)
btn_save.grid(row=1, column=0, sticky="ew", padx=5)
```

这两行代码创建了一个有两行一列的网格。由于 btn_open 和 btn_save 的 master 属性设为了 fr_button，因此这个网格是应用到 fr_button 上的。btn_open 放在第一行中，btn_save 放在第二行中，因此 btn_open 出现在 btn_save 上方，正如草图中画的那样。

btn_open 和 btn_save 的 sticky 属性都设置为"ew",这使得按钮在两个方向上水平扩展并填满整个 frame。这确保了两个按钮尺寸相同。

每个按钮都将 padx 和 pady 两个参数设为了 5，从而产生了 5 像素宽的边距。因为 btn_open 在最上方，所以只有它在垂直方向上设置了边距。这样可以保证 btn_open 和窗口顶部以及 btn_save 之间都留有一定的空间。

现在 fr_button 的布局已经准备就绪，可以为窗口的其他部分配置网格布局了：

```
fr_buttons.grid(row=0, column=0, sticky="ns")
txt_edit.grid(row=0, column=1, sticky="nsew")
```

这两行代码在 window 中创建了一个有一行两列的网格。fr_button 放在第一列，txt_edit 放在第二列，这样一来 fr_button 就出现在 txt_edit 左侧。

fr_button 的 sticky 参数被设为"ns"，这会强制整个 frame 纵向伸展以填满整列。txt_edit 的 sticky 参数被设为"nsew"，因此它会向各个方向伸展以填满整个网格单元格。

现在应用程序的布局就完成了，在程序底部加上 window.mainloop()，保存并运行文件。程序会显示如图 17-48 所示的窗口。

图　17-48

看起来很棒！不过这个应用程序现在什么也不会做。接下来我们来为按钮编写命令。

btn_open 需要显示打开文件对话框并让用户选择文件。然后程序打开文件并将 txt_edit 的文本设为文件的内容。

下面是函数 open_file()的定义，它完成的就是上述工作：

```
def open_file():
    """打开文件进行编辑"""
    # 1
    filepath = askopenfilename(
        filetypes=[("Text Files", "*.txt"), ("All Files", "*.*")]
    )

    # 2
    if not filepath:
        return

    # 3
    txt_edit.delete("1.0", tk.END)

    # 4
    with open(filepath, "r") as input_file:
        text = input_file.read()
        txt_edit.insert(tk.END, text)

    # 5
    window.title(f"Simple Text Editor - {filepath}")
```

首先（# 1）使用 tkinter 模块中的 askopenfilename 函数显示打开文件对话框，并将选中文件的路径保存到变量 filepath。如果用户关闭了对话框或者点击了“Cancel”按钮（# 2），那么 filepath 就是 None。函数会立即返回且不会执行读取文件的代码，也不会设置 txt_edit 的文本。

如果用户选中了一个文件（# 3），则使用.delete()清空 txt_edit 中现有的内容。随后（# 4）打开选中的文件，并用.read()读取文件中的内容。读取到的内容以字符串的形式保存在 text 变量中，使用.insert()将 text 赋值给 txt_edit。

最后（# 5）修改窗口的标题，使已打开文件的路径体现在标题中。

现在可以修改程序让 btn_open 在被点击时调用 open_file()。程序中一共有 3 处需要修改。

(1) 将下面这行 import 语句添加到程序最上方，从 tkinter.filedialog 中导入 askopenfilename()：

```
from tkinter.filedialog import askopenfilename
```

(2) 在 import 语句下方添加 open_file()的定义。

(3) 将 btn_open 的 command 属性设为 open_file：

```
btn_open = tk.Button(fr_buttons, text="Open", command=open_file)
```

保存文件并运行程序，检查是否能正常工作。打开一个文本文件试试看！

注意

如果修改代码后程序无法正常工作，可以跳到本节末尾看一看文本编辑器应用程序的完整代码。

btn_open 能够正常工作之后，我们来编写 btn_save 的函数。这个按钮需要打开一个保存文件对话框，这样用户就可以选择在何处保存文件。我们要用到 tkinter.filedialog 模块中的 askopenfilename()函数。btn_save 的命令函数还需要提取 txt_edit 中现有的文本，并将其写入位于所选位置的文件中。

下面的函数将完成上述工作：

```
def save_file():
    """将当前文件保存为新文件"""

    # 1
    filepath = asksaveasfilename(
        defaultextension="txt",
        filetypes=[("Text Files", "*.txt"), ("All Files", "*.*")],
    )
```

```
    # 2
    if not filepath:
        return

    # 3
    with open(filepath, "w") as output_file:
        text = txt_edit.get("1.0", tk.END)
        output_file.write(text)

    # 4
    window.title(f"Simple Text Editor - {filepath}")
```

首先（# 1）asksaveasfilename 对话框会从用户处获得期望的文件保存位置，选中的文件路径会保存到变量 filepath 中。如果用户关闭了对话框或者点击了“Cancel”(# 2),那么 filepath 就是 None。函数会立即返回且不会执行保存文件的代码。

如果用户选中了文件路径（# 3），则新建一个文件。使用.get()方法提取 txt_edit 中的文本，然后将其赋值给变量 text 并写到输出文件。

最后（# 4）修改窗口的标题，使已保存的新文件的路径体现在标题中。

现在修改程序以使得 btn_save 在被点击时调用 save_file()函数。程序中一共有 3 处需要修改。

(1) 将下面这行 import 语句添加到程序最上方，从 tkinter.filedialog 中导入 asksaveasfilename():

```
from tkinter.filedialog import askopenfilename, asksaveasfilename
```

(2) 在 import 语句下方添加 save_file()的定义。

(3) 将 btn_save 的 command 属性设为 save_file:

```
btn_save = tk.Button(
    fr_buttons, text="Open", command=save_file
)
```

保存文件并运行程序。现在你有了一个小巧但功能齐全的文本编辑器。

下面给出完整的代码以供参考：

```
import tkinter as tk
from tkinter.filedialog import askopenfilename, asksaveasfilename

def open_file():
    """打开文件进行编辑"""
    filepath = askopenfilename(
        filetypes=[("Text Files", "*.txt"), ("All Files", "*.*")]
    )
    if not filepath:
```

```
        return
    txt_edit.delete(1.0, tk.END)
    with open(filepath, "r") as input_file:
        text = input_file.read()
        txt_edit.insert(tk.END, text)
    window.title(f"Simple Text Editor - {filepath}")

def save_file():
    """将当前文件保存为新文件"""
    filepath = asksaveasfilename(
        defaultextension="txt",
        filetypes=[("Text Files", "*.txt"), ("All Files", "*.*")],
    )
    if not filepath:
        return
    with open(filepath, "w") as output_file:
        text = txt_edit.get(1.0, tk.END)
        output_file.write(text)
    window.title(f"Simple Text Editor - {filepath}")

window = tk.Tk()
window.title("Simple Text Editor")
window.rowconfigure(0, minsize=800, weight=1)
window.columnconfigure(1, minsize=800, weight=1)

txt_edit = tk.Text(window)
fr_buttons = tk.Frame(window, relief=tk.RAISED, bd=2)
btn_open = tk.Button(fr_buttons, text="Open", command=open_file)
btn_save = tk.Button(fr_buttons, text="Save As...", command=save_file)

btn_open.grid(row=0, column=0, sticky="ew", padx=5, pady=5)
btn_save.grid(row=1, column=0, sticky="ew", padx=5)

fr_buttons.grid(row=0, column=0, sticky="ns")
txt_edit.grid(row=0, column=1, sticky="nsew")

window.mainloop()
```

至此，你已经用 Python 开发了两个 GUI 应用程序。在这个过程中你运用了在本书中学到的许多方面的知识。这绝非微不足道的成就，好好骄傲一下！

现在你可以准备自行开发一些应用程序了！

巩固练习

你可以在 realpython.com/python-basics/resources/上找到练习的答案以及其他各种资源。

尝试在不看源代码的情况下重现这个文本编辑器应用程序。如果想不到怎么做，看一眼代码再继续完成，然后过 10 分钟或 15 分钟再重新做一遍。

重复这个过程，直到你能够自行重现所有截图的内容。重点关注结果。如果你的代码和书中代码有一些不一样也没关系。

17.10　挑战：诗人回归

在本次的挑战中，你将编写一个有 GUI 的诗歌生成器。这个应用程序以第 8 章中的诗歌生成器为基础。

在视觉效果上，该应用程序应当类似于图 17-49 所示的样子。

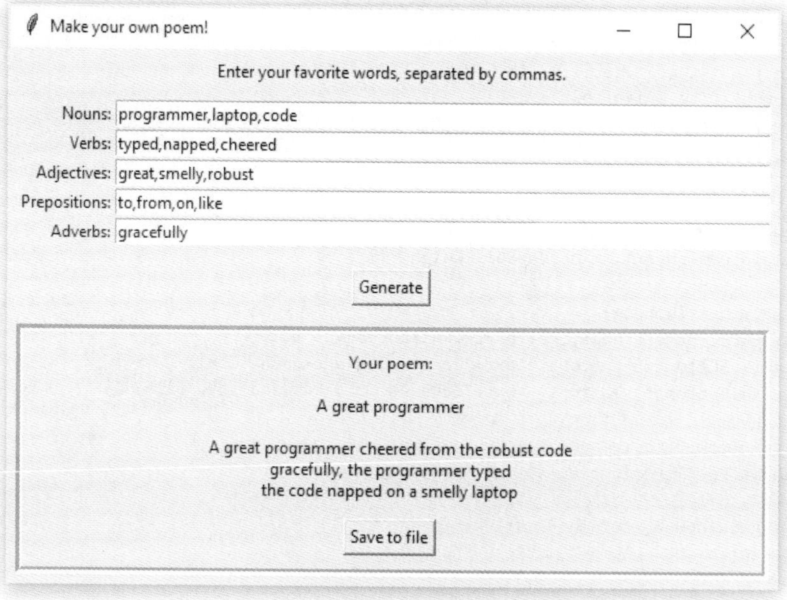

Make your own poem!

Enter your favorite words, separated by commas.

Nouns: programmer,laptop,code
Verbs: typed,napped,cheered
Adjectives: great,smelly,robust
Prepositions: to,from,on,like
Adverbs: gracefully

Generate

Your poem:

A great programmer

A great programmer cheered from the robust code
gracefully, the programmer typed
the code napped on a smelly laptop

Save to file

图　17-49

可以选用任何你喜欢的布局管理器，但该应用程序应当有以下功能。

(1) 要求用户在各个 `Entry` 小组件中输入正确数量的单词：

- 至少 1 个名词
- 至少 3 个动词
- 至少 3 个形容词
- 至少 3 个介词
- 至少 1 个副词

如果有的 `Entry` 小组件中输入的单词数量不够，那么应当在显示诗歌的区域显示错误信息。

(2) 程序应当从用户输入的单词中随机选择 3 个名词、3 个副词、3 个形容词、3 个介词、1 个副词。

(3) 程序应当按照如下模板生成诗歌：

```
{A/An} {adj1} {noun1}

A {adj1} {noun1} {verb1} {prep1} the {adj2} {noun2}
{adverb1}, the {noun1} {verb2}
the {noun2} {verb3} {prep2} a {adj3} {noun3}
```

(4) 应用程序必须允许用户将生成的诗歌导出为文件。

(5) 附加题：检查用户是否在每个 `Entry` 小组件中都输入的是不重复的单词。如果用户在名词 `Entry` 中输入了两个一样的单词，那么应用程序应当在用户试图生成诗歌时显示错误信息。

你可以在 realpython.com/python-basics/resources/上找到这个挑战的答案以及其他各种资源。

17.11 总结和更多学习资源

在本章中，我们学习了如何构建一些基本的图形用户界面（GUI）。

首先我们学习了如何用 EasyGUI 包创建显示消息的对话框、如何接收用户输入、如何让用户选择用于读写的文件，随后学习了 Python 内置的 GUI 框架 Tkinter。Tkinter 要比 EasyGUI 复杂，但灵活性也更高。

然后我们学习了如何使用 Tkinter 中的各种控件，其中包括 `Frame`、`Label`、`Button`、`Entry`、`Text`。我们可以通过对小组件的各种属性赋值来自定义小组件。比如设置 `Label` 小组件的 `text` 属性可以修改标签上显示的文本。

接下来我们学习了如何使用 Tkinter 的布局管理器来调整 GUI 应用程序的布局，一共学习了 3 种布局管理器：`.pack()`、`.place()`、`.grid()`。在这一部分我们学习了如何控制布局的各个方面，包括内外边距的设置，以及如何利用`.pack()`和`.grid()`创建响应式布局。

最后我们结合所学的所有技能开发了两个完整的应用程序：一个温度转换器和一个简单的文本编辑器。

交互式小测验

本章配有免费在线小测验，以便你检查学习进度。你可以在手机或电脑上通过下面的网址访问小测验：

realpython.com/quizzes/pybasics-gui

更多学习资源

若想进一步学习 Python GUI 编程方面的知识，可以看一看这些资源：

- Tkinter 教程

可以访问 realpython.com/python-basics/resources/获得更多进一步提升 Python 技能的学习资源。

第 18 章

写在最后

恭喜你！你一路读到了本书的最后一章。你学到的 Python 技能已经足以用来开发各种各样好玩的东西了，但是真正好玩的现在才开始——是时候自行探索广阔的 Python 世界了！

最好的学习方法就是去解决在日常生活中遇到的各种问题。当然，一开始你的代码可能并没有那么精巧，但是它们依然能派上用场。需要一些灵感？看一看“13 Projects Ideas for Intermediate Python Developers”（为中级 Python 开发者准备的 13 个项目灵感）这篇文章，找找灵感！

Python 的社区是它的优势之一。发现有人也在学习 Python？去帮帮他！要想真正掌握某个概念，唯一的办法就是把它解释给别人听。

接下来研究一下 realpython.com 上更高级的学习材料，或者研读一下 PyCoder’s Weekly 上的教程和文章。

如果你觉得自己已经具备了足够的知识，可以考虑协助开发 GitHub 上的开源项目。要是你更喜欢破解谜题，可以尝试挑战 Project Euler 上的数学问题。

要是在学习过程中遇到了困难，很有可能别人也遇到过（并且很有可能已经解决了）同样的问题。先四处搜索一下答案，特别是在 Stack Overflow 上搜索一下你的问题，也可以找一个 Pythonista 社区寻求帮助。

如果还是不行，`import this`[①]，花点儿时间冥想一下，思考 Python 的本质。

另外，你可以在 realpython.com 网站和推特上（@realpython）找到我们，继续你的 Python 之旅。

18.1 Python 开发者的免费周报

想不想看每周一期的 Python 开发小贴士，让它们帮助你提升生产力、精简工作流程？好消

① `import this` 是 Python 中的一个命令，会打印出“The Zen of Python”（Python 之禅），这是一组编写 Python 程序的指导原则。——编者注

息是，我们运营着一份为像你一样的 Python 开发者准备的免费邮件周报。

我们的周报不是那种列个清单，然后告诉你“这是本周热门文章”。每周我们会以小短文的形式分享至少一篇原创文章。

如果你想看看周报中到底有什么样的内容，前往 realpython.com/newsletter 在注册表单中输入邮箱地址。我们期待与你相遇！

18.2 推荐图书：《深入理解 Python 特性》

现在你已经熟知 Python 的基础知识，是时候继续深入学习了。

在《深入理解 Python 特性》一书中，我们通过一些简单的例子和分步教学，向你传授 Python 的最佳实践，让你体会优美、Pythonic 的代码的强大之处。

我们会在精通 Python 的道路上更进一步，优美、地道的代码信手拈来。

了解 Python 的所有细节并不容易，这本书会着重将你的核心 Python 技能提升至更高的水平。

立刻开始探索 Python 标准库中鲜为人知的珍宝，编写整洁、Pythonic 的代码。可前往 realpython.com/pytricks-book 下载（英文）试读章节。

18.3 Real Python 视频课程库

利用 Real Python 海量的（课程数量仍在不断增长中）Python 教程、深度学习材料库成为全能的 Pythonista 吧。我们每周都会发布新内容，你始终可以找到适合自己的学习材料。

- **掌握有用、实用的 Python 技能**：我们的学习材料是由专家级 Pythoniasta 编写、审校的。在 Real Python 你将能够找到精通 Python 所需要的、信得过的学习资源。
- **和其他 Pythonista 面对面**：加入 Real Pyrhon 社区聊天频道，参与 Office Hours Q&A 通话，和 Real Python 团队以及其他 Python 学习者交流。大家会回答你的问题，交流职场经验，也可以单纯地聊聊天。
- **探索交互式小测验和学习路径**：了解自己所处的阶段，使用交互式小测验练习学到的知识，完成编程挑战，探索专注于技能的学习路径。
- **跟踪学习进度**：将课程标记为“已完成”或者“学习中”，按照自己喜欢的节奏学习。收藏感兴趣的课程以供日后回顾，增强长期记忆。
- **获得结业证书**：每完成一门课程，你都会收到一份可分享（也可以打印）的结业证书。把证书放在你的资料、LinkedIn 简历、各种网站上，向世界展示你是一位专注的 Pythonista。

- **跟上时代的步伐**：不断学习新的技能，跟上技术进步。我们会不断发布新的会员专享教程，持续更新内容。

详见 realpython.com/courses。

18.4 致谢

如果没有亲朋好友和同事的帮助，这本书就无从谈起。我们想感谢所有帮助这本书出版的人们。

- **我们的家人**：感谢你们忍受我们不分昼夜加班加点地编写这本书。
- **CPython 团队**：感谢你们开发了这门令人惊艳的编程语言以及各种工具，我们非常热爱它们。
- **Python 社区**：感谢你们的辛勤付出，让 Python 成为最适合初学者、最受欢迎的编程语言，也感谢你们组织的各种大会，感谢你们维护 PyPI 等至关重要的基础设施。
- **像你一样的 realpython.com 的读者**：十分感谢你阅读我们的网络文章以及购买本书。你们长期以来的支持和阅读成就了我们！

我们希望你能够继续在社区中保持活跃，询问问题，分享技巧。读者反馈多年来一直帮助改进本书，并且将持续帮助后续版本的精进，我们期待收到你的反馈。

向在 2012 年给我们机会的 Kickstarter 赞助者致以最诚挚的感谢。如果没有你们，我们根本无法想象能聚集这么多乐于助人、鼓舞人心的人。

最后，我们要感谢本书早期版本的读者，感谢他们的优质反馈：Zoheb Ainapore、Luther Reed、Rob Sandusky、Luther、Marc、Ricky Mitchell、Robert Livingston、Wayne、Tom Moens、Meir Guttman、Larry Eisenberg、Ricky、Phu Le、Jeffrey Hansen、Albrecht、Mark Palie、Peter Aronoff、Kilimandaros、Patricio Urrutia、Joanna Jablonski、Miguel Alves、Mursalin Simpson、Xu Chunyang、Lucas、Ward Walker、W.、Vlad、Jim Anderson、Mohamed Alshishani、Melvin、Albrecht Kadauke、Patrick Starrenburg、Vivek、Srinivasan Samuel、Sampath、Ceejay Cervantes、Liam、Ty Wait、Marp、Jorge Alberch、Edythe、Miguel Galán、Tom Carnevale、Florent、Peter、Jon Radue、Matt Gardner、Robert、Sean Yang、David S.、Hans van Nielen、Youri Torchalski、Gavin、Karen H Calhoun MD、Roman、Robert Robb Livingston、Terence Phillips、Nico、Daniel、W、Cairo DeGaillard、Lucas das Dores、David、Dave、Tony Denning、Sean、Peter Kronfeld、Mark、Dennis Miller、Joseph Araneta Jr.、Nathan Eger、Kumaran Rajendhiran、David Fullerton、Nicklas、Jacob Andersen、Mario、Alejandro Ramos、Beni_begin、AJ、Don Edwards、Jon、Ridwan Mizan、Graham Kneen、Iliyan、Helmut、Izak Zycer、Mike、Norman Greenwood、Forrest、Patricio、Rene、Richard Mertz、Chris Robinson、

Pete Storer、Russ Garside、Matt、Richard、Russ Garside、Tiago Mendes、Michael、Daniel Alves Mertins、Marko Umek、Chris Jenks、Eddy、Dmitry、Kelsang Sherab、Thomas、Dom Jennings、Martin、Anthony Sheffield、S F、Velu V、Peter Cavallaro、Charlie Browning 3、Milind Mahajani、Jason Barnes、Lucien Boland、Adam Bretel、William、Veltaine、Jerry Petrey、James、Raymond E Rogers、Ty Wait、Bimperng Uen、CJ Hwang、Guido、Evan、Miguel Galan、Han Qi、Jim Bremner、Matt Chang、Daniel Drazan、Cole、Bob、Reed Howald、Edward Duarte、Mike Parker、Aart Kleinendorst、Rock、Johnny、Rock Lee、Dusan Ranisavljev、Grant、Jack、Reinhard、Vivek Vashist、Dan、Garett、Jun Lee、James Silk、Nik Singhal、Charles、Allard Schmidt、Jeff Desalle、Miguel、Steve Poe、Jonathan Seubert、Marc Poulin、Lee Jordan、Matthew Chin、James Mitchell、Wayne、Zarata、Lisa、Ryan Otero、Lee、Raphael Bytebier、Graeme Edwards、Jeff Skipper、Bob D、Anderson Tomazeli、Selemani Said Jawa、Meow Carter、Russ Garside、Louis Sheldon、James Radford、Nikkolai Jones、George Zagas、Len Gould、Daniel Kapitan、Chris、Sheng Jun、Walt Busse、Melissa Gregoire、Mohammad Nassar、Carles Casademunt、Forrest Smith、Aurel Weisswange、Russ、Wolfram Blechner、Tony Denning、Ron Fenimore、Edward Wright、Justin、Darren Olive、Charlie Clemmer、Dwayne Reid、Waiman Yau、C. Scott Kippen、Jimmy、Wolfram Blechner、Mark Mathewson、Françcos iBrunet、Jeff Cabral、Bjorn、Jason Williams、Scott Page、Marilyn Gartley、Lief Rutzebeck、Mustafa Adaoglu、Thejan、Thejan Rathnayake、Cindy Ancrum、Tati Carvalho、Marek Ratiborsky、Ben、Francis Adepoju、Nir、Prabhu、Steve Fisher、Carlos、Aaron、David Maietta、Michael Huckleberry、Pawel、Julio Cesar Zebadua、Vencislav Shoykov、Michael Klengel、Kerry Alfred、Afeez Popoola、Cindy A.、LC、tfig、Tiago、Sophie Wang、Toshiko、Fahmi、Paul Pennington、Wer、Jeff Johnson、Dutchy、Cesar、Albrecht KAdauke、Jim Brown、Eric、Christopher Evans、MELVIN、Idris、John Chirico、Wynette Espinosa、J.P.、Gregory、Mark Edgeller、David Melanson、Raul Pena、Darrell、Shriram、Tom Flynn、Velu、Michael Lindsey、Sulo Kolehmainen、Jay、Milos “Ozzyx” Kosik、Hans de Cocq、Glen Mules、Nathan Lundner、Phil、Shubh、Puwei Wang、Alex Mück、Alex、Hitoshi、Bruno F. De Lima、Dario David、Rajesh、Haroldas Valčiukas、GVeltaine、Susan Fowle、Jared Simms、Nathan Collins、Dylan、Les Churchman、Stephane Li-Thiao-Te、Frank P、Paul、Damien Murtagh、Jason、Thắng Lê Quang、Neill、Lele、Charles Wilson、Damien、Christian、Andreas Kreisig、Marco、Mario Panagiotopoulos、Nerino、Mariusz、Mihhail、Mikönig、Fabio、Scott、A、Pedro Torres、Mathias Johansson、Joshua S.、Mathias、Scott、David Koppy、Rohit Bharti、Phillip Douglas、John Stephenson、Jeff Jones、George Mast、Allards、Palak、Nikola N.、Palak Kalsi、Annekathrin、Tsung-Ju Yang、Nick Huntington、Sai、Jordan、Wim Alsemgeest、DJ、Bob Harris、Andrew、Reggie Smith、Steve Santy、Mohee Jarada、Mark Arzaga、Poulose Matthen、Brent Gordon、Gary Butler、Bryant、Dana、Koajck、Reggie、Luis Bravo、Elijah、Nikolay、Eric Lietsch、Fred Janssen、Don Stillwell、Gaurav Sharma、Mike McKenna、Karthik Babu、Bulat Mansurov、August Trillanes、Darren Saw、Jagadish、Kyle、Tejas Shetty、Baba Sariffodeen、

Don、Ian、Ian Barbour、Redhouane、Wayne Rosing、Emanuel、Toigongonbai、Jason Castillo、Krishna Chaitanya Swamy Kesavarapu、Corey Huguley、Nick、Xuchunyang、Daniel Buis、Kenneth、Leodanis Pozo Ramos、John Phenix、Linda Moran、W Laleau、Troy Flynn、Heber Nielsen、Rock、Mike LeRoy、Thomas Davis、Jacob、Szabolcs Sinka、Kalaiselvan、Leanne Kuss、Andrey、Omar、Jason Woden、David Cebalo、John Miller、David Bui、Nico Zanferrari、Ariel、Boris、Boris Ender、Charlie3、Ossy、Matthias Kuehl、Scott Koch、Jesus Avina、Charlie、Awadhesh、Andie、Chris Johnson、Malan、Ciro、Thamizhselvan、Neha、Christian Langpap、Ivan、Dr. Craig Levy、H B Robinson、Stéphane、Steve McIlree、Yves、Teresa、Allard、Tom Cone Jr.、Dirk、Joachim van der Weijden、Jim Woodward、Christoph Lipka、John Vergelli、Gerry、Lu、Robert R.、Vlad、Richard Heatwole、Gabriel、Krzysztof Surowiecki、Alexandra Davis、Jason Voll、Dwayne Dever。

如果我们忘记在这里写上你的名字，请一定要知道我们同样很感谢你的帮助。感谢大家！

版权声明